高职高专教育"十二五"土建类系列规划教材

安装工程计量与计价

主　编　刘晓艳　李华东

副主编　马红艳　蔡良君

　　　　　王泽华　于海莹

主　审　杨露江

西南交通大学出版社

·成　都·

图书在版编目（CIP）数据

安装工程计量与计价 / 刘晓艳，李华东主编. —成都：西南交通大学出版社，2011.8（2022.1 重印）

高职高专教育"十二五"土建类系列规划教材

ISBN 978-7-5643-1374-6

Ⅰ. ①安… Ⅱ. ①刘… ②李… Ⅲ. ①建筑安装工程 – 工程造价 Ⅳ. ①TU723.3

中国版本图书馆 CIP 数据核字（2011）第 174300 号

高职高专教育"十二五"土建类系列规划教材

安装工程计量与计价

主编 刘晓艳 李华东

责 任 编 辑	高　平
特 邀 编 辑	孙中华　杨　勇
封 面 设 计	墨创文化
出 版 发 行	西南交通大学出版社
	（四川省成都市二环路北一段 111 号
	西南交通大学创新大厦 21 楼）
发 行 部 电 话	028-87600564　87600533
邮 政 编 码	610031
网 址	http://www.xnjdcbs.com
印 刷	成都勤德印务有限公司
成 品 尺 寸	185 mm × 260 mm
印 张	17.75
字 数	442 千字
版 次	2011 年 8 月第 1 版
印 次	2022 年 1 月第 7 次
书 号	ISBN 978-7-5643-1374-6
定 价	38.00 元

前　言

"安装工程计量与计价"是一门实践性很强的课程。为培养学生的实际动手能力，本书将基本理论与工程实例相结合，在系统地介绍安装工程工程量清单计价及定额计价基本知识的基础上，采用情境教学的方法重点讲解了给排水工程、通风空调工程、电气工程的工程量清单及清单计价编制过程，并在实践性较强的章节后面安排了实训任务，补充了任务资讯。通过安装工程造价基本知识及工程实例的学习，学生基本上能够掌握安装工程两种计价模式下报价书的编写方法及编写程序，并能很快适应工作岗位。

本书以《建设工程工程量清单计价规范》（GB 50500—2008）和现行的建设工程文件为编制依据，并参考有关资料，结合编者在实际工作和教学中的体会和经验而编写。由于工程造价具有很强的地区性，本书主要参照 2009 年《四川省建设工程工程量清单计价定额　安装工程》及相关文件编制，仅作为参考。各地区在进行工程造价工作时应掌握本地区相关定额、计算程序、工程费用划分、取费标准及有关规定。

本书共 9 章，包括 5 个学习情境和 5 个实训任务。5 个学习情境分别是：某住宅楼给排水工程工程量清单及清单计价学习情境、某宾馆一楼餐厅通风空调工程工程量清单及清单计价学习情境、某办公室电气照明工程工程量清单及清单计价学习情境、某住宅楼给排水工程定额计价预算书编制学习情境及用软件编制该工程项目工程量清单计价的学习情境。其中某住宅楼给排水工程按清单计价与定额计价两种计价模式编写了完整的工程报价书，并用软件进行了工程量清单计价报价书的编制，方便同学对比学习。

本书由刘晓艳、李华东任主编并统稿，马红艳、蔡良君、王泽华、于海莹任副主编，杨露江任主审。本书第 3 章、第 5 章由刘晓艳编写，第 1 章、第 6 章由李华东、于海莹编写，第 4 章由马红艳编写，第 2 章由蔡良君编写，第 7 章由樊荔编写，第 8 章由王泽华、李志红编写，第 7 章由樊荔编写，第 9 章由倪雪梅编写。另外，在本书编写过程中，宏业公司罗娇提供了部分资料，在此表示感谢！

由于编者水平有限，编写时间仓促，书中难免有不妥之处，敬请同行、专家和广大读者批评指正。

编　者
2011 年 7 月

目　录

第1章　工程造价基础知识

【知识目标】

了解造价员从业资格制度；熟悉并掌握基本建设的基础知识；熟悉基本建设各阶段的计量与计价活动；掌握工程造价的基本概念、工程计价模式的发展过程和工程造价的构成。

【能力目标】

能够确立安装工程计量与计价课程的学习目标，了解工程造价人员的工作情境及职业发展道路。

1.1　造价员从业资格制度

建设工程造价员是指通过考试，取得《全国建设工程造价员资格证书》，从事工程造价业务的人员（以下简称造价员）。为加强对建设工程造价员的管理，规范建设工程造价员的从业行为和提高其业务水平，中国建设工程造价管理协会制定并发布了《全国建设工程造价员管理暂行办法》（中价协〔2006〕013 号），该办法中包含了造价员资格考试、造价员管理、继续教育、资格证书管理、自律规定等内容。

1.1.1　造价员资格考试

造价员资格考试实行全国统一考试大纲、通用专业和考试科目，各管理机构和专委会负责组织命题和考试。

1. 通用专业和考试科目

通用专业：

土建工程；

安装工程。

通用考试科目：

工程造价基础知识；

土建工程或安装工程（可任选一门）。

工程造价专业大专及以上应届毕业生可向管理机构或专委会申请免试《工程造价基础知识》。

2. 报考条件

凡遵守国家法律、法规，恪守职业道德，具备下列条件之一者，均可申请参加造价员资格考试：

（1）工程造价专业，中专及以上学历；

（2）其他专业，中专及以上学历，工作满一年。

3. 考试时间

由于各管理机构和专委会负责组织命题和考试，各省考试时间不同，四川省造价员考试每年组织一次。

4. 考试范围

以四川省为例，四川省造价员考试分土建、安装两个专业，其中安装闭卷试题涉及安装专业的全部知识，安装开卷试题的编审题分"电气"和"管道"，考生可根据自己的情况选答其一。

四川省造价工程师协会在《关于 2011 年度全国建设工程造价员资格考试的通知》（川建价师协〔2011〕18 号）中规定的考试范围主要包括：

（1）《建设工程造价管理基础知识》，中国计划出版社出版。

（2）2009 年《四川省建设工程工程量清单计价定额》。

（3）《工程量清单项目特征描述指南》，中国计划出版社出版。

（4）《建设工程工程量清单计价规范》（GB 50500—2008）。

（5）财政部、建设部印发的《建设工程价款结算暂行办法》。

（6）《最高人民法院关于审理建设工程施工合同纠纷案件使用法律问题的解释》。

（7）四川省造价工程师协会印发的《四川省<全国建设工程造价员管理暂行办法>实施细则》（川建价师协〔2007〕05 号）以及关于修订《四川省<全国建设工程造价员管理暂行办法>实施细则的通知》（川建价师协〔2008〕10 号）。

（8）四川省建设厅、四川省发展和改革委员会《关于印发<四川省房屋建筑及市政工程工程量清单招标投标报价评审办法>的通知》（川建发〔2009〕60 号）。

（9）四川省建设厅、四川省发展和改革委员会《关于印发<四川省房屋建筑及市政工程工程量清单招标控制价投诉处理暂行办法>的通知》（川建发〔2009〕61 号）。

（10）四川省建设厅关于印发《<四川省建设工程工程量清单计价规范>实施办法的通知》（川建发〔2009〕67 号）。

（11）四川省建设厅《关于印发<规范建设工程造价风险分担行为的规定>的通知》（川建造价发〔2009〕75 号）。

（12）四川省住房和城乡建设厅《关于印发<四川省建设工程安全文明施工费计价管理办法>的通知》（川建发〔2011〕6 号）。

1.1.2 造价员管理

根据《全国建设工程造价员管理暂行办法》（中价协〔2006〕013 号）的有关规定，造价员可以从事与本人取得的《全国建设工程造价员资格证书》专业相符合的建设工程造价工作，并应在本人承担的工程造价业务文件上签字、加盖专用章，且承担相应的岗位责任。造价员跨地区或行业变动工作，并继续从事建设工程造价工作的，应持调出手续、《全国建设工程造价员资格证书》和专用章，到调入所在地管理机构或专委会申请办理变更手续，换发资格证书和专用章。需要注意的是，造价员不得同时受聘在两个或两个以上单位。

在四川省，依据《四川省<全国建设工程造价员管理暂行办法>实施细则》（川建价师协〔2007〕05 号），造价员实行注册管理制度。经造价员资格考试合格的人员，经过注册方能以造价员的名义执业。取得造价员资格考试合格证书的人员，应在考试合格后 3 个月内，向省造价协会申请注册。

1.2　基本建设的基础知识

基本建设，是指社会主义国民经济中投资进行建筑、购置和安装固定资产的活动以及与此相联系的其他经济活动。通过新建、扩建、改建和设备更新改造来实现固定资产的简单再生产和扩大再生产。

1.2.1　基本建设的组成

基本建设的组成包括：

（1）建筑安装工程。建筑安装工程主要是指永久性和临时性的建筑物、构筑物的建设工程，通常又可分为建筑工程和安装工程。建筑工程主要是指土建类工程，安装工程则主要包括给排水工程、电气工程、采暖通风工程等。

（2）设备购置。设备购置是指生产车间、实验室、学校等生产、工作、学习等应配备的各种设备、工具和器具的购置。

（3）其他基本建设工作。其他基本建设工作是指勘察、设计、科学研究实验、征地、拆迁、试运转、生产职工培训和建设单位管理工作等。

1.2.2　基本建设项目的划分

为了实现对基本建设分级管理，统一基本建设过程中的各项管理工作，国家统计部统一规定将基本建设工程项目分为建设项目、单项工程、单位工程、分部工程和分项工程。

1. 建设项目

基本建设项目，又简称建设项目，是指按照总体设计进行施工，在经济上实行独立核算，在行政上具有独立组织形式的建设工程。建设项目也可以称为建设单位，是编制和执行基本建设计划的单位，如学校、医院、工厂等单位均可作为一个建设项目。

2. 单项工程

单项工程是建设项目的组成部分。凡是具有单独的设计文件，建成后可以独立发挥生产能力或效益的工程，即为一个单项工程。一个建设项目，可以由一个或多个单项工程组成。在学校建设项目中，教学楼、食堂、宿舍都各为一个单项工程。

3. 单位工程

单位工程是单项工程的组成部分。具有独立的设计文件，具备独立施工条件并能形成独立使用功能，但竣工后不能独立发挥生产能力或工程效益的工程，称为单位工程。一个单项工程可以划分为一个或多个单位工程，如教学楼这个单项工程中，可以划分为土建工程、电气工程、暖通工程、给排水工程等各个单位工程。

4. 分部工程

分部工程是单位工程的组成部分。一般按单位工程的结构形式、工程部位、构件性质、使用材料、设备种类等的不同，将一个单位工程划分为多个分部工程，如土建工程可以分为土方工程、地基与基础工程、砌体工程、屋面工程等；电气工程可以划分为防雷接地工程、电缆工程、照明工程等。

5. 分项工程

分项工程是指分部工程的组成部分。在分部工程中，按照不同的施工方法、不同的材料型号规格进一步划分的最基本的工程项目，即为分项工程。例如，照明器具分部工程分为普通灯具的安装、荧光灯具的安装、工厂用灯及防水防尘灯的安装等。

1.2.3 基本建设的程序

建设程序是指在建设过程中，各项工作必须遵循的先后顺序。一个建设工程项目的建成往往需要经过多个不同的阶段，各阶段的划分也不是绝对的，世界各国在工程项目建设程序上可能存在某些差异，但按照工程项目发展的内在规律，投资建设一个工程项目均要经过前期工作、建设实施和竣工验收及后评价三个时期，三个时期又可分为若干阶段，如图1.1所示。

1.2.4 基本建设各阶段的计量与计价

由于工程的计量与计价是一个动态的过程，随着工程建设的推进，基本建设各阶段对应不同的计量与计价工作内容，如图1.2所示。

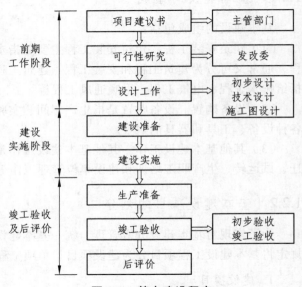

图 1.1 基本建设程序

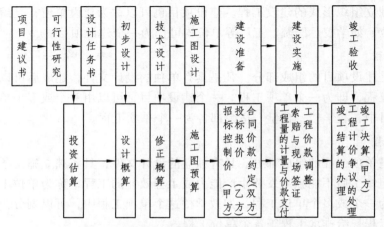

图 1.2 基本建设各阶段的工程计量与计价工作

1. 投资估算

投资估算是指在项目建议书或可行性研究阶段，建设单位向国家或主管部门申请基本建设投资时，为了确定建设项目的投资总额而编制的经济文件。它是国家或主管部门审批或确定基本建设投资计划的重要文件。投资估算主要根据估算指标、概算指标或类似工程的预（决）算资料进行编制。

2. 设计概算

设计概算是指在初步设计或扩大初步设计阶段，由设计单位根据初步设计图纸、概算定额或概算指标、设备预算价格、各项费用的定额或取费标准、建设地区的自然和技术经济条件等资料，预先计算建设项目由筹建至竣工验收、交付使用的全部建设费用的经济文件。

设计概算的主要作用是控制工程投资和主要物资指标。在方案设计过程中，设计部门通过概算分析比较不同方案的经济效果，选择、确定最佳方案。

3. 修正概算

修正概算是指当采用三阶段设计时，随着设计内容的具体化，建设规模、结构性质、设备类型和数量等方面内容与初步设计可能有出入，为此，设计单位应对投资进行具体核算，对初步设计的概算进行修正而形成的经济文件。

修正概算的作用与设计概算基本相同。一般情况下，修正概算不应超过原批准的设计概算。

4. 施工图预算

施工图预算是指在施工图设计阶段，设计全部完成并经过会审，在单位工程开工之前，施工单位根据施工图纸、施工组织设计、预算定额、各项费用取费标准、建设地区自然、技术经济条件等资料，预先计算和确定单项工程及单位工程全部建设费用的经济文件。施工图预算的主要作用是确定建筑安装工程预算造价和主要物资需用量。在工程设计过程中，设计部门据此控制施工图造价不使其突破概算。施工图预算一经审定便是签订工程建设合同、业主和承包商经济核算、编制施工计划和银行拨款等的依据。

5. 招标控制价

招标控制价是在工程采用招标发包的过程中，由招标人根据国家或省级、行业建设主管部门颁发的有关计价依据和办法，按设计施工图纸计算的工程造价。其作用是招标人用于对工程发包的最高限价。

6. 投标报价

投标报价是在工程采用招标发包的过程中，由投标人按照招标文件的要求，根据工程特点，并结合自身的施工技术、装备和管理水平，依据有关计价规定，自主确定的工程造价，是投标人希望达成工程承包交易的期望价格，原则上不能高于招标人设定的招标控制价。

7. 合同价款约定

合同价款约定是在工程发、承包交易完成后，由发、承包双方以合同形式确定的工程承包交易价格。一般情况下，采用招标发包的工程，其合同价应为投标人的中标价，即投标人的投标报价。特殊情况下，中标价是经过修正（增加或减少部分项目费用）后签约的合同价格。特殊情况指发出中标通知书后，签订协议书前，由于法律、法规和规章的改变，经合同双方协商同意的情况。

按照《建设工程工程量清单计价规范》（GB 50500—2008）的规定，实行招标的工程合同价款，应在中标通知书发出之日起 30 天内，由发、承包双方依据招标文件和中标人的投标文件在书面合同中约定。

8. 工程量的计量与价款支付（工程结算）

工程量的计量与价款支付（工程结算）是指一个单项工程、单位工程、分部工程或分项工程完工，并经建设单位及有关部门验收或验收点交后，施工企业根据合同规定，按照施工时经发、承包双方认可的实际完成工程量、现场情况记录、设计变更通知书、现场签证、预算定额、材料预算价格和各种费用取费标准等资料，向建设单位办理结算工程价款、取得收入、用以补偿施工过程中的资金耗费、确定施工盈亏的经济活动。

工程结算一般有定期结算、阶段结算和竣工结算等方式。其中竣工结算价是在承包人完成合同约定的全部工程承包内容、发包人依法组织竣工验收并验收合格后，由发、承包双方根据国家有关法律和法规的规定，按照合同约定的工程造价确定条款，即合同价、合同条款调整内容及索赔和现场签证等事项确定的最终工程造价。

9. 索赔与现场签证

索赔是指在合同履行过程中，对于非己方的过错而应由对方承担责任的情况造成的损失，向对方提出补偿的要求。索赔是合同双方行使正当权利的行为，承包人可向发包人索赔，发包人也可向承包人索赔。

10. 工程计价争议的处理

在工程计价中，对工程造价计价依据、办法以及相关政策规定发生争议时，由工程造价管理机构负责解释。发、承包双方发生工程造价合同纠纷时，工程造价管理机构负责调解工程造价问题。

11. 竣工决算

竣工决算是指在竣工验收阶段，当一个建设项目完工并经验收后，建设单位编制的从筹建到竣工验收、交付使用全过程实际支出的建设费用的经济文件。竣工决算能全面反映基本建设的经济效果，是核定新增固定资产和流动资产价值、办理交付使用的依据。

1.3　工程造价的基本概念

1.3.1　工程造价的含义

工程，泛指一切建设工程。工程造价是指工程的建造价格，它的范围和内涵有很大的不确定性。工程造价有以下两种含义：

（1）工程造价是指建设一项工程预期开支或实际开支的全部固定资产投资费用。显然，这一含义是从投资者（业主）的角度来定义的。投资者选定一个投资项目，为了获得预期的效益，就要通过项目评估进行决策，然后进行设计招标、工程招标，直至竣工验收等一系列投资管理活动。在投资活动中所支付的全部费用形成了固定资产和无形资产。所有这些开支就构成了工程造价。从这个意义上说，工程造价就是工程投资费用，建设项目工程造价就是建设项目固定资产投资。

（2）工程造价是指工程价格，即为建成一项工程，预计或实际在土地市场、设备市场、技术劳务市场以及承包市场等交易活动中所形成的建筑安装工程的价格和建设工程总价格。显然，工程造价的这种含义是以社会主义商品经济和市场经济为前提的。它以工程这种特定的商品形式作为交易对象，通过招投标或其他交易方式，在进行多次预估的基础上，最终由市场形成的价格。在这里，工程的范围和内涵既可以是涵盖范围很大的一个建设项目，也可以是一个单项工程，甚至可以是整个建设工程中的某个阶段，如土地开发工程、建筑安装工程、装饰工程或者其中的某个组成部分。

所谓工程造价的两种含义，是以不同角度把握同一事物的本质。对建设工程的投资者来说，面对市场经济条件下的工程造价就是项目投资，是"购买"项目要付出的价格；同时也是投资者在作为市场供给主体时"出售"项目时定价的基础。对于承包商，供应商和规划、设计等机构来说，工程造价是他们作为市场供给主体出售商品和劳务的价格的总和，或是特指范围的工程造价，如建筑安装工程造价。通常，人们将工程造价的第二种含义认定为工程承发包价格。可以肯定的是，承、发包价格是工程造价中一种重要的，也是最典型的价格形式，它是在建筑市场通过招投标，由需求主体（投资者）和供给主体（承包商）共同认可的价格。鉴于建筑安装工程价格在项目固定资产中占有 50%～60% 的份额，又是工程建设中最活跃的部分；鉴于建筑企业是建设工程的实施者和重要的市场主体，工程承、发包价格被界定为工程造价的第二种含义。

1.3.2　工程造价的特点

工程造价的特点由工程建设的特点所决定，工程造价具有以下特点：

1. 工程造价的大额性

能够发挥投资效用的任一项工程，不仅实物形体庞大，而且造价高昂。动辄数百万、数千万、数亿、十几亿元人民币，特大型工程项目的造价可达百亿、千亿元人民币。工程造价的大额性使其关系到有关各方面的重大经济利益，同时也会对宏观经济产生重大影响，这就决定了工程造价的特殊地位，也说明了造价管理的重要意义。

2. 工程造价的个别性、差异性

任何一项工程都有特定的用途、功能、规模。因此，对每一项工程的结构、造型、空间分割、设备配置和内外装饰都有具体的要求，因而使工程内容和实物形态都具有个别性、差异性。产品的差异性决定了工程造价的个别性差异。同时，每项工程所处地区、地段都不相同，使这一特点得到强化。

3. 工程造价的动态性

任何一项工程从决策到竣工交付使用，都有一个较长的建设期间，而且由于不可控制因素的影响，在预计工期内，许多影响工程造价的动态因素，如工程变更，设备材料价格，工资标准以及费率、利率、汇率会发生变化。这种变化必然会影响到造价的变动。所以，工程造价在整个建设期中处于不确定状态，直至竣工决算后才能最终确定工程的实际造价。

4. 工程造价的层次性

造价的层次性取决于工程的层次性。一个建设项目往往含有多个能够独立发挥设计效能的单项工程（如车间、写字楼、住宅楼等），一个单项工程又是由能够各自发挥专业效能的多个单位工程（如土建工程、电气安装工程等）组成。与此相适应，工程造价有 3 个层次：建设项目总造价、单项工程造价、单位工程造价。如果专业分工更细，单位工程（如给排水工程）的组成部分——分部分项工程也可以成为交换对象，如室外给排水工程、室内给排水工程等，这样工程造价的层次就增加分部工程和分项工程而成为 5 个层次。即使从造价的计算和工程管理的角度来看，工程造价的层次性也是非常突出的。

5. 工程造价的兼容性

工程造价的兼容性首先表现在它具有两种含义，其次表现在工程造价构成因素的广泛性和复杂性。在工程造价中，首先，成本因素非常复杂，其中为获得建设工程用地支出的费用、项目可行性研究和规划设计费用、与政府一定时期政策（特别是产业政策和税收政策）相关的费用占有相当的份额；再次，盈利的构成也较为复杂，资金成本较大。

1.3.3　工程造价的计价模式

纵观我国工程造价的发展，其计价模式大致经历了以下四个阶段的历史演变。

第一阶段：从建国初期到 20 世纪 50 年代中期，这段时期属于无统一预算定额与单价情况下的工程造价计价模式阶段。这一时期工程造价的确定主要是按设计图计算工程量，没有统一的工程量计算规则，只是估价员根据企业的累积资料和本人的工作经验，结合市场行情进行工程报价，经过和业主进行双方洽商，达成的最终工程造价。

第二阶段：从 20 世纪 50 年代到 20 世纪 90 年代初期，这段时期是有政府统一预算定额与单价情况下的工程造价计价模式，属政府决定造价。这一阶段的延续时间是最长的，而且它的影响最为深远。工程计价基本上是在统一预算定额（全国性或地区性的建筑工程预算定额）与单价（地区单位估价）情况下进行的，因此工程造价的确定主要是按设计图及统一的工程量计算规则计算工程量，并套用统一的预算定额与单价，计算出工程直接费，再按规定计算间接费及有关费用，最终确定工程的概算造价或预算造价，并在竣工后编制出结、决算造价，经审核后的即为工程的最终造价。

第三阶段：从 20 世纪 90 年代到 2003 年初，这段时间造价管理沿袭了以前的造价管理方法，同时随着我国社会主义市场经济的发展，国家建设部对传统的预算定额计价模式提出了"控制量，放开价，引入竞争"的基本改革思路。各地在编制新预算定额的基础上，明确规定预算定额单价中的材料、人工、机械价格作为编制期的基期价，并定期发布当月市场价格信息进行动态指导，在规定的幅度内予以调整，同时在引入竞争机制方面做了新的尝试。

第四阶段：2003 年 3 月，中华人民共和国建设部颁布《建设工程工程量清单计价规范》（GB 50500—2003），规定自 2003 年 7 月 1 日起我国正式推行建设工程工程量清单计价。这种计价模式是对我国原有定额计价模式的改革，是在建设施工招投标时招标人依据工程施工图纸、招标文件要求，以统一的工程量计算规则和统一的施工项目划分规定，为投标人提供实物工程量项目和技术性措施项目的数量清单；投标人在国家定额指导下、在企业内部定额的要求下，结合工程情况、市场竞争情况和本企业实力，并充分考虑各种风险因素，自主填报清单开列项目中包括的工程直接成本、间接成本、利润和税金在内的综合单价与合计汇总价，并以所报综合单价作为竣工结算调整价的一种计价模式。工程量清单计价实行"量价分离"，是国际上普遍采用的工程施工招投标方式。2008年7月，中华人民共和国住房和城乡建设部对《建设工程工程量清单计价规范》（GB 50500—2003）进行了更新，推出了《建设工程工程量清单计价规范》（GB 50500—2008），并在规范中规定：全部使用国有资金投资或国有资金投资为主的工程建设项目，必须采用工程量清单计价。

目前，随着市场经济的深入发展和国际交流的需要，工程量清单计价模式的使用越来越广泛，因此作为一名造价人员，必须掌握工程量清单计价模式下的报价书编制并熟悉相关造价管理工作。对于传统定额计价模式，由于其在过去很长一段时间占据着主导地位，而且现在仍然存在一定的造价市场，同时在投资估算和设计概算时，也经常会用到该计价模式，因此，有必要熟悉该计价模式下的安装工程施工图预算编制及造价管理工作。

1.4　工程造价构成

1.4.1　我国现行建设项目总投资构成

建设项目总投资包含固定资产投资和流动资产投资两部分，是保证项目建设和生产经营活动正常进行的必要资金。我国现行建设项目总投资构成内容如图1.3所示。

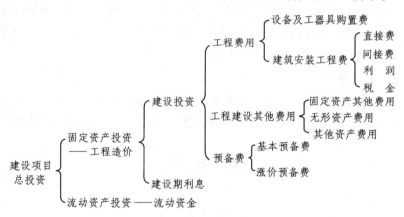

图1.3　我国现行建设项目总投资构成

生产性建设项目总投资包括建设投资、建设期利息和流动资金三部分；非生产性建设项目总投资包括建设投资和建设期利息两部分。其中，建设投资和建设期利息之和对应于固定资产投资，固定资产投资与建设项目总造价在量上相等。

1.4.2　世界银行工程造价的构成

世界银行建设项目费用构成包括项目直接建设成本、项目间接建设成本、应急费、建设成本上升费用。

1. 项目直接建设成本

项目直接建设成本主要包括土地征购费、场外设施费用、场地费用、工艺设备费等15项。

由于项目建筑必须固定在一个地方并且和土地连成一片，因而项目直接建设成本中应该包括土地征购费和其他当地费用。

特别注意的是，其他当地费用属于项目建设直接成本，还要注意其构成内容：临时设备、临时公共设施、场地的维持费、营地设施及其管理、建筑保险和债券、杂项开支等。

2. 项目间接建设成本

项目间接建设成本是不直接由施工的工艺过程所引起的费用。主要包括以下内容：

（1）项目管理费——总部管理和施工管理的费用。

（2）开工试车费。

（3）业主的行政性费用——业主的项目管理人员费用与支出。

（4）生产前费用。

（5）运费和保险费。

（6）地方税。

3. 应急费

应急费由未明确项目的准备金和不可预见准备金构成。

（1）未明确项目的准备金是用来支付那些几乎可以肯定要发生的费用，它是估算不可缺少的一个组成部分。

（2）不可预见准备金用于在估算达到了一定的完整性并符合技术标准的基础上，由于物质、社会和经济的变化，导致估算增加的情况。此种情况可能发生，也可能不发生。因此，不可预见准备金只是一种储备，可能不动用。

4. 建设成本上升费用

通常，估算中使用的构成工资率、材料和设备价格基础的截止日期就是"估算日期"。必须对该日期或已知成本基础进行调整，以补偿直至工程结束时的未知价格增长。

思 考 题

1. 基本建设的组成有哪些？
2. 基本建设如何分类？
3. 工程造价的特点有哪些？
4. 工程造价的构成有哪些？
5. 造价员报考须具备什么条件？

第 2 章　工程量清单计价体系

【知识目标】

了解实行工程量清单计价的目的和意义；熟悉《建设工程工程量清单计价规范》（GB 50500—2008）的内容；掌握安装工程工程量清单的编制方法和内容；掌握投标价的编制方法和要求。

【能力目标】

能够正确选择并填写工程量清单及清单计价表格；理解综合单价的实际意义，会计算综合单价。

2.1　工程量清单计价概述

2.1.1　工程量清单及清单计价的定义

工程量清单是表现拟建工程的分部分项工程项目、措施项目、其他项目、规费项目和税金项目的名称和相应数量等的明细清单。

工程量清单计价是指投标人完成由招标人提供的工程量清单所需的全部费用，包括分部分项工程费、措施项目费、其他项目费、规费和税金。

工程量清单计价方法是在建设工程招投标中，具有编制能力的招标人或受其委托，具有相应资质的工程造价咨询人编制反映实体消耗的工程量清单，并作为招标文件的一部分提供给投标人，由投标人依据工程量清单自主报价的计价方式。在工程招投标中采用工程量清单计价是国际上较为通行的做法。

工程量清单是工程量清单计价的基础，是作为编制招标控制价、投标报价、工程计量及进度款支付、调整合同款、办理竣工结算以及工程索赔等的依据之一。工程量清单应按《建设工程工程量清单计价规范》（GB 50500—2008）中统一的项目编码、项目名称、项目特征、计量单位和工程量计算规则进行编制，它不仅说明工程量的多少，而且通过项目特征来描述工程任务的相关性特性与要求，帮助承包商理解发包的各分项工程特征、计量单位与数量的内涵。采用工程量清单方式招标，工程量清单必须作为招标文件的组成部分，其准确性和完整性由招标人负责。

2.1.2　工程量清单计价费用构成

工程量清单计价，包括分部分项工程费、措施项目费、其他项目费、规费和税金。其费用构成见图 2.1 所示。

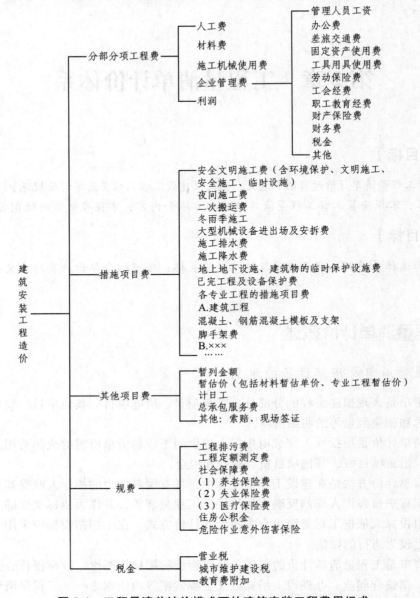

图 2.1 工程量清单计价模式下的建筑安装工程费用组成

2.1.3 工程量清单计价的特点

1. 统一计价规则

通过制定统一的建设工程工程量清单计价方法、统一的工程量计量规则、统一的工程量清单项目设置规则，达到规范计价行为的目的。

2. 有效控制消耗量

通过由政府发布统一的社会平均消耗量指导标准，为企业提供一个社会平均尺度，避免企业盲目或随意大幅度减少或扩大消耗量，从而达到保证工程质量的目的。

3. 彻底放开价格

将工程消耗量定额中的工、料、机价格和利润、管理费全面放开，由市场的供求关系自行确定价格。

4. 企业自主报价

投标企业根据自身的技术专长、材料采购渠道和管理水平等，制定企业自己的报价定额，自主报价。企业尚无报价定额的，可参考使用造价管理部门颁布的《建设工程消耗量定额》。

5. 市场有序竞争形成价格

通过建立与国际惯例接轨的工程量清单计价模式，引入充分竞争形成价格的机制，制定衡量投标报价合理性的基础标准，在投标过程中，有效引入竞争机制，淡化标底的作用，在保证质量、工期的前提下，按国家《招标投标法》的有关条理规定，最终以"不低于成本"的合理低价者中标。

6. 强制性

按《建设工程工程量清单计价规范》（GB 50500—2008）规定，全部使用国有资金投资或国有资金投资为主的工程建设项目，必须采用工程量清单计价；非国有资金投资的工程建设项目，可采用工程量清单计价。

2.1.4 工程量清单计价的工作思路

1. 编制工程量清单

具有编制能力的招标人或受其委托，具有相应资质的工程造价咨询人按照相关规定编制出拟建工程的工程量清单，并在招标文件中列出，为投标人提供共同的报价基础。

2. 企业自主报价

企业根据招标文件、工程量清单、工程现场情况、施工方案、有关计价依据自行报价。企业报价包括两部分：一是措施项目和其他项目费用，按招标文件列出的项目、施工现场条件、工期要求和企业自身情况报出一笔金额，如招标文件项目不全可以自行补充列项；二是各分项工程的综合单价，综合单价一定要认真填报，考虑各分项应包括的内容，因为报出的单价被视为包括了应有的内容。企业报价是一个重要的计价环节，是形成个别工程造价的过程。

3. 合理低报价中标

招标投标法规定评标有综合评标价法和经评审的最低标价法两种，实行工程量清单招标工程应采用后一种办法，即经评审的最低标价中标，但这一最低标价应该是经说明不低于企业成本的。报价是否低于成本按建设部 89 号令、国家计委等七部委联合 12 号令规定由评标委员会认定，如果投标人能够对较低的报价说明理由，即可认为其报价有效。低价中标是清单招标计价的一个重要原则。

4. 签订工程承包合同

确定中标人后，招标人和中标人应按招标文件和中标人的投标文件订立书面合同，这是招标投标法的要求。合同中包括造价条款。合同一般使用示范文本，示范文本末尽之处可以另行约定。

5．施工过程中一般调量不调价

招标文件中列出的工程数量表是招标人报价的共同基础，如工程量有误或施工中发生变化，工程量可以按实调整，但综合单价一般不调整。如果变更工程项目在工程量清单中未包括，双方可以协商一个变更项目的综合单价。

6．业主按完成工程量支付工程款

由于约定了项目单价，工程款支付及调整比较简单，只要业主对已完成工程量及调整工程量认定后，按中标单价支付即可。

7．工程结算价等于合同价加索赔

这里将所有的工程造价变更、调整、费用补偿都视为索赔，那么工程结算等于合同价加索赔，这时的工程结算已无须审查，按合同中所定单价、已认定工程量计算即可。工程量清单计价使工程款支付、造价调整、工程结算都变得相对简单。

8．以相关保函制度作为实施条件

实行工程量清单计价要建立相应的保函制度，这里主要指履约保函，包括中标人的履约保函和业主的工程款支付保函，重点应是业主的工程款支付保函。

工程量清单计价的基本思路如上所述，其主要特点在于体现出了工程计价的个别性、竞争性。价格体制改革、加入世贸组织以及与国际计价惯例接轨的要求都使得工程量清单计价形式的推广显得必要和迫切。

2.1.5　实行工程量清单计价的意义

（1）有利于贯彻"公正、公平、公开"的原则。招投标双方在统一的工程量清单基础上进行招标和投标，承发包工作更易于操作，有利于防止建筑领域的腐败行为。

（2）工程量清单报价可以在设计中期进行，缩短了建设周期，为业主带来明显经济效益。

（3）要求投标方编制企业定额，进行项目成本核算，提高其管理水平和竞争能力。

（4）清单条目简洁明了，有利于监理工程师进行工程计量，造价工程师进行工程结算，加快结算进度。

（5）工程量清单对业主和承包商之间承担的工程风险进行了明确划分。业主承担了工程量变动的风险，承包商承担了价格波动的风险，体现了风险分担的原则。

2.2　工程量清单及清单计价编制依据

工程量清单及清单计价编制过程中，其编制依据包括：

（1）《建设工程工程量清单计价规范》（GB 50500—2008）；

（2）国家或省级、行业建设主管部门颁发的计价依据和办法；

（3）企业定额，国家或省级、行业建设主管部门颁发的计价定额；

（4）招标文件、工程量清单及其补充通知、答疑纪要；

（5）建设工程设计文件及相关资料；

（6）施工现场情况、工程特点及拟订的投标施工组织设计或施工方案；

（7）与建设项目相关的标准、规范等技术资料；

（8）市场价格信息或工程造价管理机构发布的工程造价信息；

（9）其他的相关资料。

我们以四川省的计价定额为例，来熟悉一下《建设工程工程量清单计价规范》（GB 50500—2008）和 2009 年《四川省建设工程工程量清单计价定额　安装工程》内容。

2.2.1　《建设工程工程量清单计价规范》简介

《建设工程工程量清单计价规范》（GB 50500—2008）是根据《中华人民共和国建筑法》、《中华人民共和国合同法》、《中华人民共和国招投标法》等法律以及最高人民法院《关于审理建设工程施工合同纠纷案件适用法律问题的解释》（法释〔2004〕14 号），按照我国工程造价管理改革的总体目标，本着国家宏观调控、市场竞争形成价格的原则制定的。

《建设工程工程量清单计价规范》（GB 50500—2008）是统一工程量清单编制、规范工程量清单计价的国家标准，是调整建设工程工程量清单计价活动中发包人与承包人各种关系的规范性文件。

《建设工程工程量清单计价规范》（GB 50500—2008）包括正文、附录和条文说明。正文和附录两者具有同等效力。

（1）正文共五章：

第一章、总则；

第二章、术语；

第三章、工程量清单编制；

第四章、工程量清单计价；

第五章、工程量清单计价表格。

（2）具体内容可查看本书附录。

附录包括：

附录 A：建筑工程工程量清单项目及计算规则；

附录 B：装饰装修工程工程量清单项目及计算规则；

附录 C：安装工程工程量清单项目及计算规则；

附录 D：市政工程工程量清单项目及计算规则；

附录 E：园林绿化工程工程量清单项目及计算规则；

附录 F：矿山工程工程量清单项目及计算规则。

附录中包括项目编码、项目名称、项目特征、计量单位、工程量计算规则和工程内容，其中项目编码、项目名称、项目特征、计量单位、工程量计算规则作为 5 个要件的内容，要求招标人在编制工程量清单时必须执行。

（3）条文说明。

为便于各单位和有关人员在使用本规范时能正确理解和执行本规范，特按章、节、条顺序编制了《计价规范》的条文说明，供使用者参考。

2.2.2 《四川省建设工程工程量清单计价定额》简介

1. 2009 年《四川省建设工程工程量清单计价定额 安装工程》的适用范围

2009 年《四川省建设工程工程量清单计价定额 安装工程》是与中华人民共和国国家标准《建设工程工程量清单计价规范》(GB 50500—2008)相配套，依据建设部、财政部印发的《建筑安装工程费用项目组成》、《全国统一建筑工程基础定额》(GJD-101—1995)、《全国统一建筑装饰装修工程消耗量定额》(GYD-901—2002)、《全国统一安装工程基础定额》(GJD 208—2006)、《全国统一市政工程预算定额》(GYD-301 ~ 308—1999)、《全国统一施工机械台班费用编制规则》、2004 年《四川省建设工程工程量清单计价定额》以及现行国家产品标准、设计规范、施工质量验收规范和安全操作规程进行编制的。

2009 年《四川省建设工程工程量清单计价定额 安装工程》适用于四川省行政区域内的工程建设项目计价，具体为：

A——建筑工程：适用于工业与民用建筑物和构筑物工程；

B——装饰装修工程：适用于工业与民用建筑物和构筑物的装饰、装修工程；

C——安装工程：适用于工业与民用安装工程；

D——市政工程：适用于市政建设工程；

E——园林绿化工程：适用于园林绿化工程；

T——措施项目：适用于与 A、B、C、D、E 相配套的非工程实体的措施项目；

U——其他项目：适用于与 A、B、C、D、E 相配套的其他项目；

V——规费：适用于与 A、B、C、D、E 工程项目相配套的规费；

W——税金：适用于与 A、B、C、D、E 工程项目相配套的税金；

X——附录 1 施工机械台班费用单价：适用于与 A、B、C、D、E 相配套的施工机械台班费用单价；

Y——附录 2 混凝土及砂浆配合比：适用于与 A、B、C、D、E 相配套的混凝土及砂浆配合比。

凡全部使用国有资金投资或国有资金投资为主的建设工程应执行该定额。

2. 2009 年《四川省建设工程工程量清单计价定额 安装工程》的主要内容

2009 年《四川省建设工程工程量清单计价定额 安装工程》，不仅包括《计价定额》的正文部分，还包括《应用指南》(以下简称《指南》)。

（1）《指南》是以《建设工程工程量清单计价规范》(GB 50500—2008)及 2009 年《四川省建设工程工程量清单计价定额 安装工程》为依据进行编制的，适用于建设工程工程量清单综合单价的组成，用于指导工程量清单项目设置和组合工程量清单项目综合单价。

《指南》由项目编码、项目名称、项目特征、计量单位、工程内容、可组合的定额内容及对应的定额编号组成，其项目编码、项目名称、项目特征、计量单位、工程内容均与《计价规范》一致，其可组合的定额内容及对应的定额编号，特指《计价定额》的定额项目及相应的定额编号。

（2）2009 年《四川省建设工程工程量清单计价定额　安装工程》中，包括建筑工程、装饰装修工程、安装工程、市政工程、园林绿化工程各册定额。其中，《09 计价定额　安装工程》，全册共分为 14 分册，包括：

A——机械设备安装工程；

B——电气设备安装工程；

C——热力设备安装工程；

D——炉窑砌筑工程；

E——静置设备与工艺金属结构制作安装工程；

F——工业管道工程；

G——消防工程；

H——给水、采暖、燃气工程；

I——通风空调工程；

J——自动化控制仪表安装工程；

K——通信设备及线路工程；

L——建筑智能化系统设备安装工程；

M——长距离输送管道工程；

N——刷油、防腐蚀、绝热工程。

3. 2009 年《四川省建设工程工程量清单计价定额　安装工程》的结构组成

2009 年《四川省建设工程工程量清单计价定额 安装工程》设有总说明、册说明和工程量计算规则，另外，每分册均由分册说明、章说明和工程量计算规则、定额项目表、附注和附录组成。

（1）总说明：各册定额的总说明是完全一样的，主要说明 2009 年《四川省建设工程工程量清单计价定额 安装工程》的编制依据、适用范围、定额作用、消耗量标准、综合单价、措施费、其他项目费、规费、税金、补充定额、工程内容、材料用量等内容。

（2）册说明和工程量计算规则。册说明中主要说明本册定额包含的内容，定额系数的选取等内容。工程量计算规则中说明定额计价模式下的单位工程工程量计算规则、计算规则适用范围、注意事项等。

（3）分册说明和工程量计算规则。主要说明：

① 本册定额的适用范围；

② 定额的编制依据；

③ 有关费用（如脚手架搭拆费、高层建筑增加费、操作高度超高费等）的计取；

④ 本册定额包括的工作内容和不包括的工作内容；

⑤ 本册定额在使用中应注意的事项和有关问题的说明；

⑥ 部分分册设有工程量计算规则，说明定额计价模式下的本专业内容工程量计算规则。

（4）章说明和工程量计算规则。主要说明：

① 分部工程定额包括的主要工作内容和不包括的工作内容；

② 使用定额的一些基本规定和有关问题的说明，例如界限划分、适用范围等；

③ 分部工程的工程量计算规则及有关规定。

（5）定额项目表。定额项目表是每册定额的重要内容，它将安装工程基本构成要素有机组列，并按章编号，以便检索应用，其包括的内容有：

① 分项工程的工作内容，一般列在项目表的表头；

② 一个计量单位的分项工程人工费、材料费、机械费、综合费，以及未计价材料的数量；

③ 综合单价，即人工费、材料费、机械费、综合费的合计（货币指标）；

（6）附注。在项目表的下方，解释一些定额说明中未尽的问题。

（7）附录。主要提供一些有关资料，例如主要材料损耗率，定额中材料的重量表等，放在每册定额表之后。

【例 2.1】　现以下表中的 CH0421 子目为例来说明 2009 年《四川省建设工程工程量清单计价定额　安装工程》中表格表现的内容。

C.H.3.1　螺纹阀

工作内容：切管、套丝、制垫、加垫、上阀门、水压试验

定额编号	项目名称	单位	综合单价（元）	其中				未计价材料		
				人工费	材料费	机械费	综合费	名称	单位	数量
CH0421	公称直径 15 mm 以内	个	7.85	3.63	2.77	—	1.45	螺纹阀门 DN15	个	1.010

注：摘自 2009 年《四川省建设工程工程量清单计价定额　安装工程》。

解：（1）定额编号：CH0421；

（2）项目名称：螺纹阀 DN15；

（3）计量单位：个；

（4）人工费：3.63 元；

（5）材料费：2.77 元；

（6）机械费：0 元；

（7）综合费：1.45 元；

（8）综合单价：

综合单价 = 人工费 + 材料费 + 机械费 = 3.63 + 2.77 + 1.45 = 7.85 元；

（9）该项目的未计价材料为螺纹阀门 DN15，损耗率为 0.01。

2.3　工程量清单编制

采用工程量清单方式招标，工程量清单必须作为招标文件的组成部分，其准确性和完整性由招标人负责。招标人在编制招标文件时提供工程量清单的优点在于：一是减轻投标人在投标报价时计算工程量的负担，缩短投标报价时间；二是在评审各投标人报价时，可只考虑价格因素，免除了由于各投标人在工程量计算方面产生差异而影响报价的因素。在实际工作中，由于招标人自身原因，往往委托有资质的招标代理机构、工程价格咨询单位或监理单位，

依据招标文件的有关要求、施工设计图纸、施工现场实际情况及相应的工程量计算规则和计价办法进行编制。

2.3.1　工程量清单的编制内容

工程量清单在工程量清单计价中起到基础性作用，是整个工程量清单计价活动的重要依据之一，贯穿于整个施工过程中。作为一个合格的计价依据，它就必须具有完整详细的信息披露，因此编制的工程量清单应包括下述内容。

1. 明确的项目设置

工程计价的特征是一个分部组合计价的过程，不同的计价模式对项目的设置规则和结果都是不尽相同的。在招标人提供的工程量清单中必须具有明确清单项目的设置情况，除明确说明各个清单项目的名称外，还应阐释各个清单项目的特征和工程内容，以保证清单项目设置的特征描述和工程内容没有遗漏，也没有重叠。所以，各个项目设置应当通过《建设工程工程量清单计价规范》（GB 50500—2008）来约束。

2. 清单项目的工程数量

由于工程量清单报价就是为投标者提供一个平等的竞争条件，在相同的清单工程量条件下，由企业根据自身实力和市场经济商品的运作方式来填写不同的单价，符合商品交换的一般性原则。因此，在招标人提供的工程量清单中必须列出各个清单项目的工程数量。

3. 基本的表格组成

工程量清单的表格格式是依附于项目设置和工程量计算的，就一般情况来说，工程量清单应包括：

（1）封面；

（2）总说明；

（3）工程项目招标控制价/投标报价汇总表；

（4）单项工程招标控制价/投标报价汇总表；

（5）单位工程招标控制价/投标报价汇总表；

（6）分部分项工程量清单与计价表；

（7）措施项目清单与计价表（一）；

（8）措施项目清单与计价表（二）；

（9）其他项目清单与计价汇总表；

（10）规费、税金项目清单与计价表。

另外，在其他项目清单与计价汇总表下，还设有二级表格，包括暂列金额明细表、材料暂估单价表、专业工程暂估单价表、计日工表和总承包服务费计价表等。

工程量清单的表格格式，为投标人进行投标报价提供了一个合适的计价平台，投标人可根据表格之间的逻辑联系和从属关系，在其指导下完成分部组合计价的全过程。

2.3.2　工程量清单的编制程序

工程量清单编制时，可参照下列程序进行编制：

（1）分部分项工程量清单与计价表；

（2）措施项目清单与计价表（一）；

（3）措施项目清单与计价表（二）；

（4）其他项目清单与计价汇总表；

（5）规费、税金项目清单与计价表；

（6）单位工程招标控制价/投标报价汇总表；

（7）单项工程招标控制价/投标报价汇总表；

（8）工程项目招标控制价/投标报价汇总表；

（9）总说明；

（10）封面；

（11）审检签字盖章。

2.3.3　工程量清单的表格编制

1. 工程量清单封面

招标人自行编制工程量清单和招标控制价时，编制人员必须是在招标人单位注册的造价人员。由招标人盖单位公章，法定代表人或其授权人签字或盖章；当编制人是注册造价工程师时，由其签字盖执业专用章；当编制人是造价员时，由其在编制人栏签字盖专用章，并应由注册造价工程师复核，在复核人栏签字盖执业专用章，由招标人编制的工程量清单封面样例见表 2.1（a）。

招标人委托工程造价咨询人编制工程量清单和招标控制价时，编制人员必须是在工程造价咨询人单位注册的造价人员。由招标人委托工程造价咨询人编制的工程量清单封面样例见表 2.1（b）。

表 2.1（a）　招标人自行编制的工程量清单封面

××中学教师住宅工程

工 程 量 清 单

招 标 人：　　××中学　　　　　　咨 询 人：　　工程造价
　　　　　　　　单位公章　　　　　　　　　　　　
　　　　　　（单位盖章）　　　　　　　　　（单位资质专用章）

法定代表人　　××中学　　　　　　法定代表人
或其授权人：　法定代表人　　　　　或其授权人：
　　　　　　（签字或盖章）　　　　　　　　（签字或盖章）

　　　　　　　　××签字
　　　　　　　盖造价工程师
编 制 人：　或造价员专用章　　　　复 核 人：　盖造价工程师专用章
　　　　　（造价人员签字盖专用章）　　　　（造价工程师签字盖专用章）

编制时间：××××年××月××日　　复核时间：××××年××月××日

封-1

表 2.1（b） 招标人委托工程造价咨询人编制的工程量清单封面

××中学教师住宅工程

工 程 量 清 单

招 标 人： ××中学 单位公章 （单位盖章）	工 程 造 价 ××工程造价咨询企业 咨 询 人： 资质专用章 （单位资质专用章）
法定代表人 ××中学 或其授权人： 法定代表人 （签字或盖章）	法定代表人 ××工程造价咨询企业 或其授权人： 法定代表人 （签字或盖章）
××签字 盖造价工程师 编 制 人： 或造价员专用章 （造价人员签字盖专用章）	××签字 复 核 人： 盖造价工程师专用章 （造价工程师签字盖专用章）
编 制 时 间：××××年××月××日	复 核 时 间：××××年××月××日

封-1

2．工程量清单总说明

总说明的作用主要是阐明本工程的有关基本情况，其具体内容应视拟建项目实际情况而定，但就一般情况来说，应说明的内容包括：

（1）工程概况，如建设地址、建设规模、工程特征、交通状况和环保要求等；

（2）工程发包、分包范围；

（3）工程量清单编制依据，如采用的标准、施工图纸和标准图集等；

（4）使用材料设备、施工的特殊要求等；

（5）其他需要说明的问题。

工程量清单总说明举例见表 2.2。

表 2.2 ××学院土木机电组团教学楼工程量清单总说明

工程名称：××学院土木机电组团教学楼工程　　　　　　　　　　　第　页共　页

（1）工程概况：

该项目总建筑面积 23 000 m^2，地上 6 层，框架结构。由土木系教学楼、机电系教学楼及结构实验室组成，计划工期 315 天。

（2）工程招标范围：

本次招标范围为施工设计图范围内的建筑工程和安装工程。

（3）工程量清单编制依据：

① 教学楼施工设计图；

②《建设工程工程量清单计价规范》。

续表 2.2

（4）其他需要说明的问题：

① 要求投标人须具备房屋建筑工程施工总承包特级资质，近 3 年以来（以竣工验收报告时间为准）拟投标项目经理完成过类似工程业绩(框架结构、地上六层、建筑面积不少于 20 000 m² 的非住宅项目)，并在人员、设备、资金等方面具有相应的施工能力，不接受联合体投标。承包人应在施工现场对招标人供应的钢筋进行验收及保管和使用发放。招标人供应主体钢筋的价款支付，由招标人按每次发生的金额支付给承包人，再由承包人支付给供货商。

② 进户大门、地砖、外墙砖工程、幕墙、铝合金门窗工程、教学实习车间起重机设备另行专业发包。同时，总承包人应配合专业工程承包人完成以下工作。

a. 按专业工程承包人的要求提供施工工作面并对施工现场进行统一管理，对竣工资料进行统一整理汇总。

b. 为专业工程承包人提供垂直运输机械和焊接电源接入点，并承担垂直运输费和电费，同时协助管理好防火和安全工作。

c. 为进户大门安装后进行补缝和找平并承担相应费用。

d. 为车间起重设备的入场提供专用通道。

3. 分部分项工程量清单与计价表

分部分项工程量清单是表示拟建工程分项实体工程项目名称和相应数量的明细清单。其表格形式采用的是分部分项工程量清单与计价表，该表格将工程量清单和投标人报价统一在同一个表格中，减少了投标人因分部分项工程量清单表和计价表分开设置而可能带来的出错的概率。按照《建设工程工程量清单计价规范》（GB 50500—2008）规定，分部分项工程量清单中应包括项目编码、项目名称、项目特征描述、计量单位和工程量五个部分。分部分项工程量清单与计价表的格式见表 2.3。

表 2.3 分部分项工程量清单与计价表

工程名称：　　　　　　　标段：　　　　　　　　　　　　　第　页共　页

序　号	项目编号	项目名称	项目特征	计量单位	工程量	金额（元）		
						综合单价	合　价	其中：暂估价
			本页小计					
			合　计					

注：根据建设部、财政部发布的《建筑安装工程费用组成》（建标〔2003〕206 号）的规定，为计取规费等的使用，可在表中增设"直接费"、"人工费"或"人工费＋机械费"。

必须明确的是此表是编制招标控制价、投标价、竣工结算的最基本的用表。编制工程量清单时，使用本表在"工程名称"栏应填写完整具体的工程称谓，就房屋建筑而言，因无标段划分而不填写"标段"栏，但对于管道敷设、道路桥隧施工等，通常以标段划分，此时，应填写具体"标段"栏，其他各表涉及此类设置，与此相同。

因安装工程是建设工程中除主体之外的功能性主体之一，随着人居舒适感的提升，衍生出了许多功能性名目繁多，应对工程量清单名目予以必要的引导。项目编码、项目名称、项目特征、计量单位和工程量是构成一个分部分项工程量清单的 5 个要件，在分部分项工程量清单的组成中，5 个要件缺一不可。招标人必须按规定如实编写，不得因具体情况不同而随意变动，这是《建设工程工程量清单计价规范》（GB 50500—2008）第 3.2.2 条的强制性规定，必须严格执行。

（1）项目编码。

项目编码是分部分项工程量清单项目名称的数字标志，对每个项目实行统一编号，实行 5 级编码，项目编号应按《建设工程工程量清单计价规范》（GB 50500—2008）的项目名称与项目特征并结合拟建工程的实际确定。

分部分项工程量清单项目编码应采用 12 位阿拉伯数字表示。1~9 位应按《建设工程工程量清单计价规范》（GB 50500—2008）附录 A~F 中的规定设置，10~12 位应根据拟建工程的工程量清单项目名称设置，同一招标过程的项目编码不得有重复。因此，建设工程专业不同，其项目编码也不同，图 2.2 所示为给排水采暖、燃气工程的其各级编码含义说明。例如某电业局办公楼安装镀锌钢管规格分别为 DN15、DN20、DN32，管长各若干米，室内安装，采用螺纹连接方式安装，其中涉及的管道编码分别为：DN15 镀锌钢管，030801001001；DN20 镀锌钢管，030801001002；DN32 镀锌钢管，030801001003。

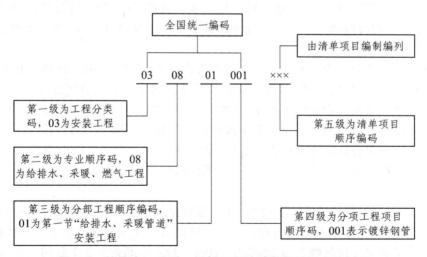

图 2.2　给排水、采暖、燃气工程的其各级编码含义说明

（2）项目名称。

安装工程分部分项工程量清单的"项目名称"应按《建设工程工程量清单计价规范》（GB 50500—2008）附录 C 相关实体项目规定的"项目名称"并结合拟建工程的实际确定。虽然在一定时期内《建设工程工程量清单计价规范》（GB 50500—2008）所规定的项目名称十

分合理，但随着新设备、新材料、新技术、新的施工工艺不断涌现和应用，在进行工程量清单编制时会出现附录中未包括的项目，编制人应做补充，并报省级或行业工程造价管理机构备案。补充项目的编码由附录的顺序码与 B 和 3 位阿拉伯数字组成，并应从×B001 起顺序编制，同一招标工程的项目不得重码。工程量清单中需附有补充项目的名称、项目特征、计量单位、工程量计算规则、工程内容。

（3）项目特征。

分部分项工程量清单的项目特征是确定一个清单项目综合单价的重要依据，在编制的工程量清单中必须对其项目特征进行准确和全面的描述。

分部分项工程量清单的项目特征的描述，应按《建设工程工程量清单计价规范》（GB 50500—2008）附录 C 相关实体项目所规定的"项目特征"，结合拟建工程项目的实际予以描述。

在进行项目特征描述时，可从以下几个方面予以把握：

① 对于涉及能够准确计量、结构形态要求、材质要求和涉及安装方式等方面的内容，必须进行直观描述。

② 对于计量计价无实质影响、应由投标人根据施工方案确定、由投标人根据当地材料和施工要求确定，而由施工措施解决的内容，可以不进行描述。

③ 对采用标准图集或施工图纸能够全部或部分满足项目特征描述要求的，项目特征描述可直接采用详见××图集或××图号的方式。但对不能满足项目特征描述要求的部分，仍应用文字描述进行补充。

（4）计量单位。

安装工程分部分项工程量清单的"计量单位"应按《建设工程工程量清单计价规范》（GB 50500—2008）附录 C 相关实体项目规定的"计量单位"确定。若有两个或两个以上计量单位时，应根据所编工程量清单项目的特征要求，选择最适宜表现项目特征并方便计量的单位。除各专业另有特殊规定外，工程数量的计量单位应按规定采用法定单位或自然单位，并应遵守有效位数的规定。

① 以质量计算的项目为 t 或 kg，应保留小数点后 3 位数字，第 4 位四舍五入；

② 以体积计算的项目为 m^3，应保留小数点后 2 位数字，第 3 位四舍五入；

③ 以面积计算的项目为 m^2，应保留小数点后 2 位数字，第 3 位四舍五入；

④ 以长度计算的项目为 m，应保留小数点后 2 位数字，第 3 位四舍五入；

⑤ 以自然计量单位计算的项目为个、套、块、樘、组、台等，应取整数；

⑥ 没有具体数量的项目为系统、项等，应取整数。

（5）工程量。

工程量主要通过工程量规则计算得到。工程量计算规则是指对清单项目各分项工程量（通过工程量计算规则与设计施工图纸内容相结合计算确定）计算的具体规定。本教材主要参考《建设工程工程量清单计价规范》（GB 50500—2008）附录 C 部分安装工程的工程量计算规则。分项工程项目与计算规则必须对应，除有特别说明外，所有清单项目的工程量应以实体工程量为准，且以工程完成后的净值计算；投标人报价时，应在综合单价中考虑施工中的各种损耗和需要增加的工程数量。

（6）工程内容。

完成该清单项目可能发生的具体工程操作称为工程内容，其功能是供招标人确定清单项目和投标人投标报价参考，在原预算定额中均有具体规定，无需作必须描述。如"给排水管道的制作与安装"工程中，某些安装项目可能发生的具体工程内容有器具的制作与安装、支架制作、安装及除锈、刷油等。

4. 措施项目清单与计价表

措施项目是指为完成工程项目施工，发生于该工程施工准备和施工过程中的技术、安全、生活、环境保护等方面的非工程实体项目。

《建设工程工程量清单计价规范》（GB 50500—2008）将措施项目分为可以计算工程量的措施项目和其余的措施项目。其余的措施项目以"项"为计量单位，使用表 2.4（a）编制工程量清单时，表中的项目可以根据工程实际情况进行增减，可以计算工程量的措施项目以分部分项工程量清单项目综合单价方式计量；使用表 2.4（b）时，表中分别列出项目编码、项目名称、项目特征、计量单位和工程量计算规则。

表 2.4（a）　措施项目清单与计价表（一）

工程名称：　　　　　　　　　标段：　　　　　　　　　第　页共　页

序　号	项目名称	计算基础	费率（%）	金额（元）
1	安全文明施工费			
2	夜间施工费			
3	二次搬运费			
4	冬雨季施工			
5	大型机械设备			
6	施工排水			
7	施工降水			
8	地上、地下设施、建筑物的			
9	已完工程及设备保护			
10	各专业工程的措施项目			
合　　　计				

注：根据建设部、财政部发布的《建筑安装工程费用组成》（建标〔2003〕206 号）的规定，"计算基础"可为"直接费"、"人工费"或"人工费＋机械费"。

表 2.4（b）　措施项目清单与计价表（二）

工程名称：　　　　　　　　　标段：　　　　　　　　　第　页共　页

序　号	项目编码	项目名称	项目特征描述	计量单位	工程量	金额（元）	
						综合单价	合　价
本页小计							
合　　　计							

5. 其他项目清单与计价汇总表

其他项目清单包括暂列金额、暂估价、计日工和总承包服务费，表格格式见表 2.5。其他项目清单表包括其他项目清单与计价汇总表、暂列金额明细表、材料暂估价表、专业工程暂估价表、计日工表、总承包服务费计价表。在具体某工程中，编制人可以根据工程的实际情况补充其余不足部分。

表 2.5　其他项目清单与计价汇总表

工程名称：　　　　　　　　　　标段：　　　　　　　　　　第　页共　页

序　号	项目名称	计量单位	暂定金额（元）	备　注
1	暂列金额			
2	暂估价			
2.1	材料暂估价			
2.2	专业工程暂估价			
3	计日工			
4	总承包服务费			
5				
合　计				—

注：此表由招标人填写，也可只列暂定金额总额，投标人应将上述暂列金额计入投标总价中。

（1）暂列金额。

暂列金额是招标人在工程量清单中暂定并包括在合同价款中的一笔款项，主要用于由发包人在施工合同协议签订时，尚未确定或者不可预见的，在施工过程中所需材料、设备的采购和服务费，以及施工过程中合同约定的各种工程价款调整因素出现时的工程价款调整以及索赔、现场签证确认的费用。在实际履约过程中，暂列金额可能发生，也可能不发生。

编制暂列金额表时，要求招标人能将暂列金额与拟用项目列出明细，填入表 2.6 中，如果操作中确实不能详列，也可只列暂定金额总数。投标人应将上述暂列金额计入投标总价中。该暂列金额，尽管包含在投标总价中（所以也将包含在中标人的合同总价中），但并不属于承包人所有和支配，是不受承包人所有合同约定的开支程序的制约。

表 2.6　暂列金额明细表

工程名称：　　　　　　　　　　标段：　　　　　　　　　　第　页共　页

序　号	项目名称	计量单位	金额（元）	备　注
1	暂列金额			
2	暂估价			
2.1	材料暂估价			
2.2	专业工程暂估价			
3	计日工			
4	总承包服务费			
5				
合　计				

注：材料暂估单价进入清单项目综合单价，此处不汇总。

（2）暂估价。

暂估价是指招标阶段直接签订合同协议时，招标人在招标文件中提供的用于支付必然要发生但暂时不能确定价格的材料以及需另行发包的专业工程金额。在招标阶段预见肯定要发生，只是因为标准不明确或者需要由专业承包人完成，暂时无法确定其价格或金额。

为方便合同管理与计价，通常只将材料费纳入分部分项工程量清单项目综合单价中，以方便投标人组价。招标人针对相应的拟用项目（按照材料设备的名称分别给出）填入到"材料暂估单价表"中（见表 2.7）。

以"项"为计量单位给出的专业工程暂估价（见表 2.8）一般应是综合暂估价，暂估价中应当包括除规费、税金以外的管理费、利润等费用。专业工程暂估价应在表内填写工程名称、工程内容、暂估金额，投标人应将上述金额计入投标总价中。

无论采用何种方式，投标人均应将上述暂估价金额汇总计入投标总价中。

表 2.7　材料暂估价表

工程名称：　　　　　　　　标段：　　　　　　　　　　　　第　页共　页

序　号	材料名称、规格、型号	计量单位	单价（元）	备　注
1				
2				
3				
4				

注：1. 此表由招标人填写，并在备注栏说明暂估价的材料拟用在哪些清单项目上，投标人应将上述材料暂估单价计入工程量清单综合单价报价中。

2. 材料包括原材料、燃料、构配件以及按规定应计入建筑安装工程造价的设备。

表 2.8　专业工程暂估价表

工程名称：　　　　　　　　标段：　　　　　　　　　　　　第　页共　页

序　号	工程名称	工程内容	金额（元）	备　注
1				
2				

注：此表由招标人填写，投标人应将上述专业工程暂估价计入投标总价中。

（3）计日工。

该项费用是为完成发包人提出的设计施工图纸以外的零星项目或工作而使用的一种计价方式，其包含以下两方面含义：

① 完成该项目作业的人工费用、材料费、施工机械台班等；

② 计日工单价由投标人通过投标报价确定，计日工数量按完成发包人发出的计日工指令的数量确定。

因此，招标人编制过程中，应当填写"项目名称"、"计量单位"和"暂估数量"。其中"暂估数量"须根据实践经验，估算一个比较贴近实际工程的数量。当然，尽可能把项目列全，防患于未然，也是值得充分重视的工作。

投标单位在编制投标报价时，人工、材料、机械台班单价由投标人自主确定，按已给暂估数量计算合价计入投标总价中。在施工过程中，中标人完成发包人提出的施工图纸以外的零星项目或工作，按合同中约定的综合单价计价。计日工表见表2.9。

表2.9 计日工表

工程名称：　　　　　　　　标段：　　　　　　　　第　页共　页

编　号	项目名称	单　位	暂定数量	综合单价	合　价
一	人　工				
1					
2					
人工小计					
二	材　料				
1					
2					
材料小计					
三	施工机械				
1					
2					
施工机械小计					
合　计					

注：此表项目名称、数量由招标人填写，编制招标控制价时。单价由招标人按有关计价规定确定，投标时，单价由投标人自主报价，计入投标总价中。

（4）总承包服务费。

总承包服务费是为了解决招标人在法律、法规允许的条件下进行专业工程发包以及自行采购材料、设备时，要求总承包人对发包的专业工程提供协调和配合服务（如分包人使用总承包人的脚手架、水电源）；对供应的材料、设备提供收、发和保管服务以及对施工现场进行统一管理；对竣工资料进行统一汇总整理等发生并向总承包人支付的费用。招标人应当预计该项费用并按投标人的投标报价向投标人支付该项费用。总承包服务费计价表见表2.10。

表2.10 总承包服务费计价表

工程名称：　　　　　　　　标段：　　　　　　　　第　页共　页

序　号	工程名称	项目价值（元）	服务内容	费率（%）	金额（元）
1	发包人发包专业工程				
2	发包人供应材料				
合　计					

注：此表由招标人填写，投标人应将上述专业工程暂估价计入投标总价中。

编制工程量清单时，招标人应将拟定进行专业分包的专业工程、自行采购的材料设备等决定清楚填写项目名称、服务内容，以便投标人决定报价；编制招标控制价时，招标人按有关规定计价；编制投标报价时，由投标人根据工程量清单中的总承包服务内容，自主决定报价。

6. 规费、税金项目清单与计价表

规费是施工企业根据省级政府或省级有关权力部门规定必须缴纳的，应计入建筑安装工程造价的费用。

规费项目清单应包括工程排污费、社会保障费（含养老保障金、失业保险费、医疗保险费）、住房公积金、危险作业意外伤害保险。在施工实践中，有的规费项目（如工程排污费）并非每个工程所在地都要征收，实践中可作为按实计算的费用处理。此外，按照国务院《工伤保险条例》，将工伤保险与"危险作业意外伤害保险"一并考虑。

税金是依据国家税法的规定应计入建筑安装工程造价内，由承包人负责缴纳的营业税、城市维护建设税以及教育费附加等的总称。规费、税金项目清单与计价表见表 2.11。

表 2.11　规费、税金项目清单与计价表

工程名称：　　　　　　　　　　标段：　　　　　　　　　第　　页共　　页

序　号	项目名称	计算基础	费率（％）	金额（元）
1	规　费			
1.1	工程排污费			
1.2	社会保障费			
（1）	养老保险费			
（2）	失业保险费			
（3）	医疗保险费			
1.3	住房公积金			
1.4	危险作业意外伤害保险			
1.5	工程定额测定费			
2	税　金	分部分项工程费＋措施项目费＋其他项目费＋规费		
	合　计			

注：根据建设部、财政部发布的《建筑安装工程费用组成》（建标〔2003〕206 号）的规定，"计算基础"可为"直接费"、"人工费"或"人工费＋机械费"。

2.3.4　工程量清单编制注意事项

工程量清单包括的内容很多，划分也十分详细，如果编制时不细致，就有可能出现偏差，给工程计量与支付、合同管理等带来麻烦，也可能给承建商造成项目费用偏差或是可乘之机，给业主带来无法挽回的损失，因此，编写工程量清单时应兼顾下面几个方面。

1. 作为独立的工程细目单列应开办项目

应开办项目通常是指工程动工就要发生或动工前就要发生的一些项目，如工程担保与保险、项目监理设施、承建商的驻地建设、工程测量放样等。如果将以上项目列在其他项目的单价中，上述各种款项在承建商动工时将得不到及时支付，不但影响合同的公平和承建商资金周转，而且增加招标中预付款数量。

2. 合理划分工程项目

进行工程细目划分时，应区分不同等级要求的工程项目，将同一性质但不属于同一部位的工程区分开；将情况不同、可能要进行不同报价的项目分开。这一做法主要是为了强化工程投标中的竞争性，使投标人报价更加具体，针对不同情况可以采用不同的单价，便于降低总造价。

3. 合理划分工程细目

工程细目的划分可大可小，工程细目大，可减少计算工作量，但太大就难以发挥单价合同的优势，不便于工程变更的处理；另外，工程细目太大也会使支付周期延长，影响承包商的资金周转，最终影响合同的正常履行。工程细目的划分不是绝对的，既要简单明了，高度概括，又不能漏掉项目和应计价的内容，要结合工程实际，具体问题具体对待，灵活掌握。

4. 细致准确整理工程量的计算

计算和整理工程量的依据是设计图纸和技术规范，这是一项严谨的技术工作，绝不是简单地罗列设计文件中的工程量。要认真阅读技术规范中的计量和支付方法，仔细核查设计文件中工程量所对应计量方法与技术规范中的计量方法是否一致，如不一致，则需在整理工程量时进行技术处理。此外，在工程量的计算过程中，要做到不重不漏，更不能发生计算错误，否则，会带来一系列问题。

5. 计日工清单不可缺少

计日工清单是用来处理一些附加的或小型的变更工程计价用的，清单中计日工的数量完全是由业主虚拟的，用以避免承包商在投标时计日工的单价报得太离谱，有了计日工清单会使合同管理很方便。

6. 应严格遵循技术规范

工程量清单的编号、项目、单位等要与技术规范中的计量支付相统一，从而保证整个合同的严密性和前后一致性。

2.4 工程量清单计价

与工程量清单计价有关的活动包括招标控制价、投标报价、工程合同价款约定、工程计量与价款支付、索赔与现场签证、竣工结算、工程计价争议处理等内容。

投标报价是在工程采用招标发包的过程中，由投标人或由其委托的具有相应资质的工程造价咨询人按照招标文件的要求，根据工程特点，并结合自身的施工技术、装备和管理水平，依据有关计价规范自主确定的工程造价，是投标人希望达成工程承包交易的期望价格，原则上它不能高于招标人设定的招标控制价，但不得低于成本。本书主要以投标报价为例，讲述工程量清单计价的编写方法。

2.4.1 投标价的编制内容

采用工程量清单方式招标的工程，为了使各投标人在投标报价中具有共同的竞争平台，所用投标人均应按照招标人提供的工程量清单填报价格。填写的项目编码、项目名称、项目特征、计量单位、工程量必须与招标人提供的一致。投标人在领取招标文件后，按招标文件中工程量清单表格填写后的表格，即形成投标报价。

投标报价书的编制主要包括以下工作内容：

1. 复核工程量清单的工程数量

一般情况下，投标人可不复核工程量清单的工程数量，直接根据招标人提供的工程量清单的工程数量来确定分部分项工程费。但如果投标人为确定投标策略把握投标机会，可重新计算或复核工程量；经复核工程量清单的工程量，发现有漏洞、重项或误算时，可根据投标人自身策略决定是否向招标方提出质疑。招标方接到质疑，确定工程量清单计算有失误时，可作出统一的修改更正，并将修正后的工程量清单发给所有投标人。

2. 确定分部分项工程的综合单价

综合单价是指完成一个规定计量单位的分部分项工程量清单项目或措施清单项目所需的人工费、材料费、施工机械使用费和企业管理费与利润，以及一定范围内的风险费用。

分部分项工程量清单计价的核心是综合单价的确定，其包括：

（1）确定依据。确定分部分项工程量清单项目综合单价的最重要依据之一是该清单项目的特征描述，投标人投标报价时应依据招标文件中分部分项工程量清单项目的特征描述确定清单项目的综合单价。在招投标过程中，当出现招标文件中分部分项工程量清单特征描述与设计图纸不符时，投标人应以分部分项工程量清单的项目特征描述为准，确定投标报价的综合单价。当施工中施工图纸或设计变更与工程量清单项目特征描述不一致时，发、承包双方应按实际施工的项目特征，依据合同约定重新确定综合单价。

（2）材料暂估价。招标文件中提供了暂估单价的材料，按暂估的单价进入综合单价。

（3）风险费用。招标文件中要求投标人承担的风险费用，投标人应考虑进入综合单价。在施工过程中，当出现的风险内容及其范围（幅度）在招标文件规定的范围（幅度）内时，综合单价不得变动，工程价款不作调整。

3. 表格填写

将计算得到的各分部分项工程的综合单价、合价等数据填入分部分项工程量清单与计价表，再整理计算其他各项费用，并填写到对应表格中，检查审定形成最终的投标报价书。

2.4.2　投标价的编制程序

1. 编制工程量清单计价书时，一般按照下列程序编制

（1）计算分部分项工程费。

① 复核工程量清单的工程数量。

② 分析计算分部分项工程量清单项目的综合单价。

③ 计算分部分项工程费。

（2）计算措施项目费。

① 确定措施项目。

② 分析措施清单项目单价。

（3）计算其他项目费。

（4）计算规费。

（5）计算税金。

（6）单位工程费汇总。

（7）单项工程费汇总。

（8）建设工程费汇总。

（9）投标总价确定。

2. 综合单价的计算一般应按下列顺序进行

（1）熟悉相关规范及工程资料。

工程量清单中包含各分部分项工程的项目特征描述及工程内容，工程量清单计价时要根据项目特征及工程内容进行组价。为了合理的计取各项价格，必须仔细查看工程招标文件，熟悉建设项目相关规范标准，不遗漏、错算、多算或少算各分项中工作内容的价格。

（2）分析工程量清单项目的工程特征及工程内容，确定综合单价分析的组价定额项目。

根据工程量清单项目名称、项目特征和拟建工程实际，参照《应用指南》中的"工程内容"，确定该清单项目主体及其相关工程内容的定额项目。

（3）计算组价定额项目的工程量。

根据确定的定额项目，确定人工、材料和机械台班的消耗量，计算各个定额项目下每计量单位对应的工程量及未计价材料消耗量。

（4）分析计算组价定额项目的人工费、材料费、机械费。

① 根据工程量清单计价的费用组成，参照本地的《计价定额》，或参照工程造价主管部门发布的人工、材料、机械台班和未计价材料的信息价格，确定组价定额项目的人工单价、材料单价和机械单价和未计价材料单价。

② 计算组价定额项目的每计量单位的人工费、材料费、机械台班费、未计价材料费。

组价定额项目每计量单位的人工费

$$=\sum(组价定额项目的人工用量 \times 组价定额项目的人工单价)$$

组价定额项目每计量单位的材料费

$$=\sum(组价定额项目的材料用量 \times 组价定额项目的材料单价)$$

组价定额项目每计量单位的机械费

$$=\sum(组价定额项目的机械用量 \times 组价定额项目的机械单价)$$

组价定额项目每计量单位的未计价材料费

$$=\sum(组价定额项目的未计价材料用量 \times 组价定额项目的未计价材料单价)$$

（5）分析计算分部分项工程量清单项目每计量单位的人工费、材料费、机械台班费、未计价材料费。

分部分项工程量清单项目每计量单位的人工费

$$=\sum(各组价定额项目每计量单位的人工费)$$

分部分项工程量清单项目每计量单位的材料费

$$=\sum(各组价定额项目每计量单位的材料费)$$

分部分项工程量清单项目每计量单位的机械台班费

$$=\sum(各组价定额项目每计量单位的机械台班费)$$

分部分项工程量清单项目每计量单位的未计价材料费

$$=\sum(各组价定额项目每计量单位的未计价材料费)$$

（6）分析计算分部分项工程量清单项目每计量单位的管理费、利润和一定范围内的风险费。

根据工程量清单计价的费用组成，参照其计算方法或参照工程造价主管部门发布的相关费率，并结合本企业和市场的实际情况，确定管理费率、利润率和风险费的计取方法，计取分部分项工程量清单项目每计量单位的管理费、利润和风险费。

管理费、利润费的计取也可以参照本地的《计价定额》，读取各组价定额项目每计量单位的价款后，求和计算分部分项工程量清单项目每计量单位的费用。

（7）分析计算分部分项工程量清单项目的综合单价。

分部分项工程量清单项目的综合单价
＝分部分项工程量清单项目每计量单位的（人工费+材料费
+机械价款+管理费+利润+风险费+未计价材料费）

综合单价的计算是工程量清单计价中的重要内容，其计算方法与步骤不是固定不变的，可根据实际情况安排计算过程。当然，企业也可以根据本企业的企业定额编制综合单价，或在《计价定额》的基础上进行适当的调整。

2.4.3　投标价的表格填写

1. 投标报价的封面

投标人编制投标报价时，由投标人单位注册的造价人员编制。投标人盖单位公章，法定代表人或其授权人签字或盖章；编制的造价人员（造价工程师或造价员）签字盖执业专用章。表 2.12 为投标总价封面的样例。

表 2.12　投标总价封面样例

投　标　总　价
招　　　标　　　人：_____××中学_____
工　程　名　称：_____××中学教师住宅工程_____
投　标　总　价（小写）：_____7 965 428 元_____
（大写）：_____柒佰玖拾陆万伍仟肆佰贰拾捌元_____
××建筑公司
投　　　标　　　人：_____单位公章_____
（单位盖章）
法　定　代　表　人 ××建筑公司
或　其　授　权　人：_____法定代表人_____
（签字或盖章）
××签字
盖造价工程师
编　　　制　　　人：_____或造价员章_____
（造价人员签字盖专用章）
编　制　时　间：××××年××月××日

封-3

2. 投标报价的总说明

投标报价，总说明的内容应包括：

（1）采用的计价依据；

（2）采用的施工组织设计；

（3）综合单价中包含的风险因素、风险范围（幅度）；

（4）措施项目的依据；

（5）其他有关内容的说明等。

投标报价总说明表格格式详见表 2.2 中的工程量清单总说明的样式。

3. 投标报价汇总表

（1）工程项目投标报价汇总表。

工程项目投标报价汇总表由各单项工程投标报价汇总而成，工程投标报价汇总表表格格式见表 2.13。

表 2.13 工程项目投标报价汇总表

工程名称：   第 页共 页

序　号	单项工程名称	金额（元）	其　中		
			暂估价（元）	安全文明施工费（元）	规费（元）
	合　计				

注：本表适用于工程项目招标控制价或投标报价的汇总。

（2）单项工程投标报价汇总表。

单项工程投标报价汇总表由各单位工程投标报价汇总而成，单项工程投标报价汇总表见表 2.14。

表 2.14 单项工程投标报价汇总表

工程名称：   第 页共 页

序　号	单位工程名称	金额（元）	其　中		
			暂估价（元）	安全文明施工费（元）	规费（元）
	合　计				

注：本表适用于单项工程招标控制价或投标报价的汇总。暂估价包括分部分项工程中的暂估价和专业工程暂估价。

表-03

（3）单位工程投标报价汇总表。

单位工程投标报价汇总表由该单位工程的分部分项工程量清单计价表、措施项目清单计价表、其他项目清单计价表、规费税金等汇总而成。单位工程投标报价汇总表表格格式见表 2.15。

表 2.15　单位工程投标报价汇总表

工程名称：　　　　　　　　标段：　　　　　　　　　　第　　页共　　页

序　号	汇总内容	金额/元	其中：暂估价/元
1	分部分项工程		
1.1			
1.2			
2	措施项目		
2.1	安全文明施工费		
3	其他项目		
3.1	暂列金额		
3.2	专业工程暂估价		
3.3	计日工		
3.4	总承包服务费		
4	规费		
5	税金		
招标控制价合计＝1＋2＋3＋4＋5			

注：本表适用于单位工程招标控制价或投标报价的汇总，如无单位工程划分，单项工程也使用本表汇总。

表-04

4. 分部分项工程量清单用表

分部分项工程量清单中包括分部分项工程量清单与计价表和综合单价分析表。

（1）分部分项工程量清单与计价表。

分部分项工程量清单与计价表见表 2.3。投标人对表中的"项目编码"、"项目名称"、"项目特征"、"计量单位"、"工程量"均不应做改动。"综合单价"、"合价"自主决定填写，对其中的"暂估价"栏，投标人应将招标文件中提供了暂估材料单价的暂估价计入综合单价，并应计算出暂估单价的材料在"综合单价"及其"合价"中的具体数额，因此，为更详细反映暂估价情况，也可在表中增设一栏"综合单价"其中的"暂估价"。

（2）综合单价分析表。

工程量清单单价分析表是评标委员会评审和判别综合单价组成和价格完整性、合理性的主要基础，对因工程变更调整综合单价也是必不可少的基础价格数据来源。采用经评审的最低投标价法评标时，该分析表的重要性更加突出。

该分析表集中反映了构成每一个清单项目综合单价的各个价格要素的价格及主要的"工、料、机"消耗量。投标人在投标报价时，需要对每一个清单项目进行组价，为了使组价工作具有可追溯性（回复评标质疑时尤其需要），需要表明每一个数据的来源。该分析表实际上是投标人投标组价工作的一个阶段性成果文件，借助计算机辅助报价系统，可以由电脑自动生成，并不需要投标人付出太多额外劳动。

该分析表一般随投标文件一同提交，作为竞标价的工程量清单的组成部分。编制投标报价，使用本表可填写使用的省级或行业建设主管部门发布的计价定额，如不使用，可不填写。

工程量清单综合单价分析表见表 2.16。

表 2.16　工程量清单综合单价分析表

工程名称：　　　　　　　　　　标段：　　　　　　　　第　页共　页

项目编码				项目名称			计量单位			
清单综合单价组成明细										
定额编号	定额名称	定额单位	数　量	单　价				合　价			
				人工费	材料费	机械费	管理费和利润	人工费	材料费	机械费	管理费和利润
人工单价			小　计								
元/工日			未计价材料费								
清单项目综合单价											

材料费明细	主要材料名称、规格、型号	单位	数量	单价（元）	合价（元）	暂估单价（元）	暂估合价（元）
	其他材料费			—		—	
	材料费小计			—		—	

注：1. 如不使用省级或行业建设主管部门发布的计价依据，可不填定额项目、编号等。
　　2. 招标文件提供了暂估单价的材料，按暂估的单价填入表内"暂估单价"栏及"暂估合价"栏。

表-09

5. 措施项目与清单计价表

由于招标人进行工程招标时提供的措施项目清单是根据社会一般水平确定的，并没有考虑不同投标人的特色，而各投标人拥有的技术水平、施工装备和采用的施工工艺方法等存在差异，这时投标人投标时可依据自身编制的投标施工组织设计确定措施项目，并对招标人提供的措施项目进行合理调整，投标人所作的调整和确定的措施项目应通过评标委员会的评审。投标报价中的措施项目费清单与计价表见表 2.4。措施项目费的计算包括：

（1）措施项目的内容应依据招标人提供的措施项目清单和投标人投标时拟定的施工组织设计或方案；

（2）措施项目费的计价方式应根据招标文件的规定，可以计算工程量的措施清单项目，采用综合单价方式报价，其余的措施清单项目采用以"项"为计量单位的方式报价；

（3）措施项目费由投标人自主确定，但安全文明施工费应按照国家或省级、行业建设主管部门的规定计价，不得作为竞争性费用。

6. 其他项目清单与计价汇总表

投标报价中的其他项目清单与计价表见表 2.5～表 2.10。

（1）暂列金额应按招标人在其他项目清单中列出的金额填写，不得变动。

（2）材料暂估价应按招标人在其他项目清单中列出的单价计入综合单价；专业工程暂估价应按招标人在其他项目清单中列出的金额填写。

（3）计日工按招标人在其他项目清单中列出的项目和数量，自主确定综合单价并计算计日工费用。

（4）总承包服务费应依据招标人在招标文件中列出的分包专业工程内容和供应材料、设备情况，按照招标人提出的协调、配合与服务要求和施工现场管理需要自主报价。

7. 规费、税金项目清单与计价表

规费和税金应按照国家或省级、行业建设主管部门的规定计算，不得作为竞争性费用。规费、税金项目清单与计价表表格形式见表 2.11。

思 考 题

1. 工程量清单计价的特点是什么？
2. 工程量清单计价由哪些费用构成？
3. 工程量清单由哪些表格组成？
4. 工程量清单计价的编制依据有哪些？
5. 分部分项工程量清单包括哪些内容？

第3章　给排水工程工程量清单及清单计价

【知识目标】

了解给排水工程的分类及组成、常用材料、安装等基础知识；了解并熟悉给排水工程施工图的主要内容及其识读方法；熟悉给排水工程清单项目设置及工程量计算规则；掌握清单计价模式下的给排水工程工程量清单及清单计价编制的步骤、方法、格式及内容。

【能力目标】

能够迅速识读给排水工程施工图；比较熟练地进行清单计价模式下的给排水工程工程量计算和清单编制，熟练地计算分部分项工程综合单价及汇总编制给排水工程工程量清单计价。

3.1　给排水工程基础知识

给排水工程是指用于水供给、废水排放和水质改善的工程，其主要包括市政给排水工程、室外给排水工程、室内给排水工程。本章主要讲的是室内给排水工程。

3.1.1　室内给水系统的分类与组成

给水系统是指通过管道及附属设备，按照建筑物和用户的生产、生活和消防的需要，有组织的输送到用水地点的系统。其任务是满足建筑物和用户对水质、水量、水压、水温等的要求，保证用水安全可靠。

1. 给水系统分类

给水系统按用途分为3类：

（1）生活给水系统：供人们在日常生活中使用，如饮用、烹饪、沐浴、洗衣、冲洗厕所等。

（2）生产给水系统：供生产过程中使用，如工艺用水、清洗用水、生产空调用水、除尘用水、锅炉用水等。

（3）消防给水系统：消防灭火设施用水，主要包括消火栓、消防卷盘和自动喷水灭火系统等设施的用水。

上述3种基本给水系统也可根据具体情况合并使用，如生活-生产给水系统、生活-消防给水系统、生产-消防给水系统、生活-生产-消防给水系统。

2. 室内给水系统组成

室内给水系统组成如图 3.1 所示，一般由引入管、水表节点、给水管道、给水附件、配水设备和增压、贮水设备组成。

图 3.1　给水系统组成示意图

（1）引入管。

引入管又称进户管，是市政给水管网和建筑内部给水管网之间的连接管道，其作用是从市政给水管网引水至建筑内部给水管网。

（2）水表节点。

水表节点是指引入管上装设的水表及其前后设置的阀门及泄水装置等的总称，如图 3.2 所示。

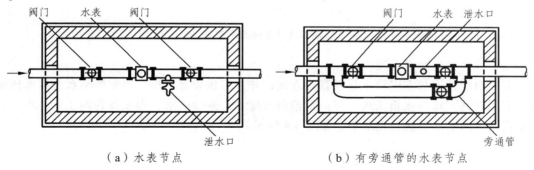

图 3.2　水表节点

（3）给水管道。

给水管道指建筑室内给水水平干管、立管和支管、分支管。干管将水从引入管输送至建筑物各区域；立管将水从干管沿垂直方向输送至各楼层、各不同标高处；支管是将水从立管输送至各房间内；分支管将水从支管输送至各用水设备处。

（4）给水附件。

管道系统中调节水量、水压，控制水流方向，改善水质，以及关断水流，便于管道、仪表和设备检修的各类阀门和设备。给水附件包括各类阀门（控制阀、减压阀、止回阀等）、水锤消除器、过滤器、减压孔板等管路附件。

（5）配水装置。

生活、生产和消防给水系统管网的终端用水点上的装置即为配水装置。生活给水系统主要指卫生器具的给水配件或配水龙头；生产给水系统主要指用水设备；消防给水系统主要指室内消火栓和自动喷水灭火系统中的各种喷头。

（6）增压、贮水设备。

当室外给水管网的水压、水量不能满足建筑给水要求或要求供水压力稳定、确保供水安全可靠时，需要在给水系统中设置水泵、气压给水设备和水池、水箱等增压、贮水设备。

3. 室内给水系统的给水方式

（1）直接给水系统。

室内给水管道系统与室外给水管网直接连接，利用室外管网压力直接向室内给水系统供水，如图 3.3 所示。

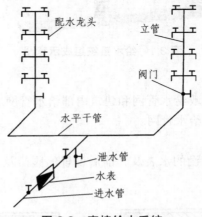

图 3.3　直接给水系统

（2）设水箱的给水系统。

室内给水管道与室内给水管网直接连接，并在屋顶设有水箱。当室外给水管网水压足够时，室外管网直接向水箱供水，再由水箱向各配水点连续供水；当室外管网水压较小时，则由水箱向室内给水系统补充水量，如图 3.4 所示。

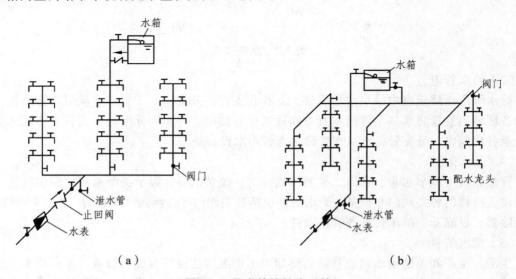

（a）　　　　　　　　　　　　（b）

图 3.4　设水箱的给水系统

（3）设水池、水泵和水箱的给水系统。

当室外给水管网压力经常性或周期性不足，室内用水不均匀时，在给水管道上增设上水泵和水池、高位水箱等，以提升供水压力和贮存水量，如图 3.5 所示。

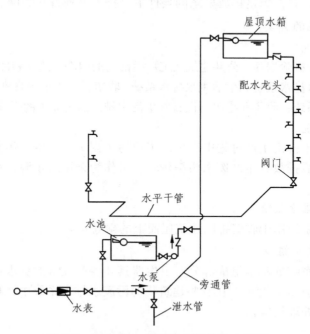

图 3.5　设水池、水泵和水箱的给水系统

（4）竖向分区给水系统。

在多层或高层建筑中，室外给水管网中水压往往只能供到下面几层，而不能满足上面几层的需要，为了充分有效地利用室外给水管网中提供的水压，可将建筑物分为上、下两个区域或多个区域，如图 3.6 所示。下区可直接由室外管网供水，上区由水泵、水箱联合供水。

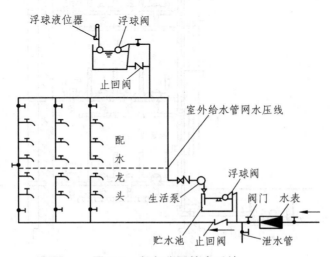

图 3.6　竖向分区给水系统

3.1.2 室内排水系统的分类与组成

室内排水系统的任务是接纳、汇集建筑物内各种卫生器具和用水设备排放的污（废）水，以及屋面的雨、雪水，并在满足排放要求的条件下，排入室外排水管网。

1. 室内排水系统的分类

（1）生活排水系统。

生活排水系统用于排除居住、公共建筑及工厂生活间的盥洗、洗涤和冲洗便器等污废水，并可进一步分为生活污水排水系统和生活废水排水系统。收集并排出居民日常生活中排泄的粪便污水的系统为生活污水系统；收集并排出居民日常生活中排出的洗涤水的系统为生活废水系统。

（2）工业排水系统

工业排水系统用于排出生产过程中产生的工业污（废）水。生产污水污染较重，需经过处理，达到排放标准后排放；生产废水污染较轻，可作为杂用水水源，可经过简单处理后回用或排入水体。

（3）屋面雨雪水排水系统。

屋面雨雪水排水系统用于收集排除建筑屋面上的雨雪水。

2. 室内排水系统的组成

室内污废水排水系统的基本组成部分有卫生器具和生产设备的受水器、排水管道、通气管道、清通设备，如图 3.7 所示。在有些建筑物的污废水排水系统中，根据需要还设有污废水的提升设备和局部处理构筑物。

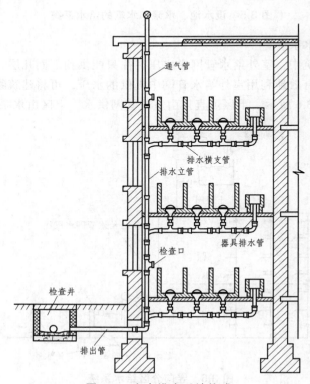

图 3.7 室内排水系统构成

（1）卫生器具和生产设备的受水器。

卫生器具是接受、排出人们在日常生活中产生的污废水或污物的容器或装置，如洗脸盆、浴盆、大便器、地漏等。生产设备受水器则是接受、排出工业企业在生产过程中的污废水或污物的容器或装置。

（2）排水管道。

排水管道包括器具排水管（含存水弯）、横支管、立管、埋地干管和排出管。器具排水管将卫生器具与后续管道排水横支管连接；排水横支管汇集各器具排水管的来水，沿水平方向按一定坡度输送至排水立管；排水立管收集各排水横支管的来水，并作垂直方向将水排泄至排出管；排出管收集排水立管的污、废水，并从水平方向排至室外污水检查井。

（3）通气管道。

建筑内部排水管道内是水气两相流。为使排水管道系统内空气流通，压力稳定，避免因管内压力波动而使有毒有害气体进入室内，需要设置与大气相通的通气系统。通气系统一般由排水立管延伸至屋面上和大气相通，伸出屋面大于等于 0.3 m，上人屋面其高度不低于 2 m，通气管伸出屋面的顶部装设透气帽，以防止杂物落入管中堵塞。建筑标准要求较高的建筑可设置专用通气管以及专用附件。

（4）清通设备。

为疏通建筑内部排水管道，保障排水畅通，常需设置清通设备。清通设备包括设在横支管顶端的清扫口、设在立管或较长横支管上的检查口和设在室内较长埋地横干管上的检查井等。

（5）提升设备。

当建筑物内的污废水不能自流排至室外时（如民用建筑中的地下室、人防建筑、高层建筑的地下技术层、某些工业企业车间地下室、地铁、立交桥等地下建筑物等），需设置污水提升设备。建筑内部污废水提升包括污水泵、污水集水池和污水泵房等。

（6）局部处理构筑物。

当建筑内部污水未经处理不允许直接排入市政排水管网或水体时，需设污水局部处理构筑物，如处理民用建筑生活污水的化粪池，去除含油污水的隔油池，以及以消毒为主要目的的医院污水处理构筑物等。

3.1.3　室内给排水系统的常用材料

室内给水系统的常用材料包括常用管材及管件、管道附件、卫生器具等。

1. 常用管材及管件

室内给水系统中管道材料可分为金属管材、非金属管材和常用管材等。

（1）金属管材。

① 无缝钢管。

无缝钢管常用普通碳素钢、优质碳素钢或低合金钢制造而成，包括一般钢管、合金钢管、不锈钢管等。按制造方法可分为热轧钢管和冷轧钢管两种。

无缝钢管的规格用"管外径×壁厚"表示，符号分别为 D、δ，单位均为 mm。

无缝钢管常用于高压水管线和室外供热管道。

② 焊接钢管。

焊接钢管俗称水煤气管，通常用普通碳素钢中钢号为 Q215、Q235、Q255 的软钢制造而成。

按钢管壁厚不同分为普通钢管、加厚钢管两种；按其表面是否镀锌可分为镀锌钢管（白铁管）和焊接钢管（黑铁管）；按焊缝的形状分为直缝焊管和螺旋缝焊管。

焊接钢管的直径规格用公称直径"DN"表示，单位为 mm。

镀锌钢管适用于生活饮用水管道或某些水质要求较高的工业用水管道；普通焊接钢管容易生锈，常用于非饮用水的给水管及煤气管。

③ 铸铁管。

由生铁铸造而成的生铁管称为铸铁管，其分为给水铸铁管和排水铸铁管两种，直径规格均用公称直径"DN"表示。

给水铸铁管常用灰口铸铁或球墨铸铁浇筑而成，出厂前内外表面已用防锈沥青漆防腐。按接口形式分为承插式给水铸铁管和法兰式给水铸铁管两种。

④ 有色金属管。

有色金属管包括铜及铜合金管、铝及铝合金管、铅及铅合金管、钛及钛合金管等。

（2）非金属管材。

① 塑料管。

塑料管是以合成树脂为主要成分，加入适量添加剂，在一定温度和压力下塑制成型的有机高分子材料管道。

塑料管分为聚乙烯（PE）管、聚丙烯（PP-R）管、聚丁烯（PB）管、聚氯乙烯（PVC-U）管等。聚乙烯（PE）管、聚丙烯（PP-R）管、聚丁烯（PB）管用于室内外输送冷、热水和低温地板辐射采暖；聚氯乙烯（PVC-U）管适用于输送生活污水和生产污水。

② 其他非金属管材。

给排水工程除使用给水塑料管、硬聚氯乙烯排水塑料管外，还经常在室外给排水工程中使用自应力和预应力钢筋混凝土给水管及钢筋混凝土、玻璃钢和带釉陶土排水管等。

（3）常用管件。

常用管件可分为以下类型：

① 螺纹管件，如管箍、活接头、弯头、三通、四通、丝堵等。

② 铸铁管件，包括铸铁给水管件和离心铸铁排水管件。铸铁给水管件如异径管、三通、四通、弯头等，离心铸铁排水管件如弯曲管、90°弯头、45°弯头、90°三通、45°三通、正四通、Y 三通、TY 三通、P 型存水弯、S 型存水弯等。

③ 焊接管件。在焊接钢管和无缝钢管的安装中，经常需要根据现场情况制作一些钢制管件，按制作方法分为压制法和焊接法。

④ 铝（钢）塑复合管件，如异径弯、等径和异径三通、等径直通等。

⑤ 热熔管件，其用于钢塑复合管、PP-R 以及 PE 管材的连接，有直接、弯头、三通、弯径、法兰等。

2. 管道附件

给排水管道安装时用到的管道附件包括阀门、伸缩器、水表、法兰、浮标水位标尺等。

（1）阀门。

阀门是控制调节水流运动的重要配件。

按照阀门的工作原理、结构及用途，可分为有蝶阀、闸阀、截止阀、球阀等，这些阀门可用来调节水量或者开闭水流。按照阀门连接方式的不同，可分为螺纹阀、螺纹法兰阀、焊接法兰阀。

螺纹阀：利用阀体两边的螺纹丝扣，与管道或其他附件进行连接的阀门。

螺纹法兰阀：阀门与管道的连接，采用螺纹法兰连接。

焊接法兰阀：阀门与管道的连接，采用焊接法兰连接。

除以上常用的阀门外，还有止回阀、浮球阀、自动排气阀、安全阀、减压阀、疏水阀等用途相对特殊的阀门。

止回阀：能自动阻止流体倒流的阀门。止回阀的阀瓣在流体压力作用下开启，流体从进口侧流向出口侧。当进口侧压力低于出口侧时，阀瓣在流体压差、本身重力等因素作用下自动关闭以防止流体倒流。

浮球阀：利用液位变化可以自动开关，一般用于水箱或水池内。

自动排气阀：安装在供暖或供水系统上具有自动放气功能的阀门，也叫放风阀。

安全阀：用在锅炉、压力容器等受压设备上作为超压保护装置。当被保护设备内介质压力异常升高达到规定值时，阀门自动开启，继而全量排放，以防止压力继续升高；当压力降低到另一规定值时，自动关闭。

减压阀：也称为减压器，通过启闭件的节流，将进口压力降至某一需要的出口压力，并能在进口压力及流量变动时，利用介质本身的能量保持出口压力基本不变的阀门

疏水阀：用于蒸汽管网及设备中，能自动排出凝结水、空气及其他不凝结气体，并阻止水蒸气泄漏的阀门，也叫疏水器。

（2）伸缩器。

伸缩器（补偿器）的作用是消除管道因温度变化而产生膨胀或收缩应力对管道的影响。常用补偿器有方形伸缩器、套筒伸缩器等。

（3）水表。

水表是一种计量水量的仪表，一般安装在引水管及需要计量的管路上，常用的水表有旋翼式和螺翼式两种。

3. 卫生器具

卫生器具是指厨房、卫生间内盥洗设施，包括浴盆、淋浴器、洗面盆、大便器（坐便器、蹲便器）、小便器、洗涤盆和工厂用化验盆以及冲洗水箱、水龙头、排水栓、地漏等项目。

（1）洗澡设施。

① 浴盆。

浴盆按材质可分为铸铁搪瓷、陶瓷、玻璃钢、塑料等类型，外形尺寸又有大小之分，按安装形式又可分为自带支撑和砖砌支撑；按使用情况又可分为不带淋浴器、带固定淋浴器、带活动淋浴器等几种形式。浴盆由盆体、供水管（冷、热）、控制混合水嘴、存水弯等组成。浴盆安装示意图如图 3.8 所示。

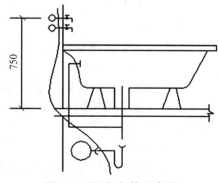

图 3.8　浴盆安装示意图

② 淋浴器。

淋浴器按材质可分为钢管、铜管等类型，可提供冷水或冷热水。淋浴器安装示意图如图3.9所示。

（2）洗涤设施。

① 水龙头。

水龙头的类型很多，按不同用途可分为旋压式配水龙头、旋塞式配水龙头、冷热水混合龙头和手术室医用龙头、化验室的化验鹅颈龙头等。

② 洗脸盆。

洗脸盆一般安装在卫生间内，由冷、热水管道供水，有一些仅供冷水。所接管道可为铜管或钢管，开启方式有普通开关、肘式开关、脚踏开关等方式。排水部分由排水栓、存水弯排入室内下水管道中。洗脸盆安装示意图如图3.10所示。

③ 洗涤盆。

洗涤盆一般安装在厨房、实验室、洁具间等场所。根据其水龙头数目有单嘴、双嘴之分，开启方式有普通开关、肘式开关、脚踏开关等方式。洗涤盆安装示意图如图3.11所示。

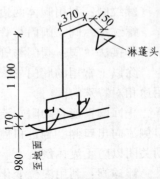

图3.9　淋浴器安装示意图

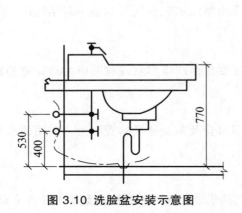

图3.10　洗脸盆安装示意图

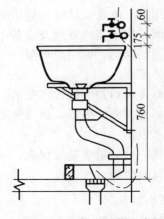

图3.11　洗涤盆安装示意图

（3）卫生设施。

① 大便器。

卫生间大便器分为两种，即坐便器和蹲便器。

a. 坐便器。

坐便器一般可分为低水箱坐便器、带水箱坐便器、连体水箱坐便器、自闭冲洗阀坐便器。低水箱坐便器安装示意图如图3.12所示。

b. 蹲便器

目前，蹲便器在公共卫生间使用较多，按其冲洗方式可分为瓷高水箱、瓷低水箱、普通冲洗阀、手压阀冲洗、

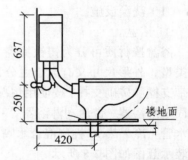

图3.12　低水箱坐便器安装示意图

脚踏阀冲洗、自闭冲洗阀等蹲便器。高水箱蹲便器安装示意图如图 3.13 所示,冲洗阀式蹲便器安装示意图如图 3.14 所示。

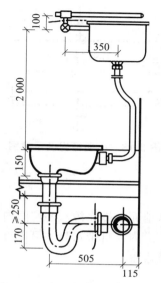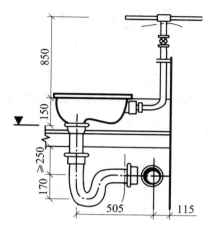

图 3.13　高水箱蹲便器安装示意图　　图 3.14　冲洗阀式蹲便器安装示意图

② 小便器。

小便器一般设置在公共建筑男卫生间。小便器按安装形式和形状分为挂斗式小便器和立式小便器;按冲洗方式分为普通冲洗小便器和自动冲洗小便器;按联数分为一联小便器、二联小便器和三联小便器。挂斗式小便器安装示意图如图 3.15 所示,立式小便器安装示意图如图 3.16 所示,高水箱三联挂斗小便器安装示意图如图 3.17 所示。

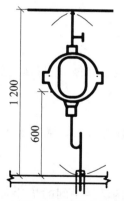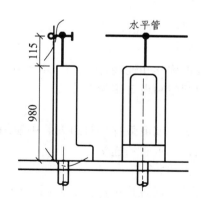

图 3.15　挂斗式小便器安装示意图　　图 3.16　立式小便器

③ 小便槽。

目前,在公共场所男卫生间仍设置有小便槽。小便槽冲洗时,水流从给水管流入多孔冲洗管中,由多孔管喷细股水流冲洗小便槽。排水一般经槽底的专门排水栓或地漏排入排水管道中。小便槽安装示意图如图 3.18 所示。

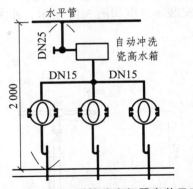

图 3.17　高水箱三联挂斗小便器安装示意图

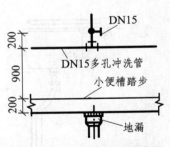

图 3.18　小便槽安装示意图

（4）排水设施。

① 地漏。

在厕所、厨房、浴室、洗衣房内，以及其他需要从地面上排除污水的房间内，均需设置地漏。地漏在排水口处盖有箅子，用以阻止杂物落入管道内，自带水封，可以直接与下水管道相连接。按材质可以分为铜地漏、不锈钢地漏、塑料地漏。

② 排水栓。

为了防止污物堵塞排水管道，在洗脸盆、浴盆、污水池、洗涤盆等卫生器具与存水弯之间设置排水栓。

（5）水箱。

水箱按照其形状可分为矩形水箱、圆形水箱；按照其用途不同可分为膨胀水箱、屋顶水箱、大便槽自动冲洗水箱、小便槽自动冲洗水箱等。

3.1.4　室内给排水系统安装

1. 管道连接

（1）螺纹连接。

螺纹连接也称丝扣连接，适用于 DN≤100 镀锌钢管及较小管径、较低压力的焊管的连接，以及带螺纹的阀门和设备接管的连接。

（2）焊接。

采用氧乙炔焊或电弧焊是管道安装中使用广泛的一种连接方法。常用于 DN>32 的焊接钢管、无缝钢管、铜管的连接。

（3）法兰连接。

法兰连接是指通过连接法兰、紧固螺栓和螺母，压紧两法兰中间的垫片而使管道连接的方法。常用于 DN≥100 镀锌钢管、无缝钢管、给水铸铁管、PVC-U 管和钢塑复合管的连接

（4）承插连接。

铸铁管一般采用承插连接，其连接密封口有青铅接口、膨胀水泥接口、石棉水泥接口、胶圈接口等。

（5）热熔连接。

将两根热熔管道的配合配合面紧贴在加热工具上加热其平整的端面直到熔融，移走加热

工具后，将两个熔融的端面紧靠起，在压力的作用下保持接头冷却，使之成为一个整体的连接方式，即为热熔连接。其适用于 PP-R、PB、PE 等塑料管的连接。

除以上连接方式外，还有柔性连接、电熔连接、卡套式连接、卡箍连接等。

2. 给水管道布置及敷设

（1）孔洞预留。管道穿过建筑物基础、墙、楼板的孔洞和暗敷管道的墙槽，应配合土建预留。

（2）套管制作安装。钢管穿楼板应做套管，套管顶部应高出地面 20 mm，套管底部与楼板底面相平，套管与管道间应用石棉绳或沥青油填实。

（3）管道支、吊架安装。管道安装时，在水平管路上可装设活动支架；在垂直管路上可设导向支架；在管路上不允许有任何位移的地方，应设置固定支架。

（4）管道安装时当管道交叉发生矛盾时，应采用以下原则：小管让大管、无压管让有压管、低压管让高压管、一般管让高温管或低温管、辅助管让物料管、支管让主管。

（5）冲洗。交付使用前须用水冲洗，冲洗水流速大于或等于 1.5 m/s。

（6）试压。管道安装完毕后应按设计要求做水压试验。如果设计无规定，则按照规范进行试压：金属与复合管给水系统在试验压力下，10 min 内压力降不大于 0.02 MPa，在工作压力下做外观检查，应不渗不漏；塑料给水系统应在试验压力下稳压 1 h，压力降不大于 0.05 MPa，然后在工作压力的 1.15 倍下稳压 2 h，压力降不得超过 0.03 MPa，同时管道表面不渗不漏。

3. 排水管道布置及敷设

（1）水封设置。器具排水支管上应设有水封装置，以防止排水管道中的有害气体进入室内，水封有 S 型、P 型存水弯及水封盒等。

（2）排水横管安装。排水横管一般用间距 1~1.5 m 的吊环悬吊在顶棚上，底层的横管应埋地敷设；排水横管不宜过长，以防造成虹吸作用对生卫器具水封破坏。排水横管应有一定的坡度，并要尽量少拐弯以减少阻塞及清扫口的数量。

（3）排水立管安装。排水立管一般在墙角处明装，高级建筑物的排水立管可暗装在管槽或管井中；排水立管一般不允许转弯，当上下层位置错开时，宜用乙字弯或两个 45°弯头连接；立管的固定常采用管卡，管卡间距不得超过 3 m，但每层至少应设一个，托在承口的下面。

（4）通气管安装。通气管应高出屋面不得小于 0.3 m，并大于最大积雪厚度；对上人屋面，通气管则应高出屋面 2 m，并应考虑设防雷装置；排气管出口应装网罩或风帽，以防杂物落入。

（5）防腐。排水铸铁管和钢管刷防锈漆两道、银粉面漆（或设计指定的面漆）两道（管道有绝热层时，不刷面漆）。

（6）隐蔽或埋地的排水管道在隐蔽前必须做灌水试验，其灌水高度应不低于底层卫生器具的上边缘或底层地面高度。灌水方法：满水 15 min 水面下降后，再灌满观察 5 min，液面不下降，检查管道及接口无渗漏为合格。

3.2 给排水工程的施工图识读

3.2.1 给排水工程常用图例

给排水工程常用图例见表 3.1。

表 3.1　给排水工程常用图例

名称	图例	说明	名称	图例	说明
管道	— —	用于一张图上，只有一种管道	放水龙头		
	— J — P —	用汉语拼音字头表示管道类别	室内单出口消防栓		左为平面　右为系统
		用线型区分管道类别	室内双出口消防栓		左为平面　右为系统
交叉管		管道交叉不连接，在下方和后方的管道应断开	自动喷淋头		左为平面　右为系统
管道连接		左为三通右为四通	淋浴喷头		
管道立管	JL　JL	J：管道类别 L：立管	水表		
			立式洗脸盆		
管道固定架			浴盆		
多孔管			污水池		
存水弯			盥洗槽		
检查口			小便槽		
清扫口		左为平面右为系统	小便器		
通气帽		左为成品右为铅丝球	大便器		左为蹲式　右为坐式
圆形地漏		左为平面右为系统	延时自闭阀		
截止阀		左为DN≥50右为DN<50	柔性防水套管		
			可曲挠接头		
闸阀			阀门井检查井		
止回阀			水表井		

3.2.2　给排水工程施工图组成

给排水施工图可分为室外管道及附属设备图、室内管道及卫生设备图和水处理工艺设备图三类。

室内给排水施工图主要由以下内容组成：

（1）图纸目录。设计人员把某个给排水工程的所有图纸按一定的图名和顺序归纳编排成一个目录，以方便使用者查找和管理。通过图纸目录我们可以知道设计单位、工程名称、地点、图纸数量、图纸名称及编号、所采用的标准图集号等。

（2）设计及施工说明。凡在图样上无法表示出来而施工人员又必须知道的一些技术和质量方面的要求，一般都用文字形式加以说明。内容一般包括：

① 工程概况：主要说明建筑面积、层高、楼层分布情况、设计范围等。

② 设计依据：包括甲方提供的基本资料、国家标准规范、施工现场条件等。

③ 给排水系统设计：主要说明用水量设计，水源进出方式，给排水系统划分，水箱设置情况等。

④ 管道敷设：内容包括给排水管道所采用的管材、附件及连接方式，支吊架安装要求，管道的防腐与保温要求，管道上的阀门类型及连接方式，套管安装要求等。

⑤ 施工质量及验收标准：说明给排水管道隐蔽验收，试压方式及灌水检验要求等。

⑥ 其他：其他未说明的内容，以及所采用的图例等。

（3）主要设备及材料列表。本设计图中所采用的主要设备及材料的编号、规格、数量等内容。

（4）总平面图。表示了该建筑物外管网的平面布置情况，表明该给水系统引入管的位置和该排水系统中排出管的位置。

（5）室内给排水平面图。室内给排水平面图是施工图的主要部分，一般包括给排水底层平面图、标准层平面图及顶层平面图，常用 1∶100 和 1∶50 的比例画出。各层平面图所表达的内容为本楼层内给排水管道、卫生洁具及用水设备等的平面位置，管道接头零件、支吊架的位置在图上没有表示，需要查看设计说明。如果设计说明中未包括，则要查找国家有关的施工及验收规范去执行。

（5）给排水系统图。给排水系统图是管道系统的轴测投影图，是管道施工图中的重要图样。在给排水系统图上，管道主管、进出户管子的编号与平面图上相对应，在立体空间中反映管路、设备及器具相互关系系统的全貌图形。图中表明了管道标高、管径大小、阀门的位置、标高、数量，卫生器具的位置、数量等内容。

（6）大样图。阀门井、设备基础、集水坑等安装图，在平面图上或系统图上表示不清楚，也无法用文字说明的情况下，设计人员会将局部部位放大比例绘出，以方便施工人员按图施工。

（7）标准图。这部分图纸在施工图中不存在，只在图纸目录中提供了标准图号，需要查阅通用标准图集。一般用于通用设备和卫生洁具的安装。

（8）非标准图。非标准图是指具有特殊要求的卫生器具及附件，不能采用标准图时，独立设计的加工或安装图。

给排水工程施工图的具体组成，由设计者根据实际需要决定，不一定每套给排水施工图都必须包括以上 8 个部分的内容。

3.2.3 给排水工程施工图表示

1. 管道在平面图上的表示

某一层楼的给排水、采暖管道的平面图，一般要把该楼层地面以上和楼板以下的所有管道都表示在该层建筑平面图上；对于底层，还要把地沟内的管道表示出来。平面图中，给水管道一般用粗实线表示，排水管道用粗虚线表示。

各种位置和走向的水暖管道在平面图上的表示方法：水平管、倾斜管用单线条水平投影表示；不同直径的管道，以同样线宽的线条表示；当同一平面位置布置有几根不同高度的管道时，可画成平行排列；垂直管道在图上用圆圈表示；管道向上或向下拐弯时在平面图上的表示如图 3.19 所示。

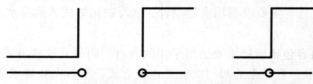

图 3.19　管道向上或向下拐弯时在平面图上的表示

2. 管道在系统图上的表示

室内管道系统图主要是反映管道在室内空间的走向和标高位置。一般左右方向用水平线表示；上下方向用竖线表示；前后方向用 45°斜线表示。

3. 管道标高的表示

管道的标高符号一般标注在管道的起点或终点，标高的数字对于给水管道、采暖管道是指管道中心处的位置相对于 ± 0.000 的高度；对于排水管道通常是指管子内底的相对标高。标高的单位是 "m"。

4. 管道坡度的表示

管道的坡度符号可标注在管子的上方或下方，其箭头所指的一端是管子较低一端，如 $i = 0.005$ 表明管道的坡度为 5‰。

5. 管道直径的表示

管道直径一般用公称直径标注，一段管子的直径一般标注在该段管子的两端，而中间不再标注，如图 3.20 所示。

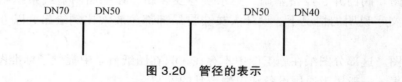

图 3.20　管径的表示

3.2.4　给排水工程施工图识读

（1）给排水工程施工图识读的步骤：

① 首先，查看设计及施工说明，了解说明内容，特别是给排水系统划分情况；同时，根据说明要求，查明及收集所采用的各种标准图集及相关施工及验收规范。

② 其次，以系统图为线索，按照管道类别（如给水、热水、排水、消防等）分类阅读。

③ 再次，将平面图和系统图对照起来看。给水系统顺着水流进水方向，经干管、横管、立管、支管、到用水设备的顺序进行识读；排水系统顺着水流排水方向，经卫生器具、器具排水管、横管、立管、排出管到室外检查井的顺序识读。

④ 最后，阅读大样图和标准图。识读大样图时重点掌握其所包括的设备、各部分的起止范围。

识读图纸的顺序，没有统一的规定，可根据需要自行掌握。为了更好地利用图纸指导施工，有时一张图纸要反复看很多遍，并且还要配合识读有关施工质量验收规范、质量评定标准以及全国通用给排水标准图集，详细了解安装技术及安装方法。

（2）识读给排水施工平面图时应重点掌握以下内容：

① 明确卫生器具、用水设备和升压设备的类型、数量、安装位置、接管方式和定位尺寸。

结合详图和技术资料，弄清楚这些器具和设备的构造、接管方式和尺寸。对常用的卫生器具和设备的构造和安装尺寸应做到心中有数，以便准确无误地计算工程量。

② 明确给水引入管和污水排出管的平面走向、位置，与室外给排水管网的连接形式、管径、坡度等。给水引入管和污水排出管通常都标注有系统编号，识图时应有效使用。

③ 明确给排水干管、立管、横管、支管的平面位置、走向、管径及立管编号。

④ 明确水表、消火栓等的型号、安装方式及前后的阀门设置。

⑤ 对于室内排水管道，还要注意清通设备的布置情况。

⑥ 对于雨水管道，雨水斗的型号、数量及布置情况，与天沟的连接方式也要注意。

（3）识读给排水系统图时应重点掌握以下内容：

① 明确各部分给水管道的空间走向、标高、管道直径及其变化情况，阀门的设置位置、规格和数量。

② 明确各部分排水管道的空间走向、管路分支情况、管道直径及其变化情况，弄清横管的坡度、管道各部分的标高、存水弯的形式、清通设施的设置情况。

③ 明确给排水管道的支吊架数量及规格。由于给排水施工图上不表示管道支吊架，而由施工人员按照规范确定，因此，应在识读图纸时确定这部分内容。

3.3　给排水工程清单项目设置及工程量计算规则

3.3.1　给排水、采暖管道

给排水、采暖管道，工程量清单项目设置及工程量计算规则，应按表 3.2 的规定执行。

表 3.2　给排水、采暖管道（编码：030801）

项目编码	项目名称	项目特征	计量单位	工程量计算规则	工程内容
030801001	镀锌钢管	1. 安装部位（室内、外） 2. 输送介质（给水、排水、热媒体、燃气、雨水） 3. 材质 4. 型号、规格 5. 连接方式 6. 套管形式、材质、规格 7. 接口材料 8. 除锈、刷油、防腐、绝热及保护层设计要求	m	按设计图示管道中心线长度以延长米计算，不扣除阀门、管件（包括减压器、疏水器、水表、伸缩器等组成安装）及各种井类所占的长度；方形补偿器以其所占长度按管道安装工程量计算	1. 管道、管件及弯管的制作、安装 2. 管件安装（指铜管管件、不锈钢管管件） 3. 套管（包括防水套管）制作、安装 4. 管道除锈、刷油防腐 5. 管道绝热及保护层安装、除锈、刷油 6. 给水管道消毒、冲洗 7. 水压及泄漏试验
030801002	钢管				
030801003	承插铸铁管				
030801004	柔性抗震铸铁管				
030801005	塑料管（UPVC、PVC、PP-C、PP-R、PE 管等）				
030801006	橡胶连接管				
030801007	塑料复合管				
030801008	钢骨架塑料复合管				
030801009	不锈钢管				
030801010	铜管				
030801011	承插缸瓦管				
030801012	承插水泥管				
030801013	承插陶土管				

招标人或其代理机构，在给排水、采暖管道工程量清单时，其项目特征应按表 3.2 中规定的项目特征，结合拟建工程项目的实际进行准确和全面的描述。

（1）安装部位：是指安装位置是室内还是室外，必要时还应注明室内是明设还是暗敷，室外是架空还是埋地或是地沟内敷设。

（2）输送介质：指管道用途种类，如给水、排水、雨水等。

（3）材质：指不同类别材质的管材以及同类别材质化学成分（或钢号）有差别的管材，如钢管是焊接管还是无缝管，铸铁管是灰口铸铁还是球墨铸铁，塑料管是 PP-R、PE 还是 PVC、UPVC。有些编码项目名称中已标明其材质种类，不会产生理解歧义的则不必另行标明，如镀锌钢管、承插水泥管、承插陶土管等。

（4）型号、规格：指各种管道的公称直径或外径、壁厚等，应按国家相关标准及设计规范规定的标注方法予以标注。

（5）连接方式：指各种管道不同的接口形式，如螺纹连接、焊接（焊条电弧焊、氧乙炔焊）、承插、卡套、热（电）熔、粘接等。

（6）接口材料：指承插铸铁管道的接口材料，如青铅、胶圈、膨胀水泥、石棉水泥等。

（7）套管形式、材质、规格：根据套管的形式及材质分为刚性防水套管、柔性防水套管、穿墙、梁钢套管、穿楼板钢套管，套管规格即为套管管径。

（8）防腐、绝热要求：指管道的防腐蚀遍数、绝热材料、绝热厚度、保护层材料等。

3.3.2　管道支架制作安装

管道支架制作安装，工程量清单项目设置及工程量计算规则，应按表 3.3 的规定执行。

表 3.3　管道支架制作安装（编码：030802）

项目编码	项目名称	项目特征	计量单位	工程量计算规则	工程内容
030802001	管道支架制作安装	1. 形式 2. 除锈、刷油设计要求	kg	按设计图示质量计算	1. 制作、安装 2. 除锈、刷油

3.3.3　管道附件

管道附件，工程量清单项目设置及工程量计算规则，应按表 3.4 的规定执行。

表 3.4　管道附件（编码：030803）

项目编码	项目名称	项目特征	计量单位	工程量计算规则	工程内容
030803001	螺纹阀门				
030803002	螺纹法兰阀门				
030803003	焊接法兰阀门		按设计图示数量计算（包括浮球阀、手动排气阀、液压式水位控制阀、不锈钢阀门、煤气减压阀、液相自动转换阀、过滤阀等）	
030803004	带短管甲乙的法兰阀	1. 类型 2. 材质 3. 型号、规格	个		安装
030803005	自动排气阀				
030803006	安全阀				

续表 3.4

项目编码	项目名称	项目特征	计量单位	工程量计算规则	工程内容
030803007	减压器	1. 材质 2. 型号、规格 3. 连接方式	组	按设计图示数量计算	安装
030803008	疏水器		组		
030803009	法兰		副		
030803010	水表		组		
030803011	燃气表	1. 公用、民用、工业用 2. 型号、规格	块		1. 安装 2. 托架及表底基础制作、安装
030803012	塑料排水管消声器	型号、规格	个	按设计图示数量计算 注：方形伸缩器的两臂，按臂长的 2 倍合并在管道安装长度内计算	安装
030803013	伸缩器	1. 类型 2. 材质 3. 型号、规格 4. 连接方式			
030803014	浮标液面计	型号、规格	组		
030803015	浮漂水位标尺	1. 用途 2. 型号、规格	套		
030803016	抽水缸	1. 材质 2. 型号、规格	个	按设计图示数量计算	
030803017	燃气管道调长器	型号、规格			
030803018	调长器与阀门连接				

3.3.4　卫生器具制作安装

卫生器具制作安装，工程量清单项目设置及工程量计算规则，应按表 3.5 的规定执行。

表 3.5　卫生器具制作安装（编码：030804）

项目编码	项目名称	项目特征	计量单位	工程量计算规则	工程内容
030804001	浴盆	1. 材质 2. 组装形式 3. 型号 4. 开关	组	按设计图示数量计算	器具、附件安装
030804002	净身盆				
030804003	洗脸盆				
030804004	洗手盆				
030804005	洗涤盆（洗菜盆）				
030804006	化验盆				
030804007	淋浴器	1. 材质 2. 组装方式 3. 型号、规格	套		
030804008	淋浴间				
030804009	桑拿浴房				
030804010	按摩浴缸				

续表 3.5

项目编码	项目名称	项目特征	计量单位	工程量计算规则	工程内容
030804011	烘手机	1. 材质 2. 组装方式 3. 型号、规格			器具、附件安装
030804012	大便器				
030804013	小便器		套		
030804014	水箱制作安装	1. 材质 2. 类型 3. 型号、规格			1. 制作 2. 安装 3. 支架制作、及除锈、刷油 4. 除锈、刷油
030804015	排水栓	1. 带存水弯、不带存水弯 2. 材质 3. 型号、规格	组		安 装
030804016	水龙头	1. 材质 2. 型号、规格	个		
030804017	地漏				
030804018	地面扫除口			按设计图示数量计算	
030804019	小便槽冲洗管制作安装		m		制作、安装
030804020	热水器	1. 电能源 2. 太阳能源			1. 安装 2. 管道、管件附件安装 3. 保温
030804021	开水炉	1. 类型 2. 型号、规格 3. 安装方式	台		安 装
030804022	容积式热交换器				1. 安装 2. 保温 3. 基础砌筑
030804023	蒸汽—水加热器	1. 类型 2. 型号、规格	套		1. 安装 2. 支架制作、安装 3. 支架除锈、刷油
030804024	冷热水混合器				
030804025	电消毒器		台		安 装
030804026	消毒锅				
030804027	饮水器		套		

招标人或其代理机构，在编制卫生器具制作安装工程量清单时，其项目特征应按表 3.5 中规定的项目特征，结合拟建工程项目的实际进行准确和全面的描述。

（1）卫生器具中浴盆的材质是指搪瓷、铸铁、玻璃钢、塑料；组装形式是指冷水、冷热水、冷热水带喷头。

（2）洗脸盆的类型是指立式、台式、普通；组装形式是冷水、冷热水；开关种类是指肘式、脚踏式。淋浴器的组装形式是指钢管组成、铜管成品。

（3）大便器类型是指蹲式或坐式；组装方式是指高水箱、低水箱或普通阀、手压阀、脚踏阀、自闭式冲洗等。

（4）小便器类型是指挂斗式、立式。

当表中项目名称所列共性特征对某一拟建工程的分项项目不必要时，则可略去，不用描述，例如洗脸盆、洗涤盆、化验盆等分项项目中的"开关"，如不是肘式或脚踏开关，则不必要进行描述。

3.3.5　其他相关问题

（1）管道界限的划分。

① 给水管道室内外界限划分：以建筑物外墙皮 1.5 m 为界，入口处设阀门者以阀门为界。与市政给水管道的界限应以水表井为界；无水表井的，应以与市政给水管道碰头点为界，如图 3.21 所示。

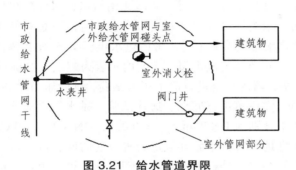

图 3.21　给水管道界限

② 排水管道室内外界限划分：应以出户第一个排水检查井为界。室外排水管道与市政排水界限应以与市政管道碰头井为界，如图 3.22 所示。

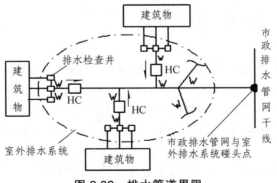

图 3.22　排水管道界限

（2）凡涉及管沟及井类的土石方开挖、垫层、基础、砌筑、抹灰、地井盖板预制安装、回填、运输，路面开挖及修复、管道支墩等，应按《建设工程工程量清单计价规范》（GB 50500—2008）中"附录 A 建筑工程工程量清单项目及计算规则"和"附录 D 市政工程工程量清单项目及计算规则"相关项目编码列项。

情境教学

某住宅楼给排水工程

1. 设计及施工说明

（1）工程概况：四川省成都市××区××住宅楼，共 5 层，由 3 个布局完全相同的单元组成，每单元一梯两户。因对称布置，所以只画出了 1/2 单元的平面图和系统图。图中标注尺寸标高以"m"计，其余均"mm"计。底层卧室地坪为 ±0.00 m，室外地面为 –0.60 m。

（2）管材及接口形式：给水管采用镀锌钢管，螺纹连接。排水管地上部分采用 UPVC 螺旋消声管，粘接连接。埋地部分采用铸铁排水管，承插连接，石棉水泥接口。

（3）卫生器具：卫生器具安装均参照《全国通用给水排水标准图集》的要求，选用节水型。洗脸盆龙头为普通冷水嘴；洗涤盆水龙头为冷水单嘴；浴盆采用 1 200 mm×650 mm 的铸铁搪瓷浴盆，采用冷热水带喷头式（暂不考虑热水供应），坐便器采用低水箱坐便器。给水总管下部安装一个 J41T-1.6 型螺纹截止阀，房间内水表为螺纹连接旋翼式水表。

（4）试验：施工完毕，给水系统进行静水压力试验，试验压力为 0.6 MPa，排水系统安装完毕进行灌水试验，施工完毕再进行通水、通球试验。排水管道横管严格按坡度施工，图中未注明坡度者依管径大小分别为 DN75 mm，$i = 0.025$；DN100，$i = 0.02$。

（5）其他：给排水埋地干管管道做环氧煤沥青普通防腐，进户道穿越基础外墙设置刚性防水套管，给水干、立管穿墙及楼板处设置一般钢套管。第一个排水检查井距建筑②轴外墙皮 2.5 m。

（6）未尽事宜，按现行施工及验收规范的有关内容执行。

2. 施工图纸

给排水平面图及系统图见图 3.23 ~ 图 3.25。

3. 任 务

（1）针对上述住宅楼给排水工程，根据 3.2.4 中给排水工程施工图识读的步骤，识读图 3.23 ~ 图 3.25。

（2）现假设你在具有编制能力的招标方或受招标方委托、具有相应资质的工程造价咨询方工作，试根据"3.3 节 给排水工程清单项目设置及工程量计算规则"，编制本项目的给排水工程量清单。

（3）投标人在领取招标文件后，编写投标报价书时应按招标人提供的工程量清单填报价格，且其填写的项目编码、项目名称、项目特征、计量单位、工程量必须与招标人提供的一致。现假设你在具有编制能力的投标方或受投标方委托、具有相应资质的工程造价咨询方工作，试采用 2009 年《四川省建设工程工程量清单计价定额 安装工程》及市场造价信息，编制本项目的投标报价书。

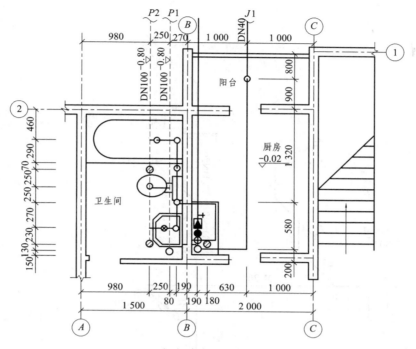

（a）底层平面图

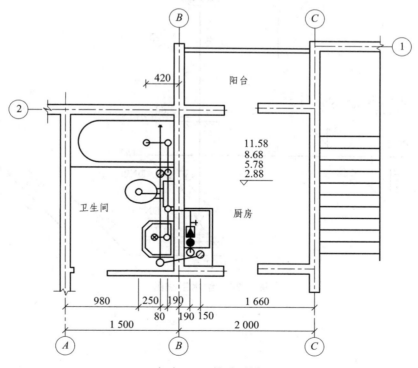

（b）2~5 层平面图

图 3.23 给排水平面图

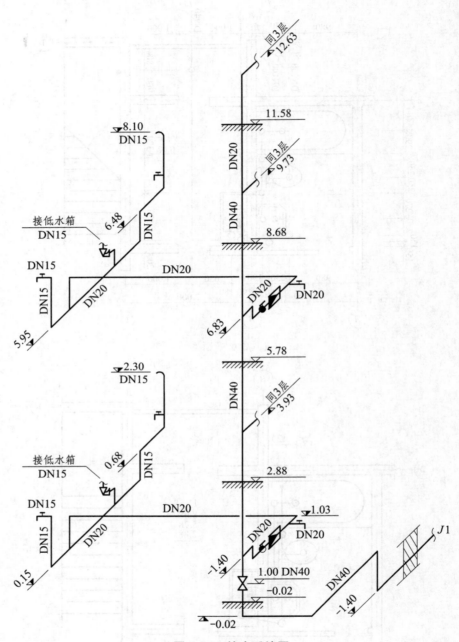

图 3.24　给水系统图

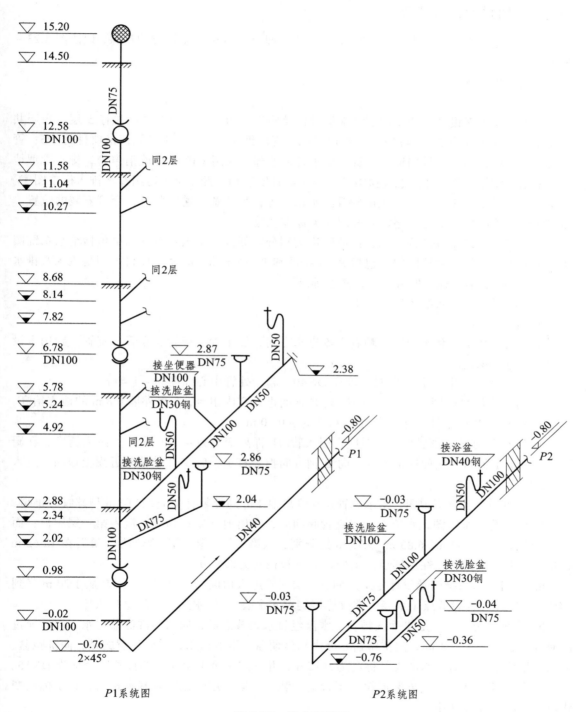

P1 系统图　　　　　　　　　　　P2 系统图

图 3.25　排水系统图

任务 1 给排水工程识图

针对上述住宅楼给排水工程，根据 3.2.4 中给排水工程施工图识读的步骤，识读图 3.23 ~ 图 3.25。

识读过程如下：

（1）首先查看设计及施工说明。根据设计及施工说明，了解到本项目共有 5 层，每层共有 3 单元，每单元有 2 户居民，共 30 户居民；现图纸绘出的是 1/2 单元，是项目的 1/6；管材及连接方面，给水管采用镀锌钢管，排水管地上部分采用 UPVC 螺旋消声管，排水管埋地部分采用铸铁排水管，并注意连接方式；卫生器具安装均参照《全国通用给水排水标准图集》的要求；管道安装完成需做试压试验及灌水试验等；另注意管道安装时，套管安装的位置。如有图纸中不明确的地方，还需要查阅相关标准规范。

（2）然后，以系统图为线索，按照管道类别分类阅读。本项目系统图中包括给水系统图和排水系统图，排水系统图中又包括 P1 系统图和 P2 系统图。表明本项目范围是给水及排水工程，且每 1/2 单元有一根引入管，两根排出管。

（3）将平面图和系统图对照起来看。

① 给水系统。

根据给水系统图和平面图，顺着水流进水方向，经干管、横管、立管、支管、到用水设备的顺序进行识读。

a. 给水系统图中，引入管 J1，管径 DN40，起始处管中心标高为 – 1.40 m。

b. 对照底层平面图，引入管 J1 从 B、C 轴间进入室内阳台，在离外墙 0.8 m 的地方抬高。

c. 对照给水系统图，引入管 J1 标高变为 – 0.20 m。

d. 给水系统图与底层平面图对应，引入管 J1 标高变变为 – 0.20 m 后，进入厨房；在厨房中，管道走到厨房南面这道墙后，向 B 轴方向拐弯直走，后在 B 轴墙附近拐上地面，进入立管部分。

e. 结合设计及施工说明，给水总管在立管离地 1 m 高处装有一个 J41T-1.6 型螺纹截止阀。

f. 根据给水系统图，水流在经过立管阀门后，在离地 1.2 m 高处，流入第一层用户；而后，立管分别在 3.93 m、6.83 m、9.73 m 处分别进入第二层、第三层、第四层，最后在 12.63 m 处拐入第五层；并且，在第四层分支处，立管管径变为 DN20。

g. 根据给水系统图及设计施工说明，一层支管进入房间后，向下弯，标高从 1.20 m 降到 1.03 m，后经过水表节点（水表为螺纹连接旋翼式水表），将水送入一层这户人家。

h. 给水系统图与底层平面图结合，水流经过水表节点后，向厨房洗涤盆送水，而后穿过 B 轴所在墙，进入卫生间，向洗脸盆、低水箱坐便器、浴盆送水；需要注意的是，向洗脸盆、低水箱坐便器、浴盆送水的支管标高为 0.15 m，并且这三个卫生器具的接管管径均为 DN15。

i. 楼上各房间给水管安装同第三层管道安装，与第一层管道安装基本相同，只是标高变化略有不同，在此从略。

② 排水系统。

根据给水系统图和平面图，排水系统水流排水方向，经卫生器具、器具排水管、横管、立管、排出管到室外检查井的顺序识读。

　　a. P1 系统图中，第二层、第三层、第四层、第五层用户卫生间及厨房的排水管道安装均相同，同第二层。

　　b. 第二层用户，卫生间洗脸盆、低水箱坐便器、浴盆、地漏的污废水聚集后，经过 DN50 变径为 DN100 排水横支管，排入 DN100 排水立管；厨房洗涤盆与地漏的废水聚集后，经过 DN75 排水横支管，也排入 DN100 排水立管。这时，需要注意的是，排水系统图上的标高均为管道底标高。

　　c. 第二层、第三层、第四层、第五层用户卫生间及厨房的污废水聚集后，P1 系统经 DN100 排水立管、排出管，排出室外；并且，在每层卫生间排水横支管均有一个塑料清扫口。

　　d. 第一层用户卫生间及厨房的污废水排出使用的是 P2 系统，管径从 DN75 变径为 DN100，并接合设计说明，考虑其坡度。

　　（4）识读标准图。本例卫生器具安装采用的均为标准图，需要时直接查阅。

任务 2　给排水工程工程量清单编制

现假设你在具有编制能力的招标方或受招标方委托、具有相应资质的工程造价咨询方工作，试根据"3.3 节　给排水工程清单项目设置及工程量计算规则"，编制本项目的给排水工程量清单。

某住宅楼给排水工程工程量清单编制工作过程如下：

1. 收集、整理相关规范及工程资料

（1）《建设工程工程量清单计价规范计价规范》（GB 50500—2008）；

（2）国家或省级、行业建设主管部门颁发的计价依据和办法；

（3）建设工程建设文件；

（4）与建设工程项目有关的标准、规范、技术资料；

（5）招标文件及其补充通知、答疑纪要；

（6）施工现场情况、工程特点及常规施工方案；

（7）其他相关资料。

2. 了解工程量清单的编制程序

编制工程量清单时，可按照下列编制程序，根据本书第 2.3 节内容，依次编制各项表格。

（1）分部分项工程量清单与计价表；

（2）措施项目清单与计价表（一）；

（3）措施项目清单与计价表（二）；

（4）其他项目清单与计价汇总表；

（5）规费、税金项目清单与计价表；

（6）单位工程招标控制价/投标报价汇总表；

（7）单项工程招标控制价/投标报价汇总表；

（8）工程项目招标控制价/投标报价汇总表；

（9）总说明；

（10）封面；

（11）审检签字盖章。

3. 了解分部分项工程量清单编制程序

分部分项工程量清单编制时，应包括项目编码、项目名称、项目特征、计量单位和工程量，并且应该根据《计价规范》规定的项目编码、项目名称、项目特征、计量单位和工程量计算规则（本书第 3.3 节内容）进行编制。

分部分项工程量清单的编制，实际上就是清单项目的设置和工程量的计算。首先，参阅设计文件，读取用于描述项目名称的项目特征及工程内容，对照《计价规范》项目名称，结合拟建工程的实际，确定具体的分部分项工程名称；其次，设置十二位阿拉伯数字的项目编码，一至九位应按《计价规范》的规定设置，十至十二位应根据拟建工程的工程量清单项目名称设置，同一招标工程的项目编码不得有重码；再次，按照《计价规范》中规定的项目特征，结合拟建工程项目的实际予以描述分部分项工程量清单的项目特征；接下来，再按《计价规范》中规定的计量单位确定分部分项工程的计量单位；最后，按《计价规范》规定的工程量计算规则，计算工程数量，并将相关内容填入分部分项工程量清单与计价表中。分部分项工程量清单与计价表编制程序如图 3.26 所示。

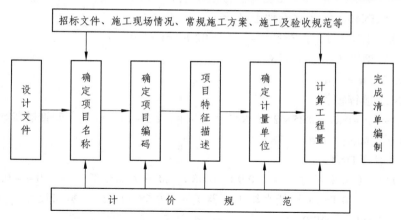

图 3.26 分部分项工程量清单与计价表编制程序

4. 分部分项工程量清单编制

根据规定的项目编码、项目名称、项目特征、计量单位和工程量计算规则（本书第 3.3节内容），编制给排水工程工程量清单。本住宅给排水工程项目中，共涉及三种管材，分别是镀锌钢管、UPVC 螺旋消声管和铸铁排水管。现以镀锌钢管为例，介绍工程量清单的编制。

（1）清单项目设置。通过读图 3.23 ~ 图 3.25，根据特征分类，本项目中镀锌钢管共有 4种：直埋镀锌钢管 DN40、室内安装镀锌钢管 DN40、室内安装镀锌钢管 DN20 和室内安装镀锌钢管 DN15。将这 4 种镀锌钢管的项目名称、项目编码、项目特征描述和计量单位按《计价规范》的规定填入分部分项工程量清单与计价表。其中项目编码前九位应按《计价规范》的规定设置为 030801001，后三位分别排列为 001 ~ 004，见表 3.12。

（2）工程量计算。

① 工程量计算规则：按设计图示管道中心线长度以延长米计算，不扣除阀门、管件（包括减压器、疏水器、水表、伸缩器等组成安装）及各种井类所占的长度；方形补偿器以其所占长度按管道安装工程量计算。

② 管道长度工程量的量取，采用以下几种方法：

a. 水平尺寸一般在平面图上获得，且尽量采用图上标注的对应尺寸计算，如果图纸是按照比例绘制的，可用比例尺在图上按管线实际位置直接量取。

b. 垂直尺寸一般在系统图上获得，一般为"止点标高 − 起点标高"。

c. 在给排水工程施工图中，给水管道一般标注管中心线标高，排水管道一般标注管底标高。当图示标高为管底标高时，应换算为管中心标高，排水管道因按一定的坡度敷设，所以其两端的标高不同，应按平均后的管中心标高计算（小于 DN50 的管径可以忽略不计）。

③ 本项目镀锌钢管工程量计算。

a. 镀锌钢管 DN40（给水总管埋地部分）。

该管段为引入管段。

根据给水管道室内外界限的划分原则，以建筑物外墙皮 1.5 m 为界，因此该段管长的计算式为：

[1.5（距建筑物外墙皮）+ 0.12（半墙厚）+ 0.8 + 0.9 + 0.58 + 1.32 + 0.63 + 0.18 +（1.4 − 0.02）（竖向高差）] m = 7.41 m

b. 镀锌钢管 DN40（给水立管地上部分）。

[9.73（给水立管第四层分支处）－（－0.02）] m = 9.95 m

c. DN20 镀锌钢管（给水立管）。

（12.63－9.73）m = 3 m

d. 1 层 DN20 镀锌钢管。

[（0.58＋0.19×2＋0.27＋0.25×2）（水平尺寸）＋（1.2－1.03）（厨房间管道高差）＋（1.03－0.15）（卫生间管道高差）] m = 2.78 m

e. 1 层镀锌钢管 DN15。

[（0.07＋0.29）（水平尺寸）＋（0.98－0.68）（接淋浴器干管）＋（0.4－0.15）（接卫生间洗脸盆）＋（0.25－0.15）（接低水箱坐便器）＋（0.68－0.15）（竖向尺寸）] m = 1.54 m

f. 2～5 层镀锌钢管 DN20。

[（0.58＋0.19×2＋0.27＋0.25×2）（水平尺寸）＋（6.83－5.95）（竖向尺寸）]×4 m = 10.44 m

g. 2～5 层镀锌钢管 DN15。

[（0.07＋0.29＋0.10）（平面尺寸）＋0.3（接淋浴器干管）＋0.25（接卫生间洗脸盆）＋0.1（接低水箱坐便器）＋（6.48－5.95）（竖向尺寸）] m×4 = 6.16 m

④ 数据汇总，得出：

镀锌钢管 DN40（埋地）：7.41 m×2（1 个单元户数）×3（单元数）= 44.46 m

镀锌钢管 DN40（室内）：9.95 m×2（1 个单元户数）×3（单元数）= 59.7 m

镀锌钢管 DN20：（3＋2.78＋10.44）×2（1 个单元户数）×3（单元数）= 97.32 m

镀锌钢管 DN15：（1.54＋6.16）×2（1 个单元户数）×3（单元数）= 46.2 m

⑤ 将工程量计算结果填入表 3.6，完成镀锌钢管的分部分项工程量清单编制。

表 3.6　分部分项工程量清单与计价表

工程名称：某住宅楼给排水工程　　　　　　　　　　　　　　　　　　　　　　第　　页共　　页

序号	项目编码	项目名称	项目特征描述	计量单位	工程量	金额（元）			
						综合单价	合价	定额人工费	暂估价
1	030801001001	镀锌钢管	1. 安装部位：室内（直埋） 2. 输送介质：给水 3. 规格：DN40 4. 连接方式：螺纹连接 5. 套管形式、材质、规格：刚性防水套管、DN50 6. 防腐：做环氧煤沥青普通防腐	m	44.46				
2	030801001002	镀锌钢管	1. 安装部位：室内 2. 输送介质：给水 3. 规格：DN40 4. 连接方式：螺纹连接 5. 套管形式、材质、规格：穿楼板钢套管、DN50	m	59.7				

续表 3.6

序号	项目编码	项目名称	项目特征描述	计量单位	工程量	金额（元）			
						综合单价	合价	定额人工费	暂估价
								其中	
3	030801001003	镀锌钢管	1. 安装部位：室内 2. 输送介质：给水 3. 规格：DN20 4. 连接方式：螺纹连接 5. 套管形式、材质、规格：穿楼板钢套管、DN32，穿墙钢套管、DN32	m	97.32				
4	030801001004	镀锌钢管	1. 安装部位：室内 2. 输送介质：给水 3. 规格：DN15 4. 连接方式：螺纹连接	m	46.2				
本页小计									
合 计									

⑥ 按上述方法，划分清单项目并计算出该住宅楼给排水工程的所有工程量，工程量计算汇总见表 3.7，分部分项工程量清单与计价表见本节清单实例中表-08。

表 3.7 某住宅楼给排水工程工程量汇总表

序号	项目名称	单位	数量	计算过程
1	镀锌钢管（直埋）DN40	m	44.46	7.41 m×2（1 个单元户数）×3（单元数）＝44.46 m
2	镀锌钢管（室内）DN40	m	59.7	9.95 m×2（1 个单元户数）×3（单元数）＝59.7 m
3	镀锌钢管 DN20	m	97.32	（3＋2.78＋10.44）×2（1 个单元户数）×3（单元数）＝97.32 m
4	镀锌钢管 DN15	m	46.2	（1.54＋6.16）×2（1 个单元户数）×3（单元数）＝46.2 m
5	铸铁管（直埋）DN100	m	51.96	P1 系统：[2.5（距建筑物外墙皮）＋0.12（半墙厚）＋（0.46＋0.29＋0.07＋0.25＋0.25＋0.27＋0.23＋0.13）（水平长度）＋（0.76－0.02－0.05（管半径））（排水立管）]×2（1 个单元户数）×3（单元数）＝25.56 m P2 系统：[2.5（距建筑物外墙皮）＋0.12（半墙厚）＋（0.46＋0.29＋0.07＋0.25）（水平长度）＋（0.73（排水管中心平均标高）－0.02）（坐便器排水管）]×2（1 个单元户数）×3（单元数）＝26.4 m
6	铸铁管（直埋）DN75	m	19.86	P2 系统：{[（0.36－0.04（管半径）－0.04）＋（0.18＋0.19＋0.19＋0.08＋0.25）]（厨房地漏排水管）＋（0.76－0.04（管半径）－0.03）（卫生间洗脸盆旁地漏排水管）＋[0.73（排水管中心平均标高）－0.03]（卫生间浴盆旁地漏排水管）＋（0.25＋0.27＋0.23）（排水横管）}×2（1 个单元户数）×3（单元数）＝19.86 m
7	铸铁管（直埋）DN50	m	15.66	P2 系统：{[（0.73－0.02）＋0.23]（厨房洗涤盆排水管）＋[（0.73－0.02）＋0.25]（卫生间洗脸盆排水管）＋（0.73－0.02）（浴盆排水管）}×2（1 个单元户数）×3（单元数）＝15.66 m

续表 3.7

序号	项目名称	单位	数量	计算过程
8	塑料管 DN100	m	116.4	P1 系统：{（0.25+0.25+0.27+0.23+0.13）（排水横管）+ [（2.88−2.36−0.05）（竖向）+0.25（水平）]（坐便器接管）+（12.58+0.02）（排水立管）}×2（1 个单元户数）×3（单元数）= 116.4 m
9	塑料管 DN75	m	60.84	P1 系统：{[（2.87−2.36−0.05）×4]（卫生间地漏）+[（2.86−2.04−0.04）+sqr[（0.08+0.19+0.19+0.15）^{2}+（0.13）^{2}]×4（厨房间地漏）+（15.2−12.58）（排水立管）]×2（1 个单元户数）×3（单元数）（厨房间地漏）=60.84 m
10	塑料管 DN50	m	52.8	P1 系统：{[（2.87−2.36−0.05）+0.25]（浴盆）+（2.88−2.36−0.05）（卫生间洗脸盆）+[（2.88−2.04−0.04）+0.23]（厨房间洗涤盆）}×4（层数）×2（1 个单元户数）×3（单元数）（厨房间地漏）= 52.8 m
11	螺纹截止阀 DN40	个	6	1×2（1 个单元户数）×3（单元数）=6 个
12	内螺纹水表 DN20	组	30	每户 1 组，共 30 户
13	搪瓷浴盆（冷热水带喷头式）	组	30	每户 1 组，共 30 户
14	洗脸盆（普通冷水嘴）	组	30	每户 1 组，共 30 户
15	洗涤盆（单嘴）	组	30	每户 1 组，共 30 户
16	低水箱坐便器	套	30	每户 1 组，共 30 户
17	塑料地漏 DN75	个	48	2 至 5 层每户 2 个，（2×4）×6＝48 个
18	铸铁地漏 DN75	个	18	底层每户 3 个，3×6＝18 个
19	地面扫除口 DN100	个	24	4×2（1 个单元户数）×3（单元数）＝24 个

5. 编制措施项目清单

本项目根据实际需求，列出了安全文明施工费、二次搬运费、冬雨季施工等项目，详见本节清单实例表-10。

6. 编制其他项目清单

（1）根据需要，确定暂列金额内容。

考虑到施工过程中可能存在的设计变更及其他没有预料到的问题，本项目暂列金额设置为 5 000 元，详见本节清单实例表-12-1。

（2）确定材料暂估价。

由于本项目中的洗脸盆、浴盆等项目目前还无法确定其采用的具体规格、型号，所以采用暂估价的形式提供给投标人。详见本节清单实例表-12-2。

（3）计日工。

本项目考虑了 10 个工日的零星用工。详见本节清单实例表-12-3。

7. 编制规费、税金项目清单及汇总表格

8. 编制工程量清单总说明

根据本项目实际情况及清单编制过程，说明本项目的工程概况、发包范围、工程量清单的编制依据及使用材料及设备施工的特殊要求以及其他需要说明的问题。详见本节清单实例表-01。

9. 编制工程量清单封面

按照《计价规范》规定，由相关人员签字盖章。

10. 某住宅楼给排水工程工程量清单

某 住 宅 楼 给 排 水

工程

工 程 量 清 单

工程造价
咨询人：　　　　　　　　　　　　　　　×　×
　　　　　　　（单位资质专用章）

招　标　人：　　　　　　　　　　×　×
　　　　　　　（单位盖章）

法定代表人
或其授权人：　　　　　　　　　　×　×
　　　　　　（签字或盖章）

法定代表人
或其授权人：　　　　　　　　　　×　×
　　　　　（签字或盖章）

编　制　人：　　　　　　　　　　×　×
　　　　　（造价人员签字盖专用章）

复　核　人：　　　　　　　　　　×　×
　　　　　（造价工程师签字盖专用章）

编制时间：　××××年××月××日

复核时间：　××××年××月××日

表-01

第 1 页 共 1 页

总 说 明

工程名称：某住宅楼给排水工程

1. 工程概况

本工程为四川省成都市××区××住宅楼，共 5 层，由 3 个布局完全相同的单元组成，每单元一梯两户，计划工期 110 个工作日。

2. 工程招标和分包范围

工程承包范围：室内给排水安装工程

3. 工程量清单编制依据

① 建设方提供的工程施工图，《投标须知》，《某住宅楼给排水工程招标答疑》等一系列的招标文件。

② 成都市建设工程造价管理站×××年第×期发布的材料价格，并参照市场价格。

③《四川省建设工程工程量清单计价规范》（GB 50500—2008）。

2009 年《四川省建设工程工程量清单计价定额》。

4. 工程质量、材料、施工等的特殊要求

本项目所用给排水管等主要材料，应为国内知名厂家生产。

5. 其他需说明的问题

① 该工程因无特殊要求，故采用一般施工方法。

② 因考虑市最近市材料价格波动不大，故主要材料价格在成都市建设工程造价管理站×××年第×期发布的材料价格基础上下浮 3%。

③ 综合公司经济现状及竞争力，公司所报费率如下：（略）

单位工程投标报价汇总表

工程名称：某住宅楼给排水工程【安装工程】　　　　标段：　　　　　　　第 页 共 页

表-04

序号	汇总内容	金额（元）	其中：暂估价（元）
1	分部分项工程		
2	措施项目		
2.1	其中：安全文明施工费		
3	其他项目		
3.1	其中：暂列金额		
3.2	其中：专业工程暂估价		
3.3	其中：计日工		
3.4	其中：总承包服务费		
4	规费		
5	税金：（1＋2＋3＋4）×规定费率		
	投标报价合计＝1＋2＋3＋4＋5		

注：本表适用于单位工程招标控制价或投标报价的汇总。

分部分项工程量清单与计价表

工程名称：某住宅楼给排水工程［安装工程］ 标段：

序号	项目编码	项目名称	项目特征描述	计量单位	工程数量	综合单价	合价	定额人工费	暂估价
1	030801001001	镀锌钢管DN40（直埋）	1. 安装部位：室内（直埋） 2. 输送介质：给水 3. 规格：DN40 4. 连接方式：螺纹连接 5. 套管形式、材质、规格：刚性防水套管、DN50 6. 防腐：做环氧煤沥青普通防腐	m	44.46	76.59	3 405.19	660.23	
2	030801001002	镀锌钢管DN40	1. 安装部位：室内 2. 输送介质：给水 3. 规格：DN40 4. 连接方式：螺纹连接 5. 套管形式、材质、规格：穿楼板钢套管、DN50	m	59.7	57.48	3 431.56	669.24	
3	030801001003	镀锌钢管DN20	1. 安装部位：室内 2. 输送介质：给水 3. 规格：DN20 4. 连接方式：螺纹连接 5. 套管形式、材质、规格：穿楼板钢套管、DN32，穿墙钢套管、DN32	m	97.32	36	3 503.52	853.5	
4	030801001004	镀锌钢管DN15	1. 安装部位：室内 2. 输送介质：给水 3. 规格：DN15 4. 连接方式：螺纹连接 5. 套管形式、材质、规格：穿楼板钢套管、DN32，穿墙钢套管、DN32	m	46.2	28.34	1 309.31	334.49	

续表

序号	项目编码	项目名称	项目特征描述	计量单位	工程数量	综合单价	合价	其中定额人工费	暂估价
						金额（元）			
5	030801003005	承插铸铁管 DN100（直埋）	1. 安装部位：室内（直埋） 2. 输送介质：排水 3. 规格：DN100 4. 接口材料：石棉水泥接口 5. 套管形式、材质、规格：刚性防水套管，DN125 6. 做环氧煤沥青普通防腐	m	51.96	142.58	7 408.46	1 013.22	
6	030801003006	承插铸铁管 DN75	1. 安装部位：室内（直埋） 2. 输送介质：排水 3. 规格：DN75 4. 接口材料：石棉水泥接口 5. 做环氧煤沥青普通防腐	m	19.86	93.83	1 863.46	221.04	
7	030801003007	承插铸铁管 DN50	1. 安装部位：室内（直埋） 2. 输送介质：排水 3. 规格：DN50 4. 接口材料：石棉水泥接口 5. 做环氧煤沥青普通防腐	m	15.66	68.97	1 080.07	143.45	
8	030801005008	塑料管 DN100	1. 安装部位：室内（明敷） 2. 输送介质：排水 3. 材质：UPVC 4. 规格：DN100 5. 连接方式：粘接 6. 套管形式、材质、规格：穿楼板钢套管，DN125	m	116.4	51.28	5 968.99	1 013.84	
9	030801005009	塑料管 DN75	1. 安装部位：室内（明敷） 2. 输送介质：排水 3. 材质：UPVC 4. 规格：DN75 5. 连接方式：粘接 6. 套管形式、材质、规格：穿楼板钢套管，DN100	m	60.84	44.96	2 735.37	629.69	

续表

序号	项目编码	项目名称	项目特征描述	计量单位	工程数量	金额（元）			
						综合单价	合价	其中 定额人工费	其中 暂估价
10	030801005010	塑料管 DN50	1. 安装部位：室内（明敷） 2. 输送介质：排水 3. 材质：UPVC 4. 规格：DN50 5. 连接方式：粘接	m	52.8	20.92	1 104.58	294.62	
11	030803001011	螺纹阀门 DN40	1. 类型：截止阀 2. 型号、规格：J41W-1.6、DN40	个	6	79.49	476.94	54.6	
12	030803010012	水表	1. 型号：LXS-20 2. 连接方式：螺纹连接	组	30	91.07	2 732.1	436.2	
13	030804001013	浴盆	1. 材质、规格：搪瓷 1500 2. 组装形式：冷热水带喷头式	组	30	2 621.85	78 655.5	1 273.5	75 000
14	030804003014	洗脸盆	1. 组装形式：冷水 2. 开关：普通冷水嘴	组	30	385.99	11 579.7	539.1	9 090
15	030804005015	洗涤盆（洗菜盆）	1. 组装形式：冷水 2. 开关：单嘴	组	30	259.19	7 775.7	494.7	4 545
16	030804012016	大便器安装	1. 类型、型号：坐式 2. 组装方式：低水箱	套	30	504.38	15 131.4	917.1	12 120
17	030804017017	地漏	1. 材质：塑料 2. 规格：DN75	个	48	35.09	1 684.32	681.6	
18	030804017018	地漏	1. 材质：铸铁 2. 规格：DN75	个	18	50.09	901.62	255.6	
19	030804018019	地面扫除口	1. 材质：塑料 2. 规格：DN100	个	24	14.81	355.44	88.56	
		合 计					151 103.23	10 574.28	100 755

注：需随机抽取评审综合单价的项目在该项目编码后面加注"*"号。

表-08

措施项目清单与计价表 (一)

工程名称：某住宅楼给排水工程 [安装工程]　　　　标段：

序号		项目名称	计算基础	费率 (%)	金额/元	其中：定额人工费 (元)
1		安全文明施工费				
其中	①	环境保护				
	②	文明施工				
	③	安全施工				
	④	临时设施				
2		夜间施工费				
3		二次搬运费				
4		冬雨季施工				
5		大型机械设备进出场及安拆费				
6		施工排水				
7		施工降水				
8		地上、地下设施、建筑物的临时保护设施				
9		已完工程及设备保护				
10		各专业工程的措施项目				
		合　计				

注：本表适用于以 "项" 计价的措施项目。

表-10

其他项目清单与计价汇总表

工程名称：某住宅楼给排水工程 　　　　　　　　　　　　　　　　　　标段：

序号	项目名称	计量单位	金额（元）	备注
1	暂列金额	元	5 000	明细详见表-12.1
2	暂估价	元	—	明细详见表-12.2
2.1	材料暂估价	元	—	明细详见表-12.2
2.2	专业工程暂估价	元	0	明细详见表-12.3
3	计日工	元		明细详见表-12.4
4	总承包服务费	元		明细详见表-12.5
	合　计			—

表-12

注：材料暂估单价进入清单项目综合单价，此处不汇总。

暂列金额明细表

工程名称：某住宅楼给排水工程【安装工程】 　　　　　　　　　　　　标段：

序号	项目名称	计量单位	暂列金额（元）	备注
1	施工图设计变更	项	4 000	
2	其　他	项	1 000	
	合　计		5 000.00	—

表-12-1

注：此表由招标人填写，如不能详列，也可只列暂定金额总额，投标人应将上述暂列金额计入投标总价中。

材料暂估价表

工程名称：某住宅楼给排水工程［安装工程］　　　　　　　标段：

序号	材料名称、规格、型号	计量单位	单价（元）	备注
1	低水箱坐便器	套	400	
2	浴盆	组	2 500	
3	洗脸盆	组	300	
4	洗涤盆	组	150	

注：1. 此表由招标人填写，并在备注栏说明暂估的材料拟用在哪些清单项目上，投标人应将上述材料暂估单价计入工程量清单综合单价报价中。

　　2. 材料包括原材料、燃料、构配件以及按规定应计入建筑安装工程造价的设备。

表-12-2

计日工表

工程名称：某住宅楼给排水工程［安装工程］　　　　　　　标段：

编号	项目名称	单位	暂定数量	综合单价	合价
一	人工				
1	安装普工	工日	10		
	人工小计				
二	材料				
	材料小计				
三	施工机械				
	施工机械小计				
	总计				

注：此表项目名称、单位、暂定数量由招标人填写，编制招标控制价时，单价由招标人按有关计价规定确定；投标时，单价由投标人自主报价，计入投标总价中。

表-12-3

规费、税金项目清单与计价表

工程名称：某住宅楼给排水工程［安装工程］　　　　　　　　　　　　　　　　　标段：

序号	项目名称	计算基础	费率（%）	金额（元）
1	规　费			
1.1	工程排污费			
1.2	社会保障费			
（1）	养老保险费	分部分项清单定额人工费＋措施项目定额人工费		
（2）	失业保险费	分部分项清单定额人工费＋措施项目定额人工费		
（3）	医疗保险费	分部分项清单定额人工费＋措施项目定额人工费		
1.3	住房公积金	分部分项清单定额人工费＋措施项目定额人工费		
1.4	工伤保险和危险作业意外伤害保险	分部分项清单定额人工费＋措施项目定额人工费		
2	税　金	分部分项工程费＋措施项目费＋其他项目费＋规费		

表-13

任务 3　给排水工程工程量清单计价

投标人在领取招标文件后，编写投标报价书时应按招标人提供的工程量清单填报价格，且其填写的项目编码、项目名称、项目特征、计量单位、工程量必须与招标人提供的一致。现假设你在具有编制能力的投标方或受投标方委托、具有相应资质的工程造价咨询方工作，试采用 2009年《四川省建设工程工程量清单计价定额　安装工程》及市场造价信息，编制本项目的投标报价书。

某住宅楼给排水工程工程量清单计价书编制工作过程如下：

1. 收集、整理相关规范及工程资料

（1）《建设工程工程量清单计价规范计价规范》（GB 50500—2008）；

（2）国家或省级、行业建设主管部门颁发的计价办法；

（3）2009 年《四川省建设工程工程量清单计价定额　安装工程》；

（4）招标文件、工程量清单及其补充通知、答疑纪要；

（5）建设工程设计文件及相关资料；

（6）施工现场情况、工程特点及拟定的投标施工组织设计或施工方案；

（7）与建设项目相关的标准、规范等技术资料；

（8）市场价格信息或工程造价管理机构发布的工程造价信息；

（9）其他的相关资料。

2. 了解工程量清单计价书的编制程序

编制工程量清单计价书时，可按照下列程序编制。

（1）计算分部分项工程费。

① 复核工程量清单的工程数量。

② 分析计算分部分项工程量清单项目的综合单价。

③ 计算分部分项工程费。

（2）计算措施项目费。

① 确定措施项目。

② 分析措施清单项目单价。

（3）计算其他项目费。

（4）计算规费。

（5）计算税金。

（6）单位工程费汇总。

（7）单项工程费汇总。

（8）建设工程费汇总。

（9）投标总价确定。

3. 计算分部分项工程费

由于分部分项工程费是工程量清单中的工程数量与对应分部分项工程项目的综合单价的乘积，因此若要确定各分部分项工程费，必须首先确定工程量清单中的工程数量与对应分部分项工程项目的综合单价。

（1）复核工程量清单的工程数量。

为确定投标策略把握投标机会，重新计算或复核工程量；经复核工程量清单的工程量，发现有漏洞、重项或误算时，根据投标策略决定是否向招标方提出质疑。

（2）分析计算分部分项工程量清单项目的综合单价。

① 综合单价的概念。

综合单价是指完成一个规定计量单位的分部分项工程量清单项目或措施清单项目所需的人工费、材料费、施工机械使用费和企业管理费与利润，以及一定范围内的风险费用。

本案例中各分部分项工程的综合单价组价定额采用的是 2009 年《四川省建设工程工程量清单计价定额 安装工程》中的数据，费用调整时对人工费按四川省最新规定进行了调整，综合单价中未计取风险费用。

② 综合单价的计算。

a. 熟悉相关规范及工程资料。

b. 分析工程量清单项目的工程特征及工程内容，确定综合单价分析的组价定额项目。

在设置给排水工程清单项目，计算清单项目综合单价时，可组合的定额内容可在 2009 年《四川省建设工程工程量清单计价定额 安装工程（三）》的《安装工程应用指南》的 C.8 《给排水、采暖、燃气工程》中查到，如镀锌钢管清单项目对应的可组合的定额内容见表 3.8。

表 3.8 镀锌钢管清单项目对应的可组合的定额内容

项目编码	项目名称	项目特征	计量单位	工程内容	可组合的定额内容	对应的定额编号
030801001	镀锌钢管	1. 安装部位（室内、外） 2. 输送介质（给水、排水、热媒体、燃气、雨水） 3. 材质 4. 型号、规格 5. 连接方式 6. 套管形式、材质、规格 7. 接口材料 8. 除锈、刷油、防腐、绝热及保护层设计要求	m	1. 管道、管件及弯管的制作、安装	室外管道镀锌钢管（螺纹连接）	CH0001～CH0011
					室外燃气管道镀锌钢管（螺纹连接）	CH0012～CH0015
					室内管道镀锌钢管（螺纹连接）	CH0016～CH0026
					室内燃气管道镀锌钢管（螺纹连接）	CH0027～CH0035
				2. 管件安装（指铜管管件、不锈钢管管件）		安装已含
				3. 套管（包括防水套管）制作、安装	刚性防水套管	CF3698～CF3729
					柔性防水套管	CF3666～CF3697
					穿楼板钢套管	CH0069～CH0084
					穿墙、梁钢套管	CF3730～CF3745
				4. 管道除锈、刷油、防腐	除锈	CN0001～CN0050
					刷油	CN0051～CN0334
					防腐	CN0335～CN0694
				5. 管道绝热及保护层	绝热	CN1720～CN2198 CN2288～CN2416
					保护层	CN2199～CN2279
				6. 给水管道消毒、冲洗 7. 水压试验		安装已含

当然，企业也可以根据本企业的企业定额编制综合单价，或在《计价定额》的基础上进行适当的调整。本项目采用《计价定额》进行编制，项目编码为 030801001001 的镀锌钢管对应的可组合的定额内容见表 3.9。

表 3.9　镀锌钢管（编码：030801001001）清单项目对应的可组合的定额内容

项目编码	项目名称	项目特征	计量单位	工程内容	可组合的定额内容	对应的定额编号
030801001001	镀锌钢管	1. 安装部位：室内（直埋） 2. 输送介质：给水 3. 规格：DN40 4. 连接方式：螺纹连接 5. 套管形式、材质、规格：刚性防水套管、DN50 6. 防腐：做环氧煤沥青普通防腐	m	1. 管道、管件及弯管的制作、安装	室内管道镀锌钢管（螺纹连接）	CH0020
				2. 套管(包括防水套管)制作、安装	刚性防水套管	CF3698
				3. 管道除锈、刷油、防腐	防腐	CN0686～CN0687

c. 计算组价定额项目的工程量。

综合单价在使用定额组价时，分部分项工程量清单综合单价计算表内的"工程数量"和"单位"可按预算定额规定。这里的"工程数量"是指施工时采取措施后的预算量，也就是按预算定额计算规则得到的预算工程量，预算量不一定是工程量清单给出的"实物工程量"，"单位"也不一定与工程量清单"计量单位"相同。

030801001001 项目中 DN40 镀锌钢管直埋敷设，分别套用组价定额 CH0020、CF3698、CN0686、CN0687，并采用对应定额计算规则计算安装工程量及未计价材料工程量。安装 44.46 m 钢管所需的工作量包括：

• 室内管道镀锌钢管 DN40（螺纹连接）：44.46 m。

• 管道做环氧煤沥青普通防腐，涂一次底漆、刷两次面漆，工作量为：

$$0.150\,7\ \text{m}^2（镀锌钢管外表面积）/\text{m} \times 44.46\ \text{m} = 6.7\ \text{m}^2$$

• 根据施工图，本段管段共计使用的防水套管数：6 个。

d. 分析计算组价定额项目的人工费、材料费、机械费、综合费。

根据《计价定额》，查找出对应定额的人工费、材料费、机械费、综合费的单价，然后应用单价乘以工程量，计算各项定额所对应的费用。这里需要注意的是：

• 由于人工费单价在不断地调整，《计价定额》中的人工费单价应乘以计算年月对应的调整系数，这里采用的系数是 76%。

• 每项定额对应的未计价材料费，可以综合到本定额对应的材料费价格中，也可以在各定额项目费计算完毕后，一起计算进入综合单价中。

例：试分析计算组价定额 CH0020 项目的人工费、材料费、机械费、综合费。

• 套用定额项目 CH0020，CH0020 的定额数据见表 3.10。将 CH0020 中的人工费单价乘以调整系数 1.76、机械费单价、综合费单价按照表格格式都填入表格 3.11 中，并将未计价材料及其工程量、价格列出。这里的未计价材料价格采用的是信息价下浮 3%，也可根据实际情况填入市场价。

表 3.10 　定额项目 CH0020 数据

定额编号	项目名称	单位	综合单价（元）	其　中				未计价材料		
				人工费	材料费	机械费	综合费	名　称	单　位	数　量
CH0020	给排水、采暖镀锌钢管 室内管道（螺纹连接）公称直径 DN≤40 mm	10 m	179.35	110.09	16.62	8.60	44.04	型　钢	kg	7.124
								镀锌钢管	m	10.200
								镀锌钢管接头零件	个	7.160

• 计算定额项目 CH0020 计入未计价材料费后的材料费单价：

根据表 3.11，定额项目 CH0020 中的未计价材料费包括型钢、镀锌钢管、镀锌钢管零件三项，共计为：

$$160.12+997.68+147.28=1\ 305.08\ 元$$

镀锌钢管安装计入的未计价材料费平均为：

$$1305.08/44.46=29.354\ 元/m=293.54\ 元/10\ m$$

表 3.10 中，材料费单价为 16.62 元/10 m。

因此，定额项目 CH0020 计入未计价材料费后的材料费单价为：

$$293.54\ 元/10\ m+16.62\ 元/10\ m=310.16\ 元/10\ m$$

• 将以上材料费单价填入表格 3.11 中，然后应用单价乘以工程量，计算出对应的人工费、材料费、机械费、综合费合价。

e. 分析计算分部分项工程量清单项目的人工费、材料费、机械费、综合费。

按照计算 CH0020 定额项目中人工费、材料费、机械费、综合费合价的计算步骤，分别套用定额 CF3698、CN0686、CN0687，计算出对应项目的人工费、材料费、机械费、综合费合价。然后，将组价定额中各定额的人工费、材料费、机械费、综合费单价及合价分别相加，得到分部分项工程量清单项目的人工费、材料费、机械费、综合费，即项目 030801001001 的人工费、材料费、机械费、综合费。

f. 分析计算分部分项工程量清单项目的综合单价。

将分部分项工程量清单项目中的人工费、材料费、机械费、综合费的单价及合价分别相加，得到分部分项工程量清单项目的综合单价及合价，即

分部分项工程综合单价＝人工费＋材料费＋机械费＋综合费

项目 030801001001 中：

$$综合单价＝26.13+42.12+2.4+5.94=76.59\ 元/m$$

项目 030801001001 的综合单价计算过程见表 3.11。

表 3.11　项目 030801001001 的综合单价计算过程

编号	项目名称	工程量	单位	综合 单价	综合 合价	人工 单价	人工 合价	材料 单价	材料 合价	机械 单价	机械 合价	综合费 单价	综合费 合价
030801001001	分部分项工程量清单 镀锌钢管 DN40（直埋）	44.46	m	76.59	3 405.19	26.13	1 161.74	42.12	1 872.66	2.40	106.70	5.94	264.09
CH0020	给排水、采暖管道镀锌钢管室内管道（螺纹连接）公称直径≤40 mm	4.446	10 m	556.56	2 474.47	193.76	861.46	310.16	1 378.97	8.60	38.24	44.04	195.80
	镀锌钢管接头零件 DN40	31.833	个	5.03	160.12								
	镀锌钢管 DN40	45.349	m	22.00	997.68								
	型钢	31.673	kg	4.65	147.28								
CF3698	套管制作安装 刚性防水套管制作公称直径≤50 mm	6	个	119.29	715.74	40.60	243.60	58.08	348.48	11.38	68.28	9.23	55.38
	钢管	19.56	kg	4.50	88.02								
CN0686	环氧煤沥青防腐　底漆 一遍	0.67	10 m²	94.12	63.06	25.13	16.84	63.28	42.40			5.71	3.83
	固化剂	0.134	kg	9.00	1.21								
	稀释剂	0.121	kg	13.00	1.57								
	环氧沥青底漆	1.675	kg	23.00	36.53								
CN0687	环氧煤沥青防腐　面漆 一遍	0.67	10 m²	113.26	75.88	29.69	19.89	76.82	51.47			6.75	4.52
	固化剂	0.174	kg	9.00	1.57								
	稀释剂	0.134	kg	13.00	1.74								
	环氧煤沥青面漆	1.876	kg	25.00	46.90								
CN0687	环氧煤沥青防腐　面漆 一遍	0.67	10 m²	113.26	75.88	29.69	19.89	76.82	51.47			6.75	4.52
	固化剂	0.174	kg	9.00	1.57								
	稀释剂	0.134	kg	13.00	1.74								
	环氧煤沥青面漆	1.876	kg	25.00	46.90								

g. 其余分部分项工程量清单项目的综合单价。

其余分部分项工程量清单项目的综合单价计算方法与此类似，不再赘述。

计算中还需要用到以下数据：

- 管道外表面积。

焊接钢管 DN40：外表面积为 0.150 7 m^2/m。

铸铁管 DN100：外表面积为 0.345 6 m^2/m。

铸铁管 DN75：外表面积为 0.267 0 m^2/m。

铸铁管 DN50：外表面积为 0.188 5 m^2/m。

管道的外表面积可以查阅相关手册，也可确定管道外径后自行计算。

- 给水管道上的套管数量

刚性防水套管 DN50：共 6 个，均安装在 DN40（直埋）的给水进户管上。

穿楼板套管 DN50：共 24 个，均安装在 DN40 的给水立管上。

一般穿墙套管 DN32：共 30 个，均安装在 DN20 的给水支管上。

穿楼板套管 DN32：共 6 个，均安装在 DN20 的给水立管上。

管道穿墙、穿楼板、穿地下室墙时均需设置套管，套管设置位置不同，所使用的管材不同，套用的定额也不一定相同，计算时要注意。排水管道的套管安装同给水管道计算方法。

（3）计算分部分项工程费。

分部分项工程费 = $\sum$（分部分项项目的工程数量 × 分部分项工程项目的综合单价）

某住宅楼给排水工程分部分项工程费计算结果见本节清单计价实例中表-08。

4. 计算措施项目费

（1）措施项目的确定。

投标人在计算措施项目费时，可根据施工组织设计采取的具体措施，在招标人提供的措施项目清单基础上，增减措施项目。一般对措施项目清单中列出而实际未采用的措施不必进行报价。

（2）措施清单项目单价的分析。

措施清单项目项目单价的分析方法有以下两类：

① 措施费一：按费用定额的计费基础和费率计算，如安全文明施工费、夜间施工费等。

② 措施费二：同分部分项工程量清单项目的综合单价，如设备、管道施工的防冻和焊接保护措施等。

在计算措施费时，招标文件中提到的，但是没必要计费的，可不计费；招标文件中未提到的，但需要计费的，投标人可自行加项。本工程项目中只有第一类的措施费。

5. 完成其余项目费的计算

其他项目费、规费、税金的计算，按照表格要求，以计费基数按照费率计算得出。

6. 某住宅楼给排水工程清单计价书

限于篇幅原因，本清单计价书中只列出了具有代表性的部分分部分项工程项目的综合单价分析表。

投 标 总 价

招 标 人： ××

工 程 名 称： 某住宅楼给排水工程

投标总价（小写）： 168 148 元

（大写）： 零拾（亿）零亿零仟（万）零佰（万）壹拾（万）陆万捌仟壹佰肆拾捌元

投 标 人： ××

（单位盖章）

法定代表人或其授权人： ××

（签字或盖章）

编 制 人： ××

（造价人员签字盖章专用章）

编 制 时 间： ××××年 ××月 ××日

表-01

总 说 明

工程名称：某住宅楼给排水工程

1. 工程概况

本工程为四川省成都市××区××住宅楼，共 5 层，由 3 个布局完全相同的单元组成，每单元一梯两户，计划工期 110 个工作日。

2. 工程招标和分包范围

工程承包范围：室内给排水安装工程

3. 工程量清单编制依据

① 建设方提供的工程施工图，《投标须知》、《某住宅楼给排水工程招标答疑》等一系列的招标文件。

② 成都市建设工程造价管理站×××年第×期发布的材料价格，并参照市场价格。

③《2009 年《四川省建设工程量清单计价定额》。

④《四川省建设工程量清单计价规范》（GB 50500—2008）。

4. 工程质量、材料、施工等的特殊要求

本项目所用给排水管等主要材料，应为国内知名厂家生产。

5. 其他需说明的问题

① 该工程因无特殊要求，故采用一般施工方法。

② 因考虑最近市材料价格波动不大，故主要材料价格在成都市建设工程造价管理站×××年第×期发布的材料价格基础上下浮 3%。

③ 综合公司经济现状及竞争力，公司所报费率如下：（略）

单位工程投标报价汇总表

工程名称：某住宅楼给排水工程 [安装工程]

标段：

序 号	汇总内容	金额（元）	其中：暂估价（元）
1	分部分项工程	151 103.23	100 755
2	措施项目	3 278.03	—
2.1	其中：安全文明施工费	2 643.57	—
3	其他项目	5 690	—
3.1	其中：暂列金额	5 000	—
3.2	其中：专业工程暂估价		—
3.3	其中：计日工	690	—
3.4	其中：总承包服务费		—
4	规费	2 421.51	—
5	税金：（1＋2＋3＋4）×规定费率	5 654.75	
	投标报价合计＝1＋2＋3＋4＋5	168 147.52	100 755

注：本表适用于单位工程招标控制价或投标报价的汇总。

表-04

分部分项工程量清单与计价表

工程名称：某住宅楼给排水工程［安装工程］ 标段：：

序号	项目编码	项目名称	项目特征描述	计量单位	工程数量	金额（元）		其中	
						综合单价	合价	定额人工费	暂估价
1	030801001001	镀锌钢管 DN40（直埋）	1. 安装部位：室内（直埋） 2. 输送介质：给水 3. 规格：DN40 4. 连接方式：螺纹连接 5. 套管形式、材质、规格：刚性防水套管、DN50 6. 防腐：做环氧煤沥青普通防腐	m	44.46	76.59	3 405.19	660.23	
2	030801001002	镀锌钢管 DN40	1. 安装部位：室内 2. 输送介质：给水 3. 规格：DN40 4. 连接方式：螺纹连接 5. 套管形式、材质、规格：穿楼板钢套管、DN50	m	59.7	57.48	3 431.56	669.24	
3	030801001003	镀锌钢管 DN20	1. 安装部位：室内 2. 输送介质：给水 3. 规格：DN20 4. 连接方式：螺纹连接 5. 套管形式、材质、规格：穿楼板钢套管、DN32，穿墙钢套管、DN32	m	97.32	36	3 503.52	853.5	
4	030801001004	镀锌钢管 DN15	1. 安装部位：室内 2. 输送介质：给水 3. 规格：DN15 4. 连接方式：螺纹连接 5. 套管形式、材质、规格：穿楼板钢套管、DN32，穿墙钢套管、DN32	m	46.2	28.34	1 309.31	334.49	

续表

序号	项目编码	项目名称	项目特征描述	计量单位	工程数量	金额（元）			
						综合单价	合价	定额人工费	其中暂估价
5	030801003005	承插铸铁管 DN100（直埋）	1. 安装部位：室内（直埋） 2. 输送介质：排水 3. 规格：DN100 4. 接口材料：石棉水泥接口 5. 套管形式、材质、规格：刚性防水套管、DN125 6. 做环氧煤沥青普通防腐	m	51.96	142.58	7 408.46	1 013.22	
6	030801003006	承插铸铁管 DN75	1. 安装部位：室内（直埋） 2. 输送介质：排水 3. 规格：DN75 4. 接口材料：石棉水泥接口 5. 做环氧煤沥青普通防腐	m	19.86	93.83	1 863.46	221.04	
7	030801003007	承插铸铁管 DN50	1. 安装部位：室内（直埋） 2. 输送介质：排水 3. 规格：DN50 4. 接口材料：石棉水泥接口 5. 做环氧煤沥青普通防腐	m	15.66	68.97	1 080.07	143.45	
8	030801005008	塑料管 DN100	1. 安装部位：室内（明敷） 2. 输送介质：排水 3. 材质：UPVC 4. 规格：DN100 5. 连接方式：粘接 6. 套管形式、材质、规格：穿楼板钢套管、DN125	m	116.4	51.28	5 968.99	1 013.84	
9	030801005009	塑料管 DN75	1. 安装部位：室内（明敷） 2. 输送介质：排水 3. 材质：UPVC 4. 规格：DN75 5. 连接方式：粘接 6. 套管形式、材质、规格：穿楼板钢套管、DN100	m	60.84	44.96	2 735.37	629.69	

续表

序号	项目编码	项目名称	项目特征描述	计量单位	工程数量	综合单价	合价	定额人工费	暂估价
10	030801005010	塑料管 DN50	1. 安装部位：室内（明敷） 2. 输送介质：排水 3. 材质：UPVC 4. 规格：DN50 5. 连接方式：粘接	m	52.8	20.92	1 104.58	294.62	
11	030803001011	螺纹阀门 DN40	1. 类型：截止阀 2. 型号、规格：J41W-1.6、DN40	个	6	79.49	476.94	54.6	
12	030803010012	水表	1. 型号、规格：LXS-20 2. 连接方式：螺纹连接	组	30	91.07	2 732.1	436.2	
13	030804001013	浴盆	1. 材质、规格：搪瓷 1500 2. 组装形式：冷热水带喷头式	组	30	2621.85	78 655.5	1 273.5	75 000
14	030804003014	洗脸盆	1. 组装形式：冷水 2. 开关：普通冷水嘴 3. 类型：台式 450 甲级	组	30	385.99	11 579.7	539.1	9 090
15	030804005015	洗涤盆（洗菜盆）	1. 组装形式：冷水 2. 开关：单嘴	组	30	259.19	7 775.7	494.7	4 545
16	030804012016	大便器安装	1. 类型、型号：坐式 2. 组装方式：低水箱	套	30	504.38	15 131.4	917.1	12 120
17	030804017017	地漏	1. 材质：塑料 2. 规格：DN75	个	48	35.09	1 684.32	681.6	
18	030804017018	地漏	1. 材质：铸铁 2. 规格：DN75	个	18	50.09	901.62	255.6	
19	030804018019	地面扫除口	1. 材质：塑料 2. 规格：DN100	个	24	14.81	355.44	88.56	
合　计							151 103.23	10 574.28	100 755

注：需随机抽取审评综合单价的项目在该项目编码后面加注"*"号。

表-08

分部分项工程量清单综合单价分析表

工程名称：某住宅楼给排水工程 [安装工程]

清单项目编码	(1) 030801001001		清单项目名称	镀锌钢管 DN40（直埋）			清单计量单位		m

清单综合单价组成明细

定额编号	定额项目名称	定额单位	数 量	单价（元）					合价（元）				
				定额人工费	人工费	材料费	机械费	综合费	定额人工费	人工费	材料费	机械费	综合费
CH0020	给排水、采暖管道镀锌钢管（螺纹连接）室内 公称直径≤40 mm	10 m	0.1	110.09	193.76	16.62	8.6	44.04	11.01	19.38	1.66	0.86	4.4
CF3698	套管制作安装 刚性防水套管制作 公称直径≤50 mm	个	0.135	23.07	40.6	43.41	11.38	9.23	3.11	5.48	5.86	1.54	1.25
CN0686	环氧煤沥青防腐 底漆一遍	10 m²	0.015 1	14.28	25.13	1.62		5.71	0.22	0.38	0.02		0.09
CN0687	环氧煤沥青防腐 面漆一遍	10 m²	0.015 1	16.87	29.69	1.88		6.75	0.25	0.45	0.03		0.1
CN0687	环氧煤沥青防腐 面漆一遍	10 m²	0.015 1	16.87	29.69	1.88		6.75	0.25	0.45	0.03		0.1
小　计									14.84	26.14	7.6	2.4	5.94
未计价材料（设备）费											34.52		
清单项目综合单价（元）											76.59		

材料（设备）费明细	材料名称、规格、型号	单位	数 量	单价（元）	合价（元）	暂估单价（元）	暂估合价（元）
	镀锌钢管接头零件 DN40	个	0.716	5.03	3.6		
	镀锌钢管 DN40	m	1.02	22	22.44		
	型钢	kg	0.712	4.65	3.31		
	钢管	kg	0.44	4.5	1.98		
	固化剂	kg	0.011	9	0.1		
	稀释剂	kg	0.008 7	13	0.11		
	环氧煤沥青底漆	kg	0.038	23	0.87		
	环氧煤沥青面漆	kg	0.084 4	25	2.11		
	其他材料费				7.6		
	材料费小计				42.12		

续表

| 清单项目编码 | (15) 030804005015 | 清单项目名称 | 洗涤盆（洗菜盆） | | | 清单计量单位 | 组 |

清单综合单价组成明细

定额编号	定额项目名称	定额单位	数量	单价（元）				合价（元）			
				人工费／定额人工费	材料费	机械费	综合费	人工费／定额人工费	材料费	机械费	综合费
CH0715	卫生器具制作安装洗涤盆（单嘴）	10组	0.1	290.14 ／ 164.85	720.82		65.94	29.01 ／ 16.49	72.08		6.59
	小　计							29.01 ／ 16.49	72.08		6.59
	未计价材料（设备）费（元）								151.5		
	清单项目综合单价（元）								259.19		

材料（设备）费明细	材料名称、规格、型号	单位	数量	单价（元）	合价（元）	暂估单价（元）	暂估合价（元）
	洗涤盆	个	1.01	150	151.5	150	151.5
	其他材料费				72.08		
	材料费小计				223.58		151.5

注：1.《计价定额》没有的项目，在"组成明细"栏中补充。

2. 招标文件提供了暂估单价的材料，按暂估单价填入表内"暂估单价"栏及"暂估合价"栏。

表-09

措施项目清单与计价表（一）

工程名称：某住宅楼给排水工程〔安装工程〕　　　　标段：　　　　　　　　　　　　表-10

序号		项目名称	计算基础	费率（%）	金额（元）	其中：定额人工费（元）
1		安全文明施工费			2643.57	—
其中	①	环境保护	分部分项清单定额人工费	1	105.74	—
	②	文明施工	分部分项清单定额人工费	4	422.97	—
	③	安全施工	分部分项清单定额人工费	7	740.2	—
	④	临时设施	分部分项清单定额人工费	13	1 374.66	—
2		夜间施工费	分部分项清单定额人工费	2.5	264.36	—
3		二次搬运费	分部分项清单定额人工费	1.5	158.61	—
4		冬雨季施工	分部分项清单定额人工费	2	211.49	
5		大型机械设备进出场及安拆费				
6		施工排水				
7		施工降水				
8		地上、地下设施、建筑物的临时保护设施				
9		已完工程及设备保护				
10		各专业工程的措施项目				
		合　计			3 278.03	

注：本表适用于以"项"计价的措施项目。

其他项目清单与计价汇总表

工程名称：某住宅楼给排水工程　　　　　　　　　　　　　　　　标段：

序号	项目名称	计量单位	金额（元）	备注
1	暂列金额	无	5 000	明细详表-12.1
2	暂估价	无		
2.1	材料暂估价	无	—	明细详表-12.2
2.2	专业工程暂估价	无	0	明细详表-12.3
3	计日工	无	690	明细详表-12.4
4	总承包服务费	无	0	明细详表-12.5
	合　计		5 690	—

表-12

注：材料暂估单价进入清单项目综合单价，此处不汇总。

暂列金额明细表

工程名称：某住宅楼给排水工程〔安装工程〕　　　　　　　　　　标段：

序号	项目名称	计量单位	暂列金额（元）	备注
1	施工图设计变更	项	4 000	
2	其他	项	1 000	
	合　计		5 000.00	—

表-12-1

注：此表由招标人填写，如不能详列，也可只列暂定金额总额，投标人应将上述暂列金额计入投标总价中。

材料暂估价表

工程名称：某住宅楼给排水工程 [安装工程]　　　　　标段：

序号	材料名称、规格、型号	计量单位	单价（元）	备注
1	低水箱坐便器	套	400	
2	浴盆	组	2 500	
3	洗脸盆	组	300	
4	洗涤盆	组	150	

注：1. 此表由招标人填写，并在备注栏说明暂估的材料拟用在哪些清单项目上，投标人应将上述材料暂估单价计入工程量清单综合单价报价中。

　　2. 材料包括原材料、燃料、构配件以及规定应计入建筑安装工程造价的设备。

表-12-2

计 日 工 表

工程名称：某住宅楼给排水工程 [安装工程]　　　　　标段：

编号	项目名称	单 位	暂定数量	综合单价	合 价
一	人 工				
1	安装普工	工 日	10	69	690
	人工小计				690
二	材 料				
	材料小计				
三	施工机械				
	施工机械小计				
	总 计				690

注：此表项目名称、单位、暂定数量由招标人填写，编制招标控制价时，单价由招标人按有关计价规定确定；投标时，单价由投标人自主报价，计入投标总价中。

表-12-3

规费、税金项目清单与计价表

工程名称：某住宅楼给排水工程［安装工程］　　　　　　标段：　　　　　　　　　　　　　　　　　　　　表-13

序号	项目名称	计算基础	费率（%）	金额（元）
1	规　费	（1）+（2）+（3）		2 421.51
1.1	工程排污费			1 755.33
1.2	社会保障费			
（1）	养老保险费	分部分项清单定额项目定额人工费	11	1 163.17
（2）	失业保险费	分部分项清单定额项目定额人工费	1.1	116.32
（3）	医疗保险费	分部分项清单定额项目定额人工费	4.5	475.84
1.3	住房公积金	分部分项清单定额项目定额人工费	5	528.71
1.4	工伤保险和危险作业意外伤害保险	分部分项清单定额项目定额人工费	1.3	137.47
2	税　金	分部分项工程费+措施项目费+其他项目费+规费	3.43	5 654.75

实训任务

<h1 style="text-align:center">某教学楼给排水工程</h1>

1. 设计及施工说明

（1）工程概况。某教学楼共 4 层，层高为 3.3 m，墙厚均为 240 mm，每层设男厕所、女厕所、盥洗室各一个。工程设置两个排水系统，甲系统排出洗涤污水，乙系统排出粪便污水，第一个检查井距建筑物外墙皮 2.5 m。

（2）管材及接口形式。给水管道全部采用镀锌钢管螺纹连接，排水管道采用排水铸铁管石棉水泥接口。

（3）卫生器具。该工程采用瓷高水箱蹲便器，每个厕所均设污水池一个，污水池、盥洗槽见土建设计，本次报价不计。

（4）阀门安装。除 DN50 阀门采用 Z45T-10 法兰阀外，其余阀门均为螺纹阀门 Z15T-10。

（5）管道安装。埋地给水管刷防锈漆两道，地上给水管刷银粉漆两道；埋地排水管刷热沥青两道，地上排水管刷一道带锈底漆后，再刷两道银粉漆。管道支架采用 5 号等边角钢，需人工去除轻锈，并刷防锈漆两道及银粉漆两道。

（6）其他未尽事宜，按现行施工及验收规范的有关内容执行。

2. 施工图纸

平面图及系统图见图 3.27～图 3.30。

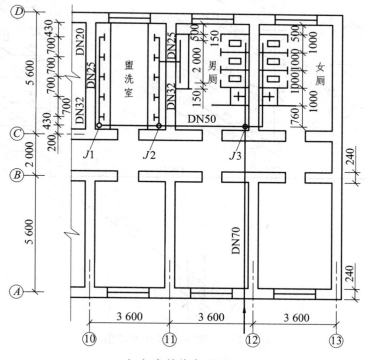

（a）底层给水平面图

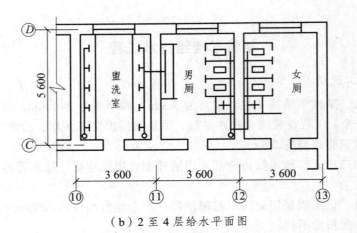

（b）2 至 4 层给水平面图

图 3.27　某教学楼给水平面图

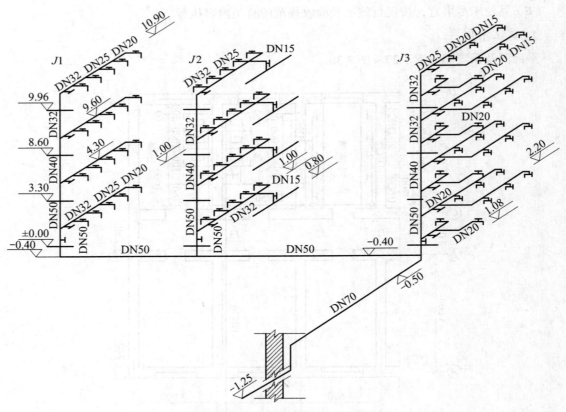

图 3.28　某教学楼给水系统图

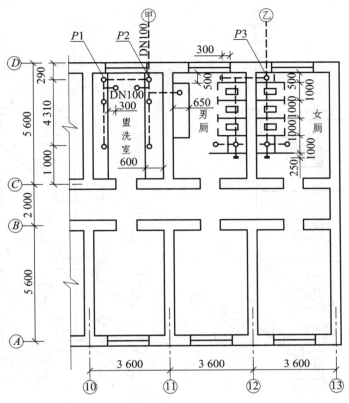

（a）底层排水平面图

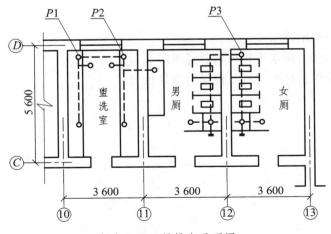

（b）2 至 4 层排水平面图

图 3.29　某教学楼排水平面图

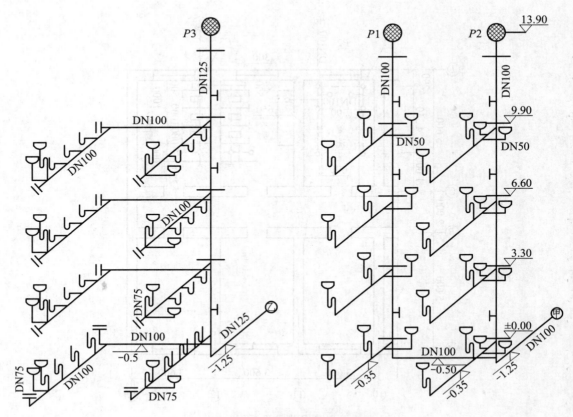

图 3.30　某教学楼排水系统图

3. 任　务

（1）识读本教学楼给排水施工图。

（2）编制本教学楼给排水工程工程量清单。

（3）编制本教学楼给排水工程工程量清单计价书。

任务资讯

在工程量清单计价书制作过程中,需要经常翻阅 2009 年《四川省建设工程工程量清单计价定额 安装工程》中的 C.H《给排水、采暖、燃气工程》分册和《安装工程应用指南》中的 C.8《给排水、采暖、燃气工程》分部,现介绍如下:

一、给排水工程应用指南

给排水工程在设置清单项目和计算清单项目综合单价时,可组合的定额内容应在 2009 年《四川省建设工程工程量清单计价定额 安装工程(三)》的《安装工程应用指南》的 C.8《给排水、采暖、燃气工程》中查到。

1. 《安装工程应用指南》说明

(1)《四川省建设工程工程量清单计价定额安装工程应用指南》(以下简称指南)是以《建设工程工程量清单计价规范》(GB 50500—2008)(以下简称《计价规范》)及 2009 年《四川省建设工程工程量清单计价定额 安装工程》(以下简称《计价定额》)为依据进行编制的,适用于建设工程工程量清单综合单价的组成。

(2)《指南》"可组合的定额内容"及"对应的定额编号"用于指导工程量清单项目设置和组合工程量清单项目综合单价。

(3)《指南》由项目编码、项目名称、项目特征、计量单位、工程内容、可组合的定额内容及对应的定额编号组成,其项目编码、项目名称、项目特征、计量单位、工程内容均与《计价规范》一致,其可组合的定额及对应的定额编号,特指《计价定额》的定额项目及相应的定额编号。

(4)当《计价规范》与《计价定额》的计量单位、工程量计算规则不同时,应根据《计价规范》的计量单位和工程量计算规则要求,由《计价定额》的对应的项目进行计算。

(5)《指南》没有的项目或在可组合的定额内容和对应的定额编码内标"无"的,根据"计价规范"的规定,在编制工程标底和投标报价时,由编制人自行考虑。

(6)《指南》分部分项工程量清单的项目编码,一至九位按《计价规范》附录 C 的规定设置,十至十二位应根据拟建工程的工程量清单项目名称设置,同一招标工程的项目编码不得有重码。

(7)建筑物超高施工增加费,安装工程锅炉高压容器安装监督检测费等,未列入工程量清单项目指引内,在编制工程标底和投标报价时,在综合单价内由编制人自行考虑。

2. 给排水工程常用的部分清单项目及可组合定额

表 C.8.1 给排水、采暖工程(编码:030801)

项目编码	项目名称	项目特征	计量单位	工程内容	可组合的定额内容	对应的定额编号
030801001	镀锌钢管	1.安装部位(室内、外) 2.输送介质(给水、排水、热媒体、燃气、雨水)	m	1.管道、管件及弯管的制作、安装	室外管道镀锌钢管(螺纹连接)	CH0001～CH0011
					室外燃气管道镀锌钢管(螺纹连接)	CH0012～CH0015
					室内管道镀锌钢管(螺纹连接)	CH0016～CH0026
					室内燃气管道镀锌钢管(螺纹连接)	CH0027～CH0035

续表 C.8.1

项目编码	项目名称	项目特征	计量单位	工程内容	可组合的定额内容	对应的定额编号
030801001	镀锌钢管	3. 材质 4. 型号、规格 5. 连接方式 6. 套管形式、材质、规格 7. 接口材料 8. 除锈、刷油、防腐、绝热及保护层设计要求	m	2. 管件安装（指铜管管件、不锈钢管管件）		安装已含
				3. 套管（包括防水套管）制作、安装	刚性防水套管	CF3698～CF3729
					柔性防水套管	CF3666～CF3697
					穿楼板钢套管	CH0069～CH0084
					穿墙、梁钢套管	CF3730～CF3745
				4. 管道除锈、刷油、防腐	除　锈	CN0001～CN0050
					刷　油	CN0051～CN0334
					防　腐	CN0335～CN0694
				5. 管道绝热及保护层	绝　热	CN1720～CN2198 CN2288～CN2416
					保护层	CN2199～CN2279
				6. 给水管道消毒、冲洗 7. 水压试验		安装已含
030801002	钢管	1. 安装部位（室内、外） 2. 输送介质（给水、排水、热媒体、燃气、雨水） 3. 材质 4. 型号、规格 5. 连接方式 6. 套管形式、材质、规格 7. 接口材料 8. 除锈、刷油、防腐、绝热及保护层设计要求	m	1. 管道、管件及弯管的制作、安装	室外管道焊接钢管（螺纹连接）	CH0036～CH0046
					室内管道焊接钢管（螺纹连接）	CH0047～CH0057
					室内管道薄壁不锈钢管（螺纹连接）	CH0058～CH0068
					室外管道钢管（焊接）	CH0069～CH0084
					室内管道钢管（焊接）	CH0085～CH0100
					室外燃气管道钢管（焊接）	CH0101～CH0116
				2. 管件安装（指铜管管件、不锈钢管管件）		安装已含
				3. 套管（包括防水套管）制作、安装	刚性防水套管	CF3698～CF3729
					柔性防水套管	CF3666～CF3697
					穿楼板钢套管	CH0069～CH0084
					穿墙、梁钢套管	CF3730～CF3745
				4. 管道除锈、刷油、防腐	除　锈	CN0001～CN0050
					刷　油	CN0051～CN0334
					防　腐	CN0335～CN0694
				5. 管道绝热及保护层	绝　热	CN1720～CN2198 CN2288～CN2416
					保护层	CN2199～CN2279
				6. 给水管道消毒、冲洗 7. 水压试验		安装已含

续表 C.8.1

项目编码	项目名称	项目特征	计量单位	工程内容	可组合的定额内容	对应的定额编号
030801 003	承插铸铁管	1. 安装部位（室内、外） 2. 输送介质（给水、排水、热媒体、燃气、雨水） 3. 材质 4. 型号、规格 5. 连接方式 6. 套管形式、材质、规格 7. 接口材料 8. 除锈、刷油、防腐、绝热及保护层设计要求	m	1. 管道、管件及弯管的制作、安装	室外管道承插铸铁给水管（青铅接口）	CH0117～CH0126
					室内管道承插铸铁给水管（青铅接口）	CH0127～CH0132
					室外管道承插铸铁给水管（膨胀水泥接口）	CH0133～CH0142
					室内管道承插铸铁给水管（膨胀水泥接口）	CH0143～CH0148
					室外管道承插铸铁给水管（石棉水泥接口）	CH0149～CH0158
					室内管道承插铸铁给水管（石棉水泥接口）	CH0159～CH0164
					室外管道承插铸铁给水管（胶圈接口）	CH0165～CH0173
					室外管道承插铸铁排水管（石棉水泥接口）	CH0174～CH0179
					室内管道承插铸铁排水管（石棉水泥接口）	CH0180～CH0185
					室外管道承插铸铁排水管（水泥接口）	CH0186～CH0191
					室内管道承插铸铁排水管（水泥接口）	CH0192～CH0197
					室内管道承插铸铁雨水管（石棉水泥接口）	CH0198～CH0202
					室内管道承插铸铁雨水管（水泥接口）	CH0203～CH0207
					室外管道承插铸铁煤气管（柔性机械接口）	CH0208～CH0212
				2. 管件安装（指铜管管件、不锈钢管管件）		安装已含
				3. 套管（包括防水套管）制作、安装	刚性防水套管	CF3698～CF3729
					柔性防水套管	CF3666～CF3697
					穿楼板钢套管	CH0069～CH0084
					穿墙、梁钢套管	CF3730～CF3745
				4. 管道除锈、刷油、防腐	除锈	CN0001～CN0050
					刷油	CN0051～CN0334
					防腐	CN0335～CN0694
				5. 管道绝热及保护层	绝热	CN1720～CN2198 CN2288～CN2416
					保护层	CN2199～CN2279
				6. 给水管道消毒、冲洗 7. 水压试验		安装已含

续表 C.8.1

项目编码	项目名称	项目特征	计量单位	工程内容	可组合的定额内容	对应的定额编号
030801 005	塑料管 （UPVC、 PP-C、 PP-R管 等）	1. 安装部位（室内、外） 2. 输送介质（给水、排水、热媒体、燃气、雨水） 3. 材质 4. 型号、规格 5. 连接方式 6. 套管形式、材质、规格 7. 接口材料 8. 除锈、刷油、防腐、绝热及保护层设计要求	m	管道、管件及弯管的制作、安装	室外管道承插塑料给水管（粘接连接）	CH0218～CH0226
					室外管道塑料给水管安装（热熔连接）	CH0227～CH0237
					室外管道塑料给水管安装（电熔连接）	CH0238～CH0246
					室外管道承插塑料给水管安装（胶圈连接）	CH0247～CH0254
					室外管道塑料燃气管安装（热熔连接）	CH0255～CH0261
					室外管道塑料燃气管安装（电熔套接）	CH0262～CH0268
					室外管道承插塑料排水管安装（零件粘接）	CH0269～CH0279
					室外管道双壁波纹排水管安装（胶圈接口）	CH0280～CH0284
					室外管道双壁缠绕排水管安装（热熔连接）	CH0285～CH0290
					室内管道塑料给水管（粘接连接）	CH0291～CH0301

表 C.8.2　管道支架制作、安装（编码：030802）

项目编码	项目名称	项目特征	计量单位	工程内容		可组合的定额内容	对应的定额编号
030802 001	管道支架 制作安装	1. 型式 2. 除锈、刷油设计要求	kg	1. 制作、安装			CH0420
				2. 除锈、刷油	除锈		CN0001～CN0050
					刷油		CN0051～CN0334

表 C.8.3　管道附件（编码：030803）

项目编码	项目名称	项目特征	计量单位	工程内容	可组合的定额内容	对应的定额编号
030803 001	螺纹阀门	1. 类型 2. 材质 3. 型号规格	个	阀门安装	螺纹阀	CH0421～CH0429
					螺纹浮球阀	CH0430～CH0438
030803 002	螺纹法兰 阀门	1. 类型 2. 材质 3. 型号规格		阀门安装	螺纹法兰阀	CH0439～CH0444
030803 003	焊接法兰 阀门	1. 类型 2. 材质 3. 型号规格		阀门安装	焊接法兰阀门	CH0445～CH0457
					法兰浮球阀门	CH0458～CH0462
					法兰液压式水位控制阀	CH0463～CH0467

续表 C.8.3

项目编码	项目名称	项目特征	计量单位	工程内容	可组合的定额内容	对应的定额编号
030803 005	自动排气阀	1. 类型 2. 材质 3. 型号规格	个	阀门安装		CH0498～CH0501
030803 006	安全阀	1. 类型 2. 材质 3. 型号规格		阀门安装		CH0502～CH0512
030803 007	减压器	1. 类型 2. 材质 3. 型号规格		减压器安装	减压器（螺纹连接）	CH0513～CH0520
					减压器（焊接）	CH0521～CH0528
030803 008	疏水器	1. 类型 2. 材质 3. 型号规格	组	疏水器安装	疏水器（螺纹连接）	CH0529～CH0533
					疏水器（焊接）	CH0534～CH0541
030803 009	法兰	1. 类型 2. 材质 3. 型号规格		法兰安装	铸铁法兰（螺纹连接）	CH0542～CH0551
					碳钢法兰（焊接）	CH0552～CH0565
					低压塑料法兰	CH0566～CH0589
030803 010	水表	1. 类型 2. 材质 3. 型号规格	组	水表安装	螺纹水表	CH0590～CH0599
					焊接法兰水表（带旁通及止回阀）	CH0600～CH0606
					焊接法兰水表（不带旁通及止回阀）	CH0607～CH0613
					住宅嵌墙水表箱	CH0614～CH0617

表 C.8.4　卫生器具制作、安装（编码：030804）

项目编码	项目名称	项目特征	计量单位	工程内容	可组合的定额内容	对应的定额编号
030804 001	浴盆	1. 材质 2. 组装形式 3. 型号规格 4. 开关	组	浴盆、附件安装		CH0695～CH0701
030804 002	净身盆	1. 材质 2. 组装形式 3. 型号规格 4. 开关		净身盆、附件安装		CH0705
030804 003	洗脸盆	1. 材质 2. 组装形式 3. 型号规格 4. 开关	组	洗脸盆、附件安装		CH0706～CH0713
030804 004	洗手盆	1. 材质 2. 组装形式 3. 型号规格 4. 开关		洗手盆、附件安装		CH0714

续表 C.8.4

项目编码	项目名称	项目特征	计量单位	工程内容	可组合的定额内容	对应的定额编号
030804005	洗涤盆（洗菜盆）	1. 材质 2. 组装形式 3. 型号规格 4. 开关	组	洗涤盆、附件安装		CH0715～CH0721
030804006	化验盆	1. 材质 2. 组装形式 3. 型号规格 4. 开关		化验盆、附件安装		CH0722～CH0726
030804007	淋浴器组成	1. 材质 2. 组装形式 3. 型号规格		淋浴器、附件安装		CH0727～CH0730
030804012	大便器	1. 材质 2. 组装形式 3. 型号规格		大便器、附件安装	蹲式大便器安装	CH0731～CH0737
					坐式大便器安装	CH0738～CH0741
030804013	小便器	1. 材质 2. 组装形式 3. 型号规格		小便器、附件安装	挂斗式小便器安装	CH0742～CH0745
					立式小便器安装	CH0746～CH0747
030804014	水箱制作、安装	1. 材质 2. 类型 3. 型号规格	套	1. 水箱制作 2. 水箱安装	矩形钢板水箱制作	CH0750～CH0755
					圆形钢板水箱制作	CH0756～CH0761
					大、小便槽冲洗水箱制作	CH0762～CH0763
					矩形钢板水箱安装	CH0764～CH0769
					圆形钢板水箱安装	CH0770～CH0776
					大便槽自动冲洗水箱安装	CH0777～CH07830
					小便槽自动冲洗水箱安装	CH0784～CH0788
				3. 支架制作、安装及除锈、刷油	支架制作、安装	CH0420
					除锈	CN0001～CN0050
					刷油	CN0051～CN0334
				4. 水箱除锈、刷油	除锈	CN0001～CN0050
					刷油	CN0051～CN0334
030804015	排水栓	1. 带存水弯、不带存水弯 2. 材质 3. 型号规格	组	排水栓安装		CH0789～CH0794
030804016	水龙头	1. 材质 2. 型号规格	套	水龙头安装		CH0795～CH0797
030804017	地漏	1. 材质 2. 型号规格	个	地漏安装		CH0798～CH0801
030804018	地面扫除口	1. 材质 2. 型号规格		地面扫除口安装		CH0802～CH0806
030804019	小便槽冲洗管制作、安装	1. 材质 2. 型号规格	m	冲洗管制作、安装		CH0807～CH0809

二、给排水工程工程量清单计价定额

给排水工程工程量清单计价定额相关内容分布在 2009 年《四川省建设工程工程量清单计价定额　安装工程（三）》的 C.H《给排水、采暖、燃气工程》中，在清单组价时经常需要用到其定额数据、定额内容和定额工程量计算规则，现摘录部分常用内容以供参考。

1. C.H《给排水、采暖、燃气工程》分册说明

（1）C.H《给排水、采暖、燃气工程》（以下简称本定额）适用于新建、扩建项目中的生活用给水、排水、燃气、采暖热源管道以及附件安装、小型容器制作安装。

（2）给排水工程中关于下列各项费用的规定：

① 脚手架搭拆费按定额人工费的 5% 计算，其中人工工资占 25%。

② 设置于管道间、管廊内的管道、阀门、法兰、支架安装，人工乘以系数 1.3。

③ 超高增加费：本定额中工作物操作高度均以 3.6 m 为界限，如超过 3.6 m 时，其超高部分（指由 3.6 m 到操作物高度）的定额人工费乘以表 3.12 中所列系数。

表 3.12　超高增加费的计算

标高 ±/m	3.6～8	3.6～12	3.6～16	3.6～20
超高系数	1.10	1.15	1.20	1.25

④ 高层建筑增加费：凡檐口高度 > 20 m 的工业与民用建筑的增加费用按表 3.13 计算（全部为定额人工费）。

表 3.13　高层建筑增加费的计算

檐口高度	≤30 m	≤40 m	≤50 m	≤60 m	≤70 m	≤80 m
按人工费的%	2	3	4	6	8	10
檐口高度	≤90 m	≤100 m	≤110 m	≤120 m	≤130 m	≤140 m
按人工费的%	13	16	19	22	25	28
檐口高度	≤150 m	≤160 m	≤170 m	≤180 m	≤190 m	≤200 m
按人工费的%	31	34	37	40	43	46

（3）给排水工程分册和相关分册关系：

① 工业管道、生产生活共用的管道、锅炉房和泵内配管以及高层建筑物内加压泵间的管道，执行 C.F《工业管道工程》相应项目。

② 刷油、防腐蚀、绝热工程执行 C.N《刷油、防腐蚀、绝热工程》相关项目。

③ 室外埋地管道的土方工程及砌筑工程应按 A.《建筑工程》相关项目执行；室内埋地管道的土方应套用本定额相关项目。

④ 各类泵、风机等传动设备安装执行 C.A《机械设备安装工程》相关项目。

⑤ 锅炉安装，执行 C.C《热力设备安装工程》相关项目。

⑥ 消火栓、水泵结合器安装执行 C.G《消防工程》相应项目。

⑦ 压力表、温度计执行 C.J《自动化控制仪表安装工程》相应项目。

2. 给排水、采暖、燃气工程（编码：030801）

（1）章说明。

① 本章适用于室内外生活用给水、排水、雨水、采暖热源管道、燃气管道安装。

② 本章与其他相关工程的界线划分：

a. 给水管室内外界线划分：以建筑物外墙皮 1.5 m 为界，入口处设阀门者以阀门为界；与市政给水管道的界限，应以水表井为界；无水表井者，应以与市政给水管碰头点为界；

b. 排水管道室内外界线划分：应以出户第一个排水检查井为界；室外排水管道与市政排水界线应以与市政管道碰头井为界；

c. 采暖热源管道室内外界线划分：应以建筑物外墙皮 1.5 m 为界，入口处设阀门者应以阀门为界；工业管道界线应以锅炉房或泵站外墙皮 1.5 m 为界；工厂车间内采暖管道以采暖系统与工业管碰头点为界；设在高层建筑内的加压泵间管道以泵间外墙皮为界。

③ 本章包括以下工程内容：

a. 管道及接头零件安装。

• 室外钢管的安装包括管道及管件的安装，管件本身价值已进本定额，其他各种管道安装均包括管件安装的人工和材料，管件本身价值另计。

• 室外塑料给、排水管道安装，管件本身价值按本定额含量另计。

• 室内各种管道安装均包括管道及管件安装。

b. 给水管道包括水压试验，管道消毒、冲洗；排水管道包括灌水试验。

c. 钢管安装包括弯管制作与安装（伸缩器除外），无论是现场煨制或成品弯管均不得换算。

d. 钢管焊接安装项目适用于无缝钢管和焊接钢管。

e. 铸铁排水管、塑料排水管、铸铁雨水管、塑料雨水管安装均包括管卡及吊托支架、透气帽、雨水漏斗的制作安装，但檐口高度大于 30 m 的建筑允许对支架进行调整。

f. 室内各种镀锌钢管、钢管安装均包括管卡、吊托支架制作安装及支架除锈、刷油，不得另计。DN > 32 室内管道其吊托支架的材料费应按定额用量表另计。

g. 各种给水塑料管及给水复合管均按连接方式执行相应定额，定额中管件含量可按实调整，双热熔连接管道按热熔连接相应定额子目调整，人工、机械乘以系数 1.8。

h. 薄壁不锈钢管卡环（套）连接、卡箍连接均按管径执行复合管（卡箍式、卡套式连接）相应定额子目。

i. 压力流（虹吸式）雨水排水管按材质套用排水管相应定额子目，基价乘以系数 1.1。

j. 各种给水塑料管及给水复合管如使用型钢支架，型钢支架另计。

④ 本章不包括以下工程内容：

a. 室外管道沟土方挖填及管道基础；

b. 管道安装中不包括法兰、阀门及伸缩器的制作安装，执行时按相应项目另计；

c. 室外承插铸铁给水管、室内承插铸铁雨水管安装包括接头零件所需人工，但接头零件数量按实计算，价格另计；

d. 非同步施工的室内管道安装的打堵洞眼；

e. 室外管道所有带气碰头；

f. 各种雨水管安装均不包括雨水弯头、地坪雨水斗安装，另执行建筑工程相应定额。

⑤ 其他问题的说明：

a. 消防管道安装，应执行 C.G、《消防工程》有关子目；

b. 室外热熔塑料排水管，执行室外承插塑料排水管安装子项；

c. 钢管螺纹连接项目中的接口填料，本定额已综合考虑，不得换算；

d. 铸铁管安装，其接头零件的材料费，可按设计用数量另计。

（2）工程量计算规则。

按设计图示管道中心线长度以延长米计算，不扣除阀门、管件（包括减压器、疏水器、水表、伸缩器等组成安装）及各种井类所占的长度；方形补偿器以其所占长度按管道安装工程量计算。

（3）部分常用定额。

C.H.1.1　镀锌钢管（编码：030801001）

表 C.H.1.1.3 室内管道（螺纹连接）

工程内容：打堵洞眼、切管、套丝、上零件、调直、栽钩卡及管件安装、水压试验、管道消毒、水冲洗

定额编号	项目名称	单位	综合单价（元）	其　中				未计价材料		
				人工费	材料费	机械费	综合费	名　称	单位	数　量
CH0016	公称直径≤15 mm	10 m	111.84	72.4	9.25	1.23	28.96	镀锌钢管	m	10.200
								镀锌钢管接头零件	个	16.370
CH0017	公称直径≤20 mm	10 m	113.45	72.4	10.86	1.23	28.96	镀锌钢管	m	10.200
								镀锌钢管接头零件	个	11.520
CH0018	公称直径≤25 mm	10 m	128.83	81.85	13.01	1.23	32.74	镀锌钢管	m	10.200
								镀锌钢管接头零件	个	9.780
CH0019	公称直径≤32 mm	10 m	128.86	81.85	13.04	1.23	32.74	镀锌钢管	m	10.200
								镀锌钢管接头零件	个	8.030
CH0020	公称直径≤40 mm	10 m	179.35	110.09	16.62	8.6	44.04	型钢	kg	7.124
								镀锌钢管	m	10.200
								镀锌钢管接头零件	个	7.160
CH0021	公称直径≤50 mm	10 m	206.36	119.58	23.52	15.43	47.83	型钢	kg	5.300
								镀锌钢管	m	10.200
								镀锌钢管接头零件	个	6.510
CH0022	公称直径≤65 mm	10 m	227.78	125.95	32.33	19.12	50.38	型钢	kg	6.254
								镀锌钢管	m	10.200
								镀锌钢管接头零件	个	4.250
CH0023	公称直径≤80 mm	10 m	228.21	130.13	26.27	19.76	52.05	型钢	kg	6.466
								镀锌钢管	m	10.200
								镀锌钢管接头零件	个	3.910
CH0024	公称直径≤100 mm	10 m	279.58	155.09	35.09	27.36	62.04	型钢	kg	8.639
								镀锌钢管	m	10.200
								镀锌钢管接头零件	个	2.680

C.H.1.3　承插铸铁管（编码：030801003）

C.H.1.3.9　室内排水管（石棉水泥接口）

工程内容：切管、管道及管件安装、调制接口材料、接口养护、灌水试验

定额编号	项目名称	单位	综合单价（元）	其　中				未计价材料		
				人工费	材料费	机械费	综合费	名　称	单位	数　量
CH0180	公称直径≤50 mm	10 m	155.05	82.54	39.49	0	33.02	铸铁管件 承插铸铁排水管	个 m	6.570 8.800
CH0181	公称直径≤75 mm	10 m	199.81	98.53	61.87	0	39.41	铸铁管件 承插铸铁排水管	个 m	9.040 9.300
CH0182	公称直径≤100 mm	10 m	266.43	128.06	86.46	0.69	51.22	铸铁管件 承插铸铁排水管	个 m	10.550 8.900
CH0183	公称直径≤150 mm	10 m	279.9	135.71	89.22	0.69	54.28	铸铁管件 承插铸铁排水管	个 m	5.070 9.600
CH0184	公称直径≤200 mm	10 m	318.55	157.96	96.04	1.37	63.18	铸铁管件 承插铸铁排水管	个 m	3.750 9.800
CH0185	公称直径≤250 mm	10 m	334.51	168.03	97.9	1.37	67.21	铸铁管件 承插铸铁排水管	个 m	2.100 10.130

C.H.1.5　塑料管（编码：030801005）

C.H.1.5.15　室内承插排水管安装（零件粘接）

工程内容：留堵孔洞、切管、调制、对口、熔化接口材料、粘接、管道、管件及管卡安装、灌水试验

定额编号	项目名称	单位	综合单价（元）	其　中				未计价材料		
				人工费	材料费	机械费	综合费	名　称	单位	数　量
CH0343	公称直径≤50 mm	10 m	98.41	55.83	20.17	0.08	22.33	承插塑料排水管 承插塑料排水管件	m 个	9.670 9.020
CH0344	公称直径≤75 mm	10 m	134.74	75.87	28.44	0.08	30.35	承插塑料排水管 承插塑料排水管件	m 个	9.630 10.760
CH0345	公称直径≤100 mm	10 m	161.77	84.9	42.83	0.08	33.96	承插塑料排水管 承插塑料排水管件	m 个	8.520 11.380
CH0346	公称直径≤150 mm	10 m	206.04	119.23	39.04	0.08	47.69	承插塑料排水管 承插塑料排水管件	m 个	9.470 6.980
CH0347	公称直径≤200 mm	10 m	256.38	143.18	55.85	0.08	57.27	承插塑料排水管 承插塑料排水管件	m 个	9.470 5.584

3. 管道支架制作安装（编码：030802）

（1）章说明。

本章管道支架制作安装，不包括除锈、刷油。

（2）工程量计算规则。

本章管道支架制作安装，按设计图示质量计算。

C.H.2.1　管道支架制作安装（编码：030802001）

工程内容：切断、调直、煨制、钻孔、组对、焊接、打洞、安装、和灰、堵洞

定额编号	项目名称	单位	综合单价（元）	其　中				未计价材料		
				人工费	材料费	机械费	综合费	名　称	单　位	数　量
CH0420	制作安装一般管架	100 kg	1 003.27	368.49	226.75	260.63	147.4	型钢	kg	106.00

4. 管道附件（编码：030803）

（1）章说明。

① 螺纹阀门安装适用于各种内外螺纹连接的阀门安装。

② 法兰阀门安装适用于各种法兰阀门的安装，如仅为一侧法兰连接时，定额中的法兰、带帽螺栓及钢垫圈数量减半；法兰阀门安装均包括了法兰盘、带帽螺栓等安装，不得再重复套用法兰安装项目。

③ 各种法兰连接用垫片，均按石棉胶板考虑，如用其他材料，不得调整。

④ 减压器、疏水器组成与安装是按《采暖通风国家标准图集》N108 综合编制的，不得换算。

⑤ 法兰水表安装是按《全国通用给水排水标准图集》S145 综合编制的，不得换算。

⑥ 减压器、疏水器、水表组成安装，定额均已包括了法兰盘、带帽螺栓等安装所需人工费及材料费，不得重复计算。

⑦ 法兰安装包括了紧螺栓的人工费及螺栓本身的材料费。

⑧ 碳钢法兰螺纹连接，套用铸铁法兰螺纹连接的相应子目。

⑨ 浮标液面计 FQ-II 型安装是按《采暖通风国家标准图集》N102-3 编制的，若设计与国标不符时，可作调整。

⑩ 水塔、水池浮漂水位标尺制作安装，是按《全国通用给水排水标准图集》S318 编制的。水位差及覆土厚度均已综合考虑，使用时不得调整。

⑪ 湿式自动报警阀、水流指示器、流量孔板及喷淋头安装，套用 C.G《消防工程》有关子目。

⑫ 调长器安装及调长器与阀门连接，包括一副法兰安装；螺栓规格和数量以压力为 0.6 MPa 的法兰装配考虑的，如压力不同时可按设计要求进行调整。

⑬ 法兰阀门卡箍连接执行焊接法兰阀门相应定额子目，法兰按卡箍法兰计算。

（2）工程量计算规则。

① 各种阀门安装，均以“个”为计量单位。

② 法兰阀（带短管甲乙）安装，均以“套”为计量单位，如接口材料不同时，可作调整。

③ 自动排气阀安装以“个”为计量单位，包括了支架制作安装，不得另行计算。

④ 浮球阀安装均以“个”为计量单位，包括了联杆及浮球安装，不得另行计算。

⑤ 各种伸缩器制作安装，均以“个”为计量单位。方形伸缩器的两臂，按臂长的 2 倍合并在管道长度内计算。

⑥ 燃气表安装按不同规格、型号分别以“块”为计量单位，不包括表托、支架、表底垫层基础的安装，可按相应项目另计。

⑦ 减压器、疏水器组成安装，以“组”为计量单位，如设计组成与本定额不同时，阀门和压力表数量可按设计用量进行调整，其他不变。

⑧ 减压器安装按高压侧的直径计算。

⑨ 法兰水表安装，以"组"为计量单位，定额中的旁通管及止回阀数量可按设计规定调整，其余不变。

C.H.3.1　螺纹阀（编码：030803001）

表 C.H.3.1.1　螺纹阀

工程内容：切管、套丝、制垫、加垫、上阀门、水压试验

定额编号	项目名称	单位	综合单价（元）	其　中				未计价材料		
				人工费	材料费	机械费	综合费	名　称	单位	数　量
CH0421	公称直径 ≤15 mm	个	7.85	3.63	2.77	0	1.45	螺纹阀门 DN15	个	1.010
CH0422	公称直径 ≤20 mm	个	8.68	3.63	3.6	0	1.45	螺纹阀门 DN20	个	1.010
CH0423	公称直径 ≤25 mm	个	11.21	4.36	5.11	0	1.74	螺纹阀门 DN25	个	1.010
CH0424	公称直径 ≤32 mm	个	13.27	5.47	5.61	0	2.19	螺纹阀门 DN32	个	1.010
CH0425	公称直径 ≤40 mm	个	20.05	9.1	7.31	0	3.64	螺纹阀门 DN40	个	1.010
CH0426	公称直径 ≤50 mm	个	21.84	9.1	9.1	0	3.64	螺纹阀门 DN50	个	1.010
CH0427	公称直径 ≤65 mm	个	42.99	13.46	24.15	0	5.38	螺纹阀门 DN65	个	1.010
CH0428	公称直径 ≤80 mm	个	61.4	18.17	35.96	0	7.27	螺纹阀门 DN80	个	1.010
CH0429	公称直径 ≤100 mm	个	89.6	35.27	40.22	0	14.11	螺纹阀门 DN100	个	1.010

C.H.3.10　水表（编码：030803010）

表 C.H.3.10.1　螺纹水表

工程内容：切管、套丝、制垫、加垫、安装、水压试验

定额编号	项目名称	单位	综合单价（元）	其　中				未计价材料		
				人工费	材料费	机械费	综合费	名　称	单位	数　量
CH0590	公称直径 ≤15 mm	组	17.81	12.36	0.51	0	4.94	螺纹水表 DN15 螺纹闸阀 Z15T-10K DN15	个	1.000 1.010
CH0591	公称直径 ≤20 mm	组	20.87	14.54	0.51	0	5.82	螺纹水表 DN20 螺纹闸阀 Z15T-10K DN20	个	1.000 1.010
CH0592	公称直径 ≤25 mm	组	25.12	17.44	0.7	0	6.98	螺纹水表 DN25 螺纹闸阀 Z15T-10K DN25	个	1.000 1.010
CH0593	公称直径 ≤32 mm	组	29.3	20.35	0.81	0	8.14	螺纹水表 DN32 螺纹闸阀 Z15T-10K DN32	个	1.000 1.010
CH0594	公称直径 ≤40 mm	组	35.73	24.71	1.14	0	9.88	螺纹水表 DN40 螺纹闸阀 Z15T-10K DN40	个	1.000 1.010
CH0595	公称直径 ≤50 mm	组	42.13	29.07	1.43	0	11.63	螺纹水表 DN50 螺纹闸阀 Z15T-10K DN50	个	1.000 1.010

5. 卫生器具制作安装（编码：030804）

（1）章说明。

① 本章所有卫生器具安装项目，均参照《全国通用给水排水标准图集》中有关标准图集编制的。除以下说明者外，设计无特殊要求均不作调整。

② 浴盆安装适用于各种型号的浴盆，但浴盆支座和浴盆周边的砌砖及粘贴瓷砖可另行计算。

③ 洗脸盆、洗手盆、洗涤盆安装适用于各种型号，其水嘴、角型阀主材另计。

④ 化验盆安装中的鹅颈水嘴、化验单嘴、双嘴适用于成品件安装。

⑤ 洗脸盆肘式开关安装不分单双把，均执行同一子目。

⑥ 淋浴器铜制品安装适用于各种成品淋浴器安装。

⑦ 脚踏开关安装已包括了弯管与喷头的安装，不得另行计算。

⑧ 小便槽冲洗管制作安装，不包括阀门安装，可按相应项目另计。

⑨ 高（无）水箱蹲式大便器、低水箱坐式大便器安装，适用于各种型号。蹲式大便器冲洗管的材质，已综合考虑，不得换算。

⑩ 蹲式大便器安装已包括了固定大便器的垫砖，但不包括大便器的蹲台砌筑。

⑪ 所有卫生器具安装所需存水弯，其材质均已综合考虑，不得换算。

⑫ 小便器安装若使用"小便器冲洗阀"，可套用普通式小便器安装的相应子目，未计价材料以"小便器冲洗阀"进入本定额。

⑬ 本章是参照《全国通用给水排水标准图集》S151、S342 及《全国通用采暖通风标准图集》T905、T906 编制的，适用于给排水、采暖系统中一般低压碳钢容器的制作和安装。

⑭ 水箱制作包括水箱本身及人孔的重量。水位计、内外人梯均未包括在本定额内，如发生时，可另行计算。

⑮ 水箱连接管和水箱支架制作安装，可按相应项目另计。

（2）工程量计算规则。

① 卫生器具组成安装，以"组"为计量单位，本定额内已按标准图综合了卫生器具与给水管、排水管连接的人工与材料用量，不得另行计算。

② 大便槽、小便槽自动冲洗水箱安装以"套"为计量单位，包括了水箱托架的制作安装，不得另计。

③ 小便槽冲洗管制作与安装以"m"为计量单位，不包括阀门安装，可另计。

④ 钢板水箱制作，按施工图所示尺寸，不扣除人孔、手孔重量以"kg"为计量单位，法兰和短管水位计可按相应项目另计。

⑤ 钢板水箱安装，按国家标准图集水箱容量"m³"执行相应项目，各种水箱安装，均以"个"为计量单位。

⑥ 冷热水混合器安装以"套"为计量单位，不包括支架制作安装及阀门安装，可另计。

⑦ 蒸汽-水加热器安装，以"台"为计量单位，包括莲蓬头安装，不包括支架制作安装及阀门、疏水器安装，可另计。

⑧ 容积式水加热器安装以"台"为计量单位，不包括安全阀安装、保温与基础砌筑，可另计。

⑨ 电热水器、电开关炉安装以"台"为计量单位，本定额只考虑本次安装，连接管、连接件等可按相应项目另计。

⑩ 饮水器安装以"台"为计量单位，阀门和脚踏开关安装可按相应项目另计。

⑪ 太阳能集热器安装以"个单元"为计量单位，并以单元质量（包括支架的质量）套用相应子目。

C.H.4.8 大便器安装（编码：030804012）

表 C.H.4.8.1 蹲式大便器安装

工程内容：留堵洞眼、栽木砖、切管、套丝、大便器与水箱及附件安装、上下水管连接、试水

定额编号	项目名称	单位	综合单价（元）	其中				未计价材料		
				人工费	材料费	机械费	综合费	名称	单位	数量
CH0731	蹲式 瓷高水箱	10组	1 431.45	367.77	916.57	0	147.11	瓷蹲式大便器 瓷蹲式大便器高水箱 瓷蹲式大便器高水箱配件	个 个 套	10.100 10.100 10.100
CH0732	蹲式 瓷低水箱	10组	1 422.34	367.77	907.46	0	147.11	瓷蹲式大便器 瓷蹲式大便器低水箱 瓷蹲式大便器低水箱配件	个 个 套	10.100 10.100 10.100
CH0733	蹲式 普通阀冲洗	10组	993.15	219.29	686.14	0	87.72	瓷蹲式大便器	个	10.100
CH0734	蹲式 手押阀冲洗	10组	834.83	219.29	527.82	0	87.72	瓷蹲式大便器 大便器手押阀 DN25	个 个	10.100 10.100
CH0735	蹲式 脚踏阀冲洗	10组	820.91	219.29	513.9	0	87.72	瓷蹲式大便器 大便器脚踏阀	个 个	10.100 10.100
CH0736	蹲式 自闭式冲洗	10组	749.84	258.12	388.47	0	103.25	瓷蹲式大便器 自闭式冲洗阀 DN20	个 个	10.100 10.100
CH0737	蹲式 自闭式冲洗	10组	808.86	274.49	424.57	0	109.8	瓷蹲式大便器 自闭式冲洗阀 DN25	个 个	10.100 10.100

C.H.4.11 排水栓（编码：030804015）

工程内容：切管、套丝、上零件、安装、与下水管连接、试水

定额编号	项目名称	单位	综合单价（元）	其中				未计价材料		
				人工费	材料费	机械费	综合费	名称	单位	数量
CH0789	带存水弯 公称直径≤32 mm	10组	159.59	72.33	58.33	0	28.93	排水栓带链堵	套	10.000
CH0790	带存水弯 公称直径≤40 mm	10组	188.40	72.33	87.14	0	28.93	排水栓带链堵	套	10.000
CH0791	带存水弯 公称直径≤50 mm	10组	210.66	72.33	109.4	0	28.93	排水栓带链堵	套	10.000
CH0792	不带存水弯 公称直径≤32 mm	10组	181.71	50.63	110.83	0	20.25	排水栓带链堵	套	10.000
CH0793	不带存水弯 公称直径≤40 mm	10组	198.35	50.63	127.47	0	20.25	排水栓带链堵	套	10.000
CH0794	不带存水弯 公称直径≤50 mm	10组	244.24	50.63	173.36	0	20.25	排水栓带链堵	套	10.000

C.H.4.12　水龙头（编码：030804016）

工程内容：上水嘴、试水

定额编号	项目名称	单位	综合单价（元）	其中				未计价材料		
				人工费	材料费	机械费	综合费	名　称	单位	数　量
CH0795	公称直径≤15 mm	10 个	15.74	10.66	0.82	0	4.26	铜水嘴	个	10.100
CH0796	公称直径≤20 mm	10 个	15.74	10.66	0.82	0	4.26	铜水嘴	个	10.100
CH0797	公称直径≤25 mm	10 个	20.55	14.09	0.82	0	5.64	铜水嘴	个	10.100

C.H.4.13　地漏（编码：030804017）

工程内容：切管、套丝、上零件、安装、与下水管连接、试水

定额编号	项目名称	单位	综合单价（元）	其中				未计价材料		
				人工费	材料费	机械费	综合费	名　称	单　位	数　量
CH0798	公称直径≤50 mm	10 个	111.59	60.91	26.32	0	24.36	地漏 DN50	个	10.000
CH0799	公称直径≤80 mm	10 个	242.98	142	44.18	0	56.8	地漏 DN80	个	10.000
CH0800	公称直径≤100 mm	10 个	255.71	142	56.91	0	56.8	地漏 DN100	个	10.000
CH0801	公称直径≤150 mm	10 个	399.74	223.1	87.4	0	89.24	地漏 DN150	个	10.000

C.H.4.14　地面扫除口（编码：030804018）

工程内容：切管、套丝、上零件、安装、与下水管连接、试水

定额编号	项目名称	单位	综合单价（元）	其中				未计价材料		
				人工费	材料费	机械费	综合费	名　称	单　位	数　量
CH0802	公称直径≤50 mm	10 个	41.87	28.55	1.9	0	11.42	地面扫除 DN50	个	10.000
CH0803	公称直径≤80 mm	10 个	52.78	36.17	2.14	0	14.47	地面扫除 DN60	个	10.000
CH0804	公称直径≤100 mm	10 个	54.08	36.93	2.38	0	14.77	地面扫除 DN100	个	10.000
CH0805	公称直径≤125 mm	10 个	66.58	45.69	2.61	0	18.28	地面扫除 DN125	个	10.000
CH0806	公称直径≤150 mm	10 个	66.82	45.69	2.85	0	18.28	地面扫除 DN150	个	10.000

C.H.4.15　小便槽冲洗管制作安装（编码：030804019）

工程内容：切管、套丝、钻眼、上零件、栽管卡、试水

定额编号	项目名称	单位	综合单价（元）	其　中				未计价材料		
				人工费	材料费	机械费	综合费	名称	单位	数量
CH0807	公称直径≤15 mm	10 m	439.25	247.08	89.55	3.79	98.83			
CH0808	公称直径≤20 mm	10 m	457.36	247.08	107.66	3.79	98.83			
CH0809	公称直径≤25 mm	10 m	541.9	277.16	149.33	4.55	110.86			

6. 辅助项目

（1）章说明。

① 过楼板的钢套管制作安装按室外钢管（焊接）项目计算，一般穿墙套管、穿剪力墙钢套管及刚性、柔性、防水套管分别套用 C.F《工业管道安装工程》相应子目。

② 本章"凿槽、刨沟"项目，适用于旧工程改造或新建工程因设计变更，或因安装工艺要求而土建施工未预留需安装施工时进行凿槽、刨沟时使用。

③ 低压过滤器（除污器）安装，小于或等于 DN300 的套用阀门安装相应子目。

（2）工程量计算规则。

① 铁皮套管（穿墙或过楼板）安装已包括在管道安装项目内，其制作以"个"为单位，另行计算。

② 管道消毒、冲洗、压力试验，均按管道长度以"m"为计量单位，不扣除阀门、管件所占的长度。

③ 各种给水管预留槽后再人工修槽安装，按其修槽部位的结构套用（宽×深）55×55（mm）定额子目乘以系数 0.6，留槽的材料按分 5 次摊销使用计算材料费。

C.H.7　其他（编码：030808001）

C.H.7.8　镀锌铁皮套管制作

工程内容：下料、卷制

定额编号	项目名称	单位	综合单价（元）	其　中				未计价材料		
				人工费	材料费	机械费	综合费	名称	单位	数量
CH0974	公称直径≤25 mm	个	2.35	1.14	0.75	0	0.46			
CH0975	公称直径≤32 mm	个	4.31	2.28	1.12	0	0.91			
CH0976	公称直径≤40 mm	个	4.31	2.28	1.12	0	0.91			
CH0977	公称直径≤50 mm	个	4.31	2.28	1.12	0	0.91			
CH0978	公称直径≤65 mm	个	6.48	3.43	1.68	0	1.37			
CH0979	公称直径≤80 mm	个	6.48	3.43	1.68	0	1.37			
CH0980	公称直径≤100 mm	个	6.48	3.43	1.68	0	1.37			
CH0981	公称直径≤125 mm	个	7.92	4.19	2.05	0	1.68			
CH0982	公称直径≤150 mm	个	7.92	4.19	2.05	0	1.68			

第4章　通风空调工程工程量清单及清单计价

【知识目标】

了解通风空调工程的分类及组成、常用材料、安装等基础知识；了解并熟悉通风空调工程施工图的主要内容及其识读方法；熟悉通风空调工程清单项目设置及工程量计算规则；掌握清单计价模式下的通风空调工程工程量清单及清单计价编制的步骤、方法、格式及内容。

【能力目标】

能够迅速识读通风空调工程施工图；比较熟练地进行清单计价模式下的通风空调工程工程量计算和清单编制，熟练地计算分部分项工程综合单价及汇总编制通风空调工程工程量清单计价。

4.1　通风空调工程基础知识

通风空调工程按不同的使用场合和生产工艺要求，分为通风工程、空调工程和空气洁净系统。

4.1.1　通风系统的分类与组成

通风就是把室外的新鲜空气适当地处理后（如净化、加热等）送进室内，把室内的废气（经消毒、除害）排至室外，从而保持室内空气的新鲜和洁净度。通风工程仅具有送风、排风、调节风量的功能。

1. 通风系统的分类

通风系统按不同的方式，有不同的分类方法。按通风系统所用的动力分类，分为自然通风和机械通风；按通风系统的作用范围分类，分为全面通风和局部通风；按照通风系统的特征分类，分为进气式通风和排气式通风。其中，进气式通风是向房间送入新鲜空气，排气式通风则是将房间内的污浊空气排出。

2. 通风系统的组成

（1）送风系统（J 系统）。

送风（J 风）系统由新风口、空气处理室、通风机、送风管、回风管、送（出）风口、吸（回、排）风口、管道配件（管件）、管道部件等组成，见图 4.1。

通风管道的作用是输送空气。常采用的风道材料有钢板、玻璃钢、砖、混凝土、矿渣石膏板、木板、刨花板、塑料板和纸板，其中尤以钢板风道应用最为广泛。

调节阀门安装在风道内及通风口上，用以调节风量、关闭风道、风口及通风系统中的各个部分，同时还可用于启动通风机和平衡通风系统阻力等。

常用的阀门有插板阀、蝶阀和多叶调节阀三种。

其他设备见表 4.1。

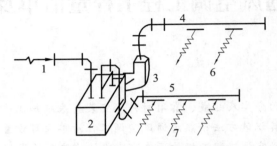

图 4.1　送风（J）系统组成示意图

1—新风口；2—空气处理机组；3—通风机；4—送风管；5—回风管；

6—送（出）风口；7—吸（回）风口

表 4.1　送风系统各设备列表

设备号	名　称	作　用
1	新风口	新鲜空气入口
2	空气处理室	空气在此进行过滤、加热、加湿等处理
3	通风机	将处理后的空气送入风管内
4	送风管	将通风机送来的空气送到各个房间。管上安有调节阀、送风口、防火阀、检查孔等部件
5	回风管	也称排风管，将浊气吸入管道内送回空气处理室。管上安有回风口、防火阀等部件
6	送（出）风口	将处理后的空气均匀送入房间
7	吸（回、排）风口	将房间内浊气吸入回风管道，送回空气处理室处理
8	管道配件（管件）	弯头、三通、四通、异径管、法兰盘、导流片、静压箱等
9	管道部件	各种风口、阀、排气罩、风帽、检查孔、测定孔和风管支吊、托架等

（2）排风系统。

排风系统一般有排风系统、侧吸罩排风系统、除尘排风系统几种形式，如图 4.2。该系统由排风口、排风管、排风机、风帽、除尘器、其他管件和部件组成，各设备作用见表 4.2。

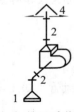 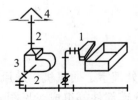 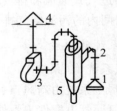

（a）排风系统　　　　　（b）侧吸罩排风系统　　　　　（c）除尘排风系统

图 4.2　排风（P）系统组成示意图

1—排风口（侧吸罩）；2—排风管；3—排风机；4—风帽；5—除尘器

表 4.2　排风系统各设备列表

设备号	名　称	作　用
1	排风口	将浊气吸入排风管内。有吸风口、排风口、侧吸罩、吸风罩等部件
2	排风管	输送浊气的管道
3	排风机	将浊气用机械能量从排风管中排出
4	风帽	将浊气排入大气中，防止空气倒灌及防雨水灌入的部件
5	除尘器	用排风机的吸力将带灰尘及有害质粒的浊气吸入除尘器中，将尘粒集中排除。如旋风除尘器、袋式除尘器、滤尘器等
6	管道配件（管件）	弯头、三通、四通、异径管、法兰盘、导流片、静压箱等
7	管道部件	各种风口、阀、排气罩、风帽、检查孔、测定孔和风管支吊、托架等

4.1.2　空调系统的分类与组成

空调系统的分类方法有很多种。如按处理空调负荷的输送介质分类，分为全空气系统、空气-水系统、全水系统和直接蒸发式机组系统；按送风管道风速分类，分为低速系统和高速系统；按空调服务对象不同分类，分为工艺性空调和舒适性空调；按使用新风量的多少分类，可分为直流式空气调节系统、部分回风式空气调节系统、全部回风式空气调节系统；按空气处理设备的设置情况分类，分为集中式空调系统、半集中空调系统和分散式空调系统。以下是工程上常见的三种系统。

1. 局部式供风空调系统

局部式供风空调系统只要求局部空调，直接用空调机组（柜机、壁挂式、窗式）即可达到目的。为了增加能力，根据要求可以在空调机上加新风口、电加热器、送风管及送风口等。如图 4.3 所示。

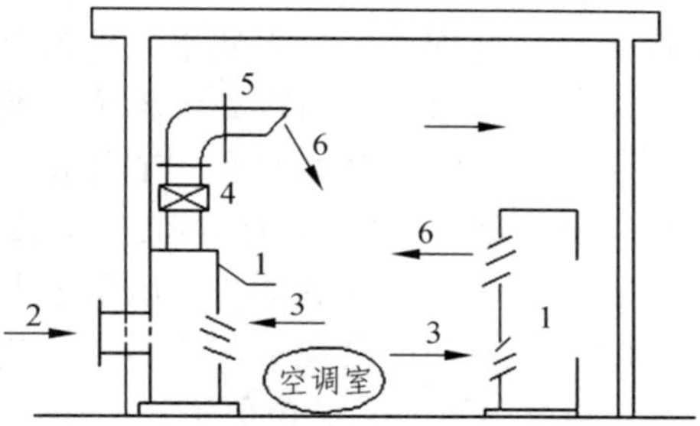

2. 集中空调系统

这类系统是典型的中央空调系统，主要由空调冷

图 4.3　局部空调（柜式）

1—空调机组（柜式）；2—新风口；3—回风口；
4—电加热器；5—送风管；6—送风口

热源、空气处理设备、空调风系统、空调水系统及空调自动控制和调节装置五大部分组成。示意图见图 4.4。

（1）空调冷源和热源　冷源是指制冷装置，它可以是直接蒸发式制冷机组或冰水机组。它们提供冷量用来使空气降温，有时还可以使空气减湿。制冷装置的制冷机有活塞式、离心式或者螺杆式压缩机以及吸收式制冷机或热电制冷器等。热源提供热量用来加热空气（有时还包括加湿），常用的有蒸汽或热水等热煤或电热器等。

（2）空调风系统，它包括送风系统和排风系统。送风系统的作用是将处理过的空气送到空调区，其基本组成部分是风机、风管系统和室内送风口装置。排风系统的作用是将空气从室内排出，并将排风送到规定地点。排风系统的基本组成是室内排风口装置、风管系统和风机。它们的作用是将送风合理地分配到各个空调房间，并将污浊空气排到室外。

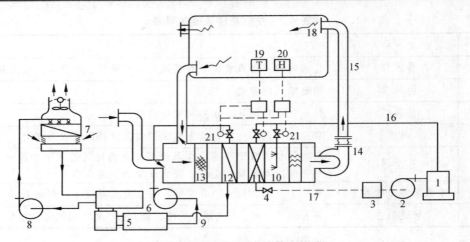

图 4.4 集中空调系统的基本构成

冷热源系统：1—锅炉；2—给水泵；3—回水滤器；4—疏水器；5—制冷机组；6—冷冻水循环泵；7—冷却塔；
8—冷却水循环泵；9—冷水管系。
空气处理系统：10—空气加湿器；11—空气加热器；12—空气冷却器；13—空气过滤器。
空气能量输送与分配系统：14—风机；15—送风管道；16—蒸汽管；17—凝水管；18—空气分配器。
自动控制系统：19—温度控制器；20—湿度控制器；21—冷、热能量自动调节阀

（3）空调水系统，其作用是将冷媒水（简称冷水）或热媒水（简称热水）从冷源或热源输送到空气处理设备。空调水系统的基本组成是水泵和水管系统。空调水系统分为冷（热）水系统、冷却水系统和冷凝水系统三类。

（4）空调的自动控制和调节装置，其功能是使空调系统能适应室内外热湿负荷的变化，保证空调房间有一定的空调精度，其设备主要有温湿度调节器、电磁阀、各种流量调节阀等。近年来微型电子计算机也开始运用于大型空调系统的自动控制。

（5）空气处理设备（过滤器、加热器、冷却器、加湿器及通风机等）集中设置在空调机房内。空气经处理后，由风道送入各房间。空气处理设备主要功能是对空气进行净化、冷却、减湿，或者加热加湿处理。

目前，工程上常用的空气处理机组有两类：一类是组合式空调处理机组（分段式空调处理机组）；另一类是整体式空调处理机组。

组合式空气处理机组是将空调设备装在分段箱体内，做成各种功能的区段。如进风段、加热段、过滤段、冷却段、回风段、加湿段、挡水板段，为了检修与安装用的中间段等。这些区段在工厂里加工而成，可做成卧式和重叠式。这种空调箱体保温良好，不用做基础，根据设计需要选用需要功能段，在施工现场组装而成，故也称为装配式空调系统。其型号有 ZK、W、JW、JS、WPB、CKN 等。常见机组组成如图 4.5 所示。

整体式空气处理机组是将各种空气处理设备和风机集中设置在一个箱体内，只有从外部供应冷、热源和电源，就能够完成空气的混合、过滤、加热、冷却、加湿、减湿等处理过程。

3. 诱导式空调系统

这种系统是对空气做集中处理和用诱导器做局部处理后混合供风方式。其诱导器是用集中空调室来的一次风作为诱导力，就地吸收室内空气（二次风）加以处理与一次风混合后再次送出的供风系统，它是一种混合式空调系统。这种系统用集中式空调系统加上诱导器组成。

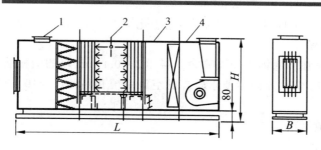

图 4.5　组合式空气处理机组

1—混合及除尘段；2—淋水喷雾段；3—加热段；4—风机段

4.1.3　空气洁净系统的分类

空气洁净技术是发展现代工业不可缺少的辅助性综合技术。空气洁净系统根据洁净房间含尘浓度和生产工艺要求，按洁净室的气流流型可分为非单向流洁净室、单向流洁净室两类。又可按洁净室的构造分成整体式洁净室、装配式洁净室、局部净化式洁净室三类。

非单向流洁净室的气流流型不规则，工作区气流不均匀，并有涡流。适用于 1000 级（每升空气中 > 0.5 μm 粒径的尘粒数平均值不超过 35 粒）以下的空气洁净系统。

单向流洁净室根据气流流动方向又可分为垂直向下和水平平行两种。适用于 100 级（每升空气中 > 0.5 μm 粒径数平均值不超过 3.5 粒）以下的空气洁净系统。

4.1.4　通风空调工程常用材料

1. 常用材料

（1）金属薄板。

金属薄板是制作风管、配件和部件的主要材料，其表面应平整光滑、厚度一致，允许有紧密的氧化物薄膜。但不能有结疤、划痕、裂缝，通常使用的有普通薄钢板、镀锌钢板、铝板、不锈钢板和塑料复合钢板等。

① 普通薄钢板。

普通薄钢板俗称黑铁皮，因钢板表面呈云彩蓝黑色而得名，有良好的机械强度和加工性能，价格比较便宜，在通风工程中使用最为广泛。但其表面易生锈，故在使用前应刷油防腐。

② 镀锌钢板。

镀锌钢板由普通钢板镀锌后制成，俗称白铁皮，其表面镀锌层有良好的防腐作用，一般不再做油漆防腐处理，常用于输送不受酸雾作用的潮湿环境中的通风空调系统的风管及配件、部件的制作。

③ 铝合金板。

铝合金板以铝为主，加入一种或几种其他元素（如铜、镁、锰等）制成铝合金。由于铝的强度低，使其用途受到了限制。而铝合金有足够的强度，单位质量较小，塑性及耐腐蚀性能也很好，易于加工成型，且摩擦时不易产生火花，常用于通风工程中的防爆系统。

④ 不锈钢板。

不锈钢板又称为不锈耐酸钢板，在空气、酸及碱性溶液或其他介质中有较好的化学稳定性，在高温下具有耐酸碱腐蚀能力。因而多用于化学工业中输送含有腐蚀性气体的通风系统。

⑤ 塑料复合钢板。

塑料复合钢板是在普通钢板表面喷涂一层 0.2～0.4 mm 厚的塑料层。这种复合钢板强度大，又有耐腐蚀能力，常用于防尘要求较高的空调系统和温度在 −10～70 ℃ 的耐腐蚀系统的风管制作。

（2）非金属风道材料。

① 硬聚氯乙烯板。

硬聚氯乙烯板又称为硬塑料板，是由硬聚氯乙烯树脂加稳定剂和增塑剂热压加工而成，在普通酸类、碱类和盐类作用下有良好的化学稳定性，有一定的机械强度、弹性和良好的耐腐蚀性，便于加工成型，在通风风管、部件和风机制造中得到广泛的应用。

② 玻璃钢。

目前，在通风与空调工程中，用耐酸（耐碱）合成树脂和玻璃布黏结压制而成的有机玻璃风管已有广泛应用，其显著特点是具有良好的耐酸碱腐蚀性能，且不同规格的风管和法兰一起可在工厂中加工成整体管段，极大地加快了施工安装速度。近年来，用硅藻土等无机材料和新结剂制作的无机玻璃钢风管已经问世，其耐火、耐腐蚀性能也很突出，应用前景广阔。

③ 其他风管材料。

在风道制作中，可因地制宜、就地取材，采用砖、混凝土、矿渣石膏板、木丝板等材料做成不同材质的非金属风道。

（3）各种型钢。

通风与空调工程使用大量角钢、扁钢、圆钢及格钢等型钢材料，制作风管法兰、支吊架和风管部件。

（4）辅助材料。

通风空调工程安装过程中，经常需要用到石棉绳、石棉橡胶板、橡胶板、软聚氯乙烯塑料板、闭孔海绵橡胶板等垫料，以及螺栓、螺母及铆钉等辅助材料。

（5）消耗材料。

消耗材料指施工过程中必须使用，但施工后又无其形象存在（未构成工程实体）的材料。

如切割焊接用的氧气、乙炔气，风管法兰加热碱制时用的焦炭、木柴，施工用的锯条、破布，锡焊时用的焊锡等材料。

（6）保温防腐材料。

① 保温（冷）材料。

在通风空调系统中，为了保持空气的一定温（冷）度，减少热（冷）量的损失，当风管安装就绪后，对没有经过空调房间的风管进行保温，对排送高温空气的管道及设备，为降低工作地点的温度、防止操作人员烫伤、改善劳动环境，需要对风管及设备采取保温措施。

通风空调系统所用的保温（冷）材料应具有导热系数小、轻质、疏松、多孔、阻燃吸湿性小、耐热（冷）性能稳定等特点，经常用到的材料有：矿渣棉管壳、岩棉、玻璃棉、聚苯乙烯泡沫塑料管瓦、膨胀珍珠岩、膨胀蛭石、石棉等。另外，为了使保温层坚固、耐久、美观．通常在保温层外部还需保护壳保护层，一般常用的有油毡、玻璃布、石棉水泥、镀锌铁皮、油漆等保护层。

②　油漆及防腐材料。

通风空调工程施工完毕，为防止金属设备、器具、管道氧化腐蚀和影响美观，需在它们的表面涂刷油漆。常用的油漆种类有：防锈漆、银粉漆、调和漆、沥青漆、酚醛漆、醇酸漆、过氯乙烯漆和热沥青等。

2. 常用设备

（1）空气处理设备。

处理空气的设备主要有过滤器、加热器和喷水室。

①　空气过滤器。

空气过滤器是用来去除空气中的灰尘，使空气得到净化的设备。

空气过滤器的种类比较多，根据使空气净化程度不同，分为粗效、中效、亚高效和高效过滤器。在实际工程中，应根据建筑物对空气净化提出的要求采用不同的过滤器。粗效过滤器可以满足空调房间对空气的一般要求；粗效和中效过滤器一起使用，空气先经粗效过滤器再经中效过滤器，可以满足中等净化的要求；粗效、中效、高效（或亚高效）过滤器一起使用，使空气通过粗效过滤器后再经中效过滤器，最后经过高效（或亚高效）过滤器，就可以满足空气的超净化要求。

②　空气加热器。

空气加热器是对空气进行加热，使空气温度升高的设备。

空气处理室中常用的是以蒸汽或热水作热媒的空气加热器。加热器由几排管子和用粗管做的联箱组成，称为光管式加热器；为了增加换热面积，在光管上加些肋片，称为肋片式加热器。热媒经管道进入联箱，再由联箱进入光管或肋片管，空气流经管与管之间的空隙时被加热。蒸汽或热水一般来自锅炉房。

当这种加热器中通过的不是热媒而是冷煤时，它便成了空气冷却器。冷媒根据需要可以是制冷剂，也可以是深井水等。

③　喷水室。

喷水室也叫淋水室，是空气处理室的一个重要组成部分。它是一种多功能的空气处理设备，根据需要可以用不同温度的水对空气进行热、湿处理，同时经过雾状水滴的淋洗进一步清除空气中的灰尘。它是由喷嘴和喷嘴排管、前后挡水板、底池和附属管道、水泵及外壳等组成。

（2）除尘设备。

在机械排风系统中，排除含有大量灰尘的空气时，应使用除尘器对排出的空气进行一定的除尘，再排入大气，以免影响周围空气质量，同时还可以回收部分有利用价值的物料。在排风系统中常用的除尘器有旋风除尘器、袋式除尘器和湿式除尘器。

（3）风机。

风机是输送气体的机械。在通风和空气调节工程中，常用的风机有离心式和轴流式两种。

①　离心风机。

离心风机是由叶轮、蜗壳和吸入口三个主要部分所组成。离心风机主要借助于叶轮旋转时产生的离心力使气体获得压能和动能。

②　轴流风机。

轴流风机是借助叶轮的推力作用促使气流流动，气流的方向与机轴相平行。轴流风机与离心风机在性能上的差别主要是前者产生的全压小，后者产生的全压较大。因此，轴流风机只用于无须设置风道或风道阻力较小的系统，而离心风机往往用在阻力较大的系统中。

3. 通风空调系统常用的配件

通风空调系统的配件包括调节总管或支管风量的各类风阀（如蝶阀、调节阀、止回阀），系统的末端装置（如各类送、排风口，回风口，风机盘管机组，吸气罩，排气罩，柔性支管）及管道支架等。

（1）风阀。

在通风空调系统中，常用的风阀有以下几种：

① 对开多叶调节阀。

对开多叶调节阀有手动和电动两种。这种风阀结构简单，轻便灵活，造型美观。如果把手动调节阀的手柄取消，把连动杆用连杆与电动执行机构相连，就构成电动式对开多叶调节阀，从而进行遥控和自动调节。

② 防火阀。

防火阀分为直滑式、悬吊式和百叶式三种。在大型高层建筑的空调系统中，防火阀是不可缺少的部件。当火灾发生时，防火阀能自动关闭并打开与通风机的连锁装置，使风机停止工作，切断气流，防止火灾蔓延。

③ 止回阀。

止回阀是防止通风机停止运转后气流倒流的一种风阀。在正常情况下通风机开动后，阀板在风压作用下会自动打开，而通风机停止运转后阀板自动关闭。

（2）风口。

风口的形式较多，根据使用的不同可分为通风系统风口和空调系统风口两类。

① 通风系统常用圆形风管插板式送风口，旋转吹风口，单面和双面送、吸风口，矩形空气分布器，塑料插板式侧面送风口等。

② 空调系统常用百叶送风口（分单层、双层、三层等）、圆形和方形直片式散流器、直片形送吸式散流器、流线型散流器、送风孔板等。

（3）其他配件。

① 风帽。

风帽装于排风系统的末端，利用风压或热压作用，加强排风能力，是自然排风的重要装置之一。常用的风帽有伞形、锥形和筒形。

② 排气罩。

排气罩是局部排气装置，用于聚集和排除粉尘及有害气体。它的形式很多，主要有密闭罩、外部排气罩、接受式局部排气罩、吹吸式局部排气罩等基本类型。

③ 柔性短管。

柔性短管用于风机和风管的连接处，防止风机振动产生的噪声通过风管传播扩散到空调房间。常用的柔性短管长度一般为 150~250 mm，用帆布或人造革制成。

④ 支、吊架。

为保证管路系统安装的稳定性，应根据通风管道的管径或边长及建筑物的结构情况选用国标或设计图纸规定的支、吊架。常用的支、吊架有悬臂支架，柱上、楼板及屋面支架，梁上及屋面吊架，钢梁或钢栏支、吊架。

4.1.5　通风空调工程的安装

1. 风管及管件制作

（1）金属薄板风管制作。

用金属薄板制作风管及配件时，常用咬口、铆接或焊接等方法进行对口连接。为了避免矩形风管变形成减少管壁震动产生噪声，对于边长大于或等于 630 mm，保温风管边长大于或等于 800 mm，并且风管长度在 1 200 mm 以上的应采取加固措施。

（2）不锈钢板风管制作。

不锈钢板材具有良好的耐高温和耐腐蚀性，有较高的塑性和优良的机极性能，常用来做输送腐蚀性气体的风管和配件。不锈钢板厚度 $\delta \leqslant 1.0$ mm 时，可用咬口连接；$\delta > 1.0$ mm 时，采用焊接。其风管和配件的加工方法同上述普通薄钢板。

（3）铝板风管制作。

通风空调工程常用的铝板有纯铝板和经退化处理的铝合金板。铝板的加工性能好，当风管的壁厚 $\delta \leqslant 1.2$ mm 时，可采用咬口连接；$\delta > 1.2$ mm 时，方可采用焊接。焊接以采用氧弧焊最佳。其加工方法同上述普通薄钢板。铝板与铜、铁等金属接触时，会产生电化学腐蚀，因此应尽可能避免与铜、铁金属接触。

（4）塑料风管制作。

塑料风管常用硬聚氯乙烯塑料板制作。其加工过程是：画线→剪切→打坡口→加热→成型（折方或卷圆）→焊接→装配法兰。当圆形风管直径或矩形风管大边长度大于 630 mm 时，应对硬塑料风管进行加固的方法是利用风管延长连接的法兰加固，以及用扁钢加固圈加固。

（5）管件制作。

通风空调管路系统中采用弯头、三通、异径管、来回弯等管件，接缝形式与风管制作相同，只是展开下料较复杂。

2. 风管及配件的安装

风管及配件的安装应在建筑物基本完工（包括主体、地坪、装饰等），设备基础已经浇灌后进行。安装前，应将施工图纸与施工现场进行核对，检查是否能按规定的标高和位置安装风管和配件，设备基础、预留孔洞、预埋件的位置是否符合设计要求。

（1）支、吊架安装。

① 支架的制作与安装。

风管支架要根据现场支持构件的具体情况和风管的重量，用圆钢、扁钢或角钢制作，支架构成和尺寸应符合《全国通用采暖通风标准图集》的要求。

支架安装的间距如设计无具体规定时，可按下列规定进行：

- 对于水平安装的风管，直径或大边长小于 400 mm 时，支架间距不超过 4 m；大于或等于 400 mm 时，支架间距不超过 3 m。

- 对于垂直安装的风管，支架间距不应超过 4 m，且每根立管的固定件不应少于 2 个。

- 保温风管的支架间距，可按不保温风管的支架间距乘以 0.85 的系数。
- 风管转弯处两端设支架。
- 穿楼板和穿屋面时应加固定支架。
- 始端与通风机、空调器及其他振动设备连接时，风管及设备的接头处应设支架。
- 干管只有较长的支管时，则支管必须设置支、吊架，以免干管承受支架的重量而造成破坏现象。

② 吊架安装。

当风管的安装位置距墙、柱较远，不能采用托架安装时，常用吊架安装。圆形风管的吊架由吊杆和抱箍组成，矩形风管吊架由吊杆和托梁组成。当吊杆（拉杆）较长时，中间加花篮螺丝，以便调整各杆件长度，便于套丝、紧固。

（2）风管的组对和安装。

① 风管的组对。

风管的组对长度应根根风管的壁厚、法兰与风管的连接方法、安装的结构部位、吊装方法以及现场的施工条件等因素，依照施工方案决定。为了安装方便，在条件允许的情况下，尽量在地面上连接，一般可接长至 10～12 m。

② 风管的安装。

风管安装前，先对安装好的支、吊架进一步检查其位置是否正确，是否牢固可靠，然后根据施工方案确定的吊装方法，按照先于管后支管的程序进行安装。

③ 风管的无法兰连接。

无法兰连接是当前发展起来的一种新工艺。它的结构形式有以下几种：

抱箍式连接　专用于圆形风管的连接。抱箍连接前，先将风管两端轧制出鼓筋，且使管端为大小头。对口时按气流方向把小口插入大口风管内，将两风管端部对接在一起，在外箍带内垫上密封材料（如油浸棉纱或废布条），上紧紧固螺栓即可。

插入连接　插入连接是将带 A 棱的连接短管嵌入两风管的结合部，当面端风管紧紧顶住短管凸棱后，在外部用抽芯铆钉或自攻螺丝固定。为保证风管的严密性，还可在凸棱两端风管插口处用密封胶带粘贴封闭。

插条式连接　本方法适用于矩形风管的连接。风管的连接端部轧制成平折咬口，将两端合拢，用插条插入。

单立咬口连接　本方法适用于圆形和矩形管的无法兰连接。

④ 柔性短管的安装。

安装柔性短管应松紧适度，平整，不扭曲。对洁净空调系统柔性短管的安装，要求严密不漏，防止积尘。

（3）塑料风管的安装。

塑料风管安装与金属风管安装基本相同，但由于塑料风管的机械性能和使用条件与金属风管有所不同，在安装塑料风管时应注意以下几点：

① 塑料风管较轻，且易老化，支架间距一般为 2～3 m，并且以吊架为主。

② 在风管与支吊架之间的接触面处应垫入厚度 3～5 mm 的塑料垫片，并使其黏结在支架上。

③ 支架抱箍与风管之间应留有一定间隙，以便使风管伸缩。

④ 塑料风管与热力管或发热设备应有一定的距离，防止风管受热变形。

⑤ 塑料风管穿墙和穿楼板时，应装金属套管保护。

⑥ 塑料风管穿过屋面时，应由土建设置保护圈，防止雨水侵入，并防止风管受到冲击。

⑦ 塑料风管与法兰连接处应加焊三角撑。

⑧ 室外塑料风管的厚度宜适度增加，外表面刷铝粉或白油漆，以防止阳光辐射使塑料老化。

（4）铝板风管的安装。

① 铝板风管法兰连接应采用镀锌螺栓，并在法兰两侧垫以镀锌垫圈，防止铝法兰被擦伤。

② 铝板风管的支架，抱箍应镀锌或按设计要求做防腐处理。

③ 铝板风管采用角钢型法兰，应翻边连接，并用铝铆钉固定。

（5）不锈钢风管的安装。

不锈钢风管与普通碳素钢支架接触处，应按设计要求在支架上喷刷涂料，或在支架风管之间垫以非金属块，如塑料板、橡胶板等，或垫上零碎的不锈钢下脚料。

（6）洁净系统安装。

空气洁净系统在施工过程中除了要求洁净外，还必须保持严密。为了保证系统的严密性，主要应注意以下几点：

① 风管及配件法兰的制作，各项允许偏差必须符合规范要求，风管与法兰连接的翻边应均匀、平整，不得有孔洞和缺口。

② 风管的咬口缝、铆钉缝、翻边四角等容易漏风的位置，应清除表面杂质、油污，然后涂以密封胶密封。

③ 风管上的活动件、固定件及拉杆等应做防腐处理或镀锌。与阀体的连接处不得有缝隙。

④ 风管法兰螺孔距不应大于 120 mm，铆钉孔距不应大于 100 mm。

⑤ 法兰连接处、清扫口及检查视门所用的密封垫料应选用不漏气、不产尘、弹性好并且有一定强度的材料。

⑥ 在安装时要尽量保持风管的清洁，不要急于打开封口，待一切准备工作完成可以安装时才可将需要安装的一端封口打开，当施工停顿时必须将开口封住。安装高效过滤器处的风口，也应待安装高效过滤器时才启封。

⑦ 净化空调系统风管安装之后，在保温之前应进行漏风检查。

4.2　通风空调工程的施工图识读

4.2.1　通风空调工程施工图常用图例

通风空调工程施工图上一般都编有图例，把该工程所涉及的通风空调部件、设备等用图形符号编表列出并加以注解，对识读施工图提供了方便。

（1）通风空调工程常用图例符号见表 4.3 ～ 表 4.10。

表4.3 风管图例

序号	名 称	图 例	附 注
1	风管		
2	送风管		上图为可见剖面 下图为不可见剖面
3	排风管		上图为可见剖面 下图为不可见剖面
4	砖砌管道、烟道	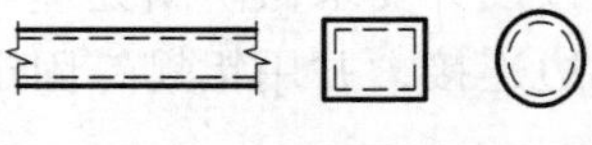	其余均为: 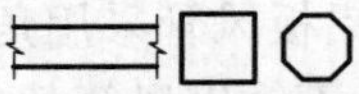

表4.4 通风管件图例

序号	名 称	图 例	附 注
1	异径管	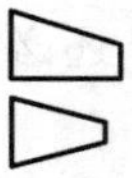	
2	异型管	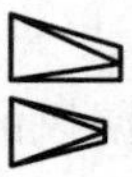	
3	带导流片弯头		
4	消声器消声弯头	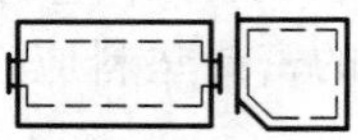	也可以表示为: 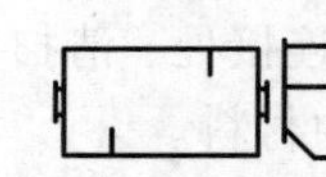
5	检查孔 测量孔	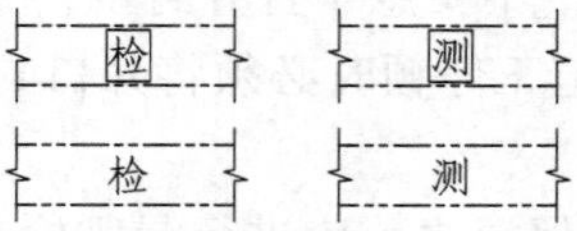 检　测 检　测	
6	软接头	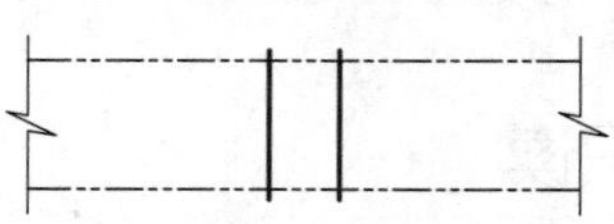	也可表示为: 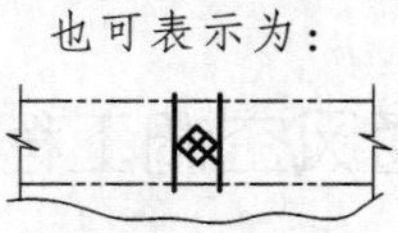
7	弯头	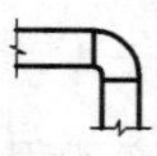	
8	圆形三通	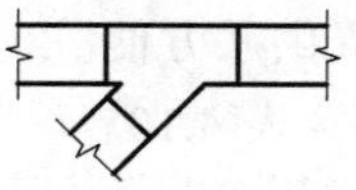	

续表 4.4

序号	名　称	图　例	附　注
9	矩形三通	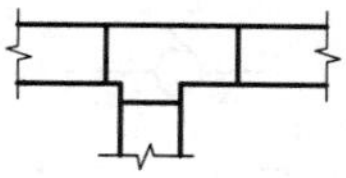	
10	伞形风帽		
11	筒形风帽	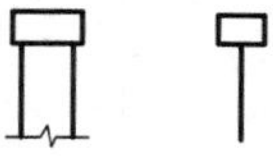	
12	锥形风帽	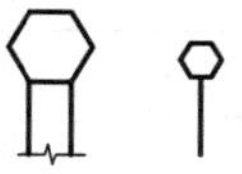	

表 4.5　风口图例

序号	名　称	图　例	附　注
1	风口（通用）	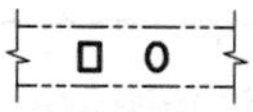	
2	气流方向		左为通用表示法，中表示送风，右表示回风
3	散流器	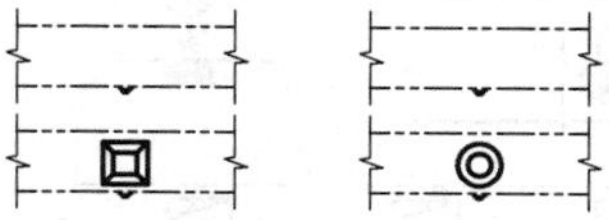	左为矩形散流器,右为圆形散流器。散流器为可见时,虚线改为实线
4	百叶窗		

表 4.6　通风空调阀门图例

序号	名　称	图　例	附　注
1	插板阀	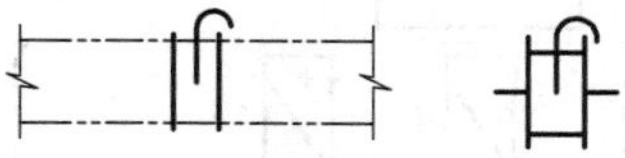	
2	蝶阀		
3	对开式多叶调节阀	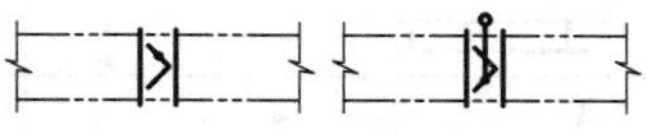	左为手动，右为电动

续表 4.6

序号	名　称	图　例	附　注
4	光圈式启动调节阀	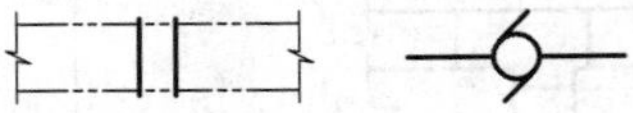	
5	风管止回阀	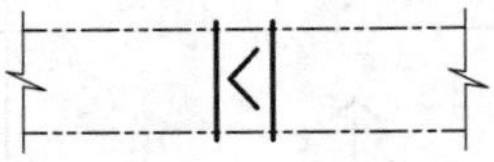	
6	防火阀	 70℃	表示 70 ℃ 动作的常开阀若因图面小，可表示为： 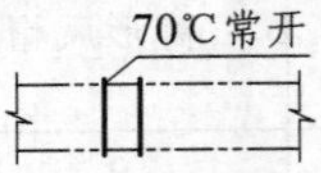 70℃常开
7	三通调节阀	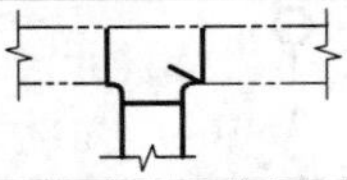	
8	排烟阀	 280℃　　280℃	左为 280 ℃ 动作的常闭阀，右为常开阀，若因图面小，表示方法同上

表 4.7　通风空调设备图例

序号	名称	图　例	附　注
1	通风空调设备	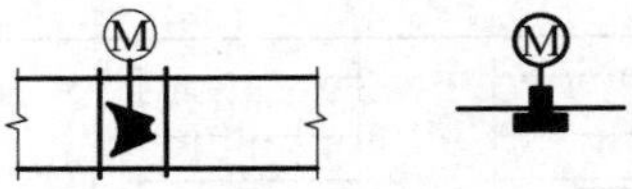 Ⓜ　　Ⓜ	1. 本图例适用于一张图内只有序号 1 至 9、11、13、14 中的一种设备； 2. 左图适用于带转动部分的设备，右图适用于不带转动部分的设备
2	空气过滤器	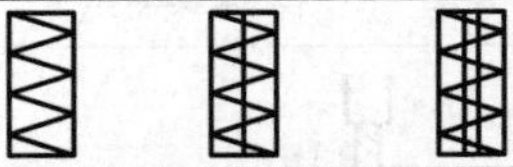	左为粗效，中为中效，右为高效
3	加湿器	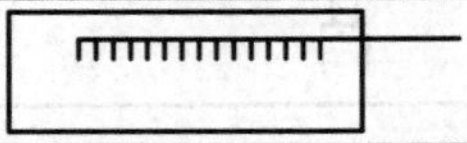	
4	电加热器		
5	消声器	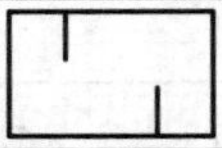	
6	空气加热、冷却器	 + 　 - 　 +/-	左、中分别为单加热、单冷却，右为双功能换热设备
7	板式换热器		
8	风机盘管	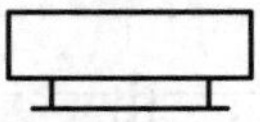	
9	窗式空调器	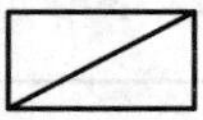	

续表 4.7

序号	名称	图例	附注
10	分体空调器		
11	水泵		左侧为进水，右侧为出水
12	减振器	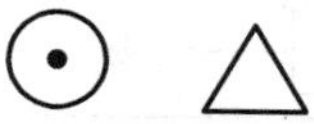	左为平面图画法，右为剖面图画法
13	离心式通风机		左为左式风机，右为右式风机
14	轴流式通风机	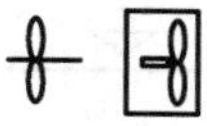	
15	喷嘴及喷雾排管		
16	挡水板	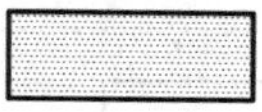	
17	喷雾室滤水器		

表 4.8　控制和调节执行图例

序号	名称	图例	附注
1	手动元件	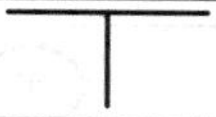	本图例是通风图例
2	自动元件		本图例是通风图例
3	弹簧执行机构		如弹簧式安全阀 
4	重力执行机构	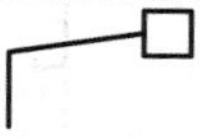	
5	浮力执行机构		如浮球阀 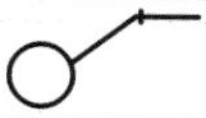
6	活塞执行机构	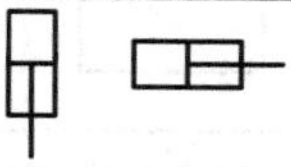	
7	膜片执行机构		
8	电动执行机构	 或 	如电动调节阀 
9	电磁双位执行机构	 M 或	如电磁阀 
10	遥控	 对于……	

表 4.9　传感元件图例

序号	名　称	图　例	附　注
1	温度传感器	----〔T〕---　或　----〔温度〕----	
2	压力传感器	----〔P〕---　或　----〔压力〕	
3	压差传感器	----〔Δp〕---　或　----〔压差〕	
4	湿度传感器	----〔H〕---　或　----〔湿度〕----	
5	液位传感器		

表 4.10　仪表图例

序号	名　称	图　例	附　注
1	水流开关	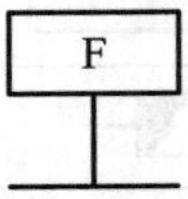 〔F〕	
2	记录仪	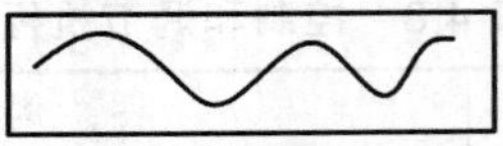	
3	温度计	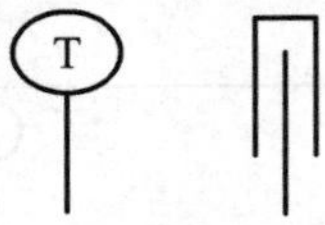 〔T〕	左为圆盘式温度计，右为管式温度计
4	压力表	 或 	
5	流量计	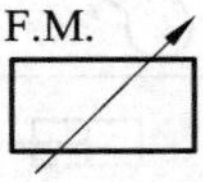 F.M.　或 	

（2）通风空调工程中常用管道代号，见表 4.11、4.12。

表 4.11　风管代号

代号	风管名称	代号	风管名称
K	空调风管	H	回风管（一、二次回风可附加 1、2 区别）
S	送风管	P	排风管
X	新风管	PY	排烟管或排风、排烟共用管

表4.12　水、汽管道代号

序号	代号	管道名称	序号	代号	管道名称	序号	代号	管道名称
1	R	热水管	8	C	补给水管	15	n	空调冷凝水管
2	Z	蒸汽管	9	X	泄水管	16	RH	软化水管
3	N	凝结水管	10	XH	循环管、信号管	17	CY	除氧水管
4	Pz	膨胀水管	11	Y	溢排管	18	YS	盐液管
5	Pw	排污管	12	L	空调冷水管	19	FQ	氟气管
6	Pq	排气管	13	LR	空调冷/热水管	20	FY	氟液管
7	Pt	旁通管	14	LQ	空调冷却水管			

4.2.2　通风空调工程施工图组成

通风空调工程施工图由基本图、详图、设计说明及主要设备材料表组成。基本图包括平面图、剖面图及系统轴测图；详图包括部件加工及安装图。

1. 设计说明

设计说明中应包括如下内容：

（1）工程的性质、规律、服务对象及系统工作原理。

（2）通风空调系统的工作方式，系统划分和组成以及系统总送风。

（3）通风空调系统的设计参数，如室内外气象参数、室内含尘浓度。

（4）施工质量要求和特殊的施工方法。

（5）保温、刷油等的施工要求。

2. 系统平面图

在通风空调系统中，平面图上标明了风管、部件及设备在建筑物内的平面位置，其中包括：

（1）风管，送、回（排）风口，风量调节阀，测定孔等部件和设备的平面位置，与建筑物墙面的距离及各部位尺寸。

（2）送、回（排）风口的空气流动方向。

（3）通风空调设备的外形轮廓、规格型号及平面位置。

3. 系统剖面图

剖面图上标明了风管、部件及设备的立面位置与标高尺寸。

4. 系统轴测图

通风空调系统轴测图又称透视图。采用轴测投影原理绘制的系统轴测图可以完整形象地把风管、部件及设备之间的相对位置及空间关系反映出来。系统轴测图上还注明了风管、部件及设备的标高，各段风管的规格尺寸，送、排风口的形式和风量值。系统轴测图一般用单线表示。

5. 详　图

通风空调详图表明了风管、部件及设备制作和安装的具体形式、方法和详细构造及加工尺寸。对于一般性的通风空调工程，通常都采用国家标准图集，只是对一些有特殊要求的工程，则由设计部门根据工程的特殊情况设计施工详图。

6. 主要设备材料表

通风空调工程施工图中的主要设备材料表是将工程中所选用的设备和材料的规格、型号、数量列出，作为建设单位采购、订货的依据。

主要设备材料表中所列的设备和材料的规格、型号往往满足不了编制工程量清单和预算计价的要求，如设备的规格、型号、重量等，需要查找有关产品样本或向订货单位了解情况。通风空调工程管道的工程量必须按照图纸尺寸详细计算，材料表中的数量只能作为参考。

4.2.3　通风空调工程施工图识读

1. 识图方法

先识读平面图，再对照系统流程图识读，最后识读详图和标准图。

（1）室内平面图识读。

读图时先识读底层平面图，然后识读各层平面图。识读底层平面图时，先识读机房设备和各种空调设备等，再识读水管路系统进水管和出水管、凝结水管，连接冷却塔的冷却水进水管和出水管，最后识读通风系统的送风管、排风排烟管。

（2）空调系统图识读。

读图时先将空调系统流程图与平面图对照，找出系统图中与平面图中相同编号的引管和立管，然后按引入管及立、干、支管顺序识读。

（3）通风系统图识读。

读图时先将通风系统流程图与平面图对照，找出系统流程图中与平面图中相同编号的排风排烟管、进风管，然后按支、干、立管及排出管顺序识读。

2. 步　骤

（1）阅读图纸目录。

根据图纸目录了解该工程图纸的概况，包括图纸张数、图幅大小及名称、编号等信息。

（2）阅读施工说明。

根据施工说明了解该工程概况，包括通风空调系统的形式、划分及主要设备布置等信息。在此基础上，确定哪些图纸代表着该工程的特点，哪些是这些图纸中的典型或重要部分，图纸的阅读就从这些重要图纸开始。

（3）阅读有代表性的图纸。

在第二步中确定了代表该工程特点的图纸，现在就根据图纸目录，确定这些图纸的编号，并找出这些图纸进行阅读。

（4）阅读辅助性图纸。

对于平面图上没有表达清楚的地方就要根据平面图上的提示（如剖面位置）和图纸目录找出该平面图的辅助图纸进行阅读，包括平面图、侧立面图、剖面图等。对于整个系统可参考系统轴测图。

（5）阅读其他内容。

根据平面图上的提示（如剖面位置）和图纸，再进一步阅读施工说明与设备及主要材料表，了解通风空调系统的详细安装情况，同时参考加工、安装详图，从而完全掌握图纸的全部内容。

4.3　通风空调工程清单项目设置及工程量计算规则

4.3.1　通风与空调设备及部件制作安装

通风与空调设备及部件制作安装工程量清单项目设置及工程量计算规则，应按表 4.13 的规定执行。

表 4.13　通风与空调设备及部件制作安装（编码：030901）

项目编码	项目名称	项目特征	计量单位	工程量计算规则	工程内容
030901001	空气加热器（冷却器）	1. 规格 2. 质量 3. 支架材质、规格 4. 除锈、刷油设计要求	台	按设计图示数量计算	1. 安装 2. 设备支架制作、安装
030901002	通风机	1. 形式 2. 规格 3. 支架材质、规格 4. 除锈、刷油设计要求			1. 安装 2. 减振台座制作、安装 3. 设备支架制作、安装 4. 软管接口制作、安装 5. 支架台座除锈刷油
030901003	除尘设备	1. 规格 2. 质量 3. 支架材质、规格 4. 除锈、刷油设计要求			1. 安装 2. 设备支架制作、安装 3. 支架除锈、刷油
030901004	空调器	1. 形式 2. 质量 3. 安装位置	台	按设计图示数量计算，其中分段组装式空调器按设计图纸所示质量以"kg"为计量单位	1. 安装 2. 软管接口制作、安装
030901005	风机盘管	1. 形式 2. 安装位置 3. 支架材质、规格 4. 除锈、刷油设计要求		按设计图示数量计算	1. 安装 2. 软管接口制作、安装 3. 支架制作、安装及除锈、刷油
030901006	制作安装	1. 型号 2. 特征（带视孔或不带视孔） 3. 支架材质、规格 4. 除锈、刷油设计要求	个	按设计图示数量计算	1. 制作、安装 2. 除锈、刷油

项目编码	项目名称	项目特征	计量单位	工程量计算规则	工程内容
030901007	挡水板制作安装	1. 材质 2. 除锈、刷油设计要求	m²		
030901008	滤水器、溢水盘制作安装	1. 特征 2. 用途 3. 除锈、刷油设计要求	kg		
030901009	金属壳体制作安装				
030901010	过滤器	1. 型号 2. 过滤功效 3. 除锈、刷油设计要求	台		1. 安装 2. 框架制作、安装 3. 除锈、涮油
030901011	净化工作台	类型			安装
030901012	风淋室	质量			
030901013	洁净室				

4.3.2 通风管道制作安装

通风管道制作安装工程量清单项目设置及工程量计算规则，应按表 4.14 的规定执行。

表 4.14 通风管道制作安装（编码：030902）

项目编码	项目名称	项目特征	计量单位	工程量计算规则	工程内容
030902001	碳钢通风管道制作安装	1. 材质 2. 形状 3. 周长或直径 4. 板材厚度 5. 接口形式 6. 风管附件、支架设计要求 7. 除锈、刷油、防腐、绝热及保护层设计要求	m²	1. 按设计图示以展开面积计算，不扣除检查孔、测定孔、送风口、吸风口等所占面积。风管长度，一律以设计图示中心线长度为准（主管与支管以其中心线交点划分），包括弯头、三通、变径管、天圆地方等管件的长度，但不包括部件所占的长度。风管展开面积不包括风管、管口重叠部分面积。直径和周长按图示尺寸为准展开 2. 渐缩管：圆形风管按平均直径，矩形风管按平均周长	1. 风管、管件、法兰、零件、支吊架制作与安装 2. 弯头导流叶片制作、安装 3. 过跨风管落地支架制作、安装 4. 风管检查孔制作 5. 温度、风量测定孔制作 6. 风管保温及保护层 7. 风管、法兰、法兰加固框、支吊架、保护层除锈、刷油
030902002	净化通风管制作安装				
030902003	不锈钢板风管制作安装	1. 形状 2. 周长或直径 3. 板材厚度 4. 接口形式 5. 支架法兰的材质 6. 除锈、刷油、防腐、绝热及保护层设计要求			1. 风管制作、安装 2. 法兰制作、安装 3. 吊托支架制作、安装 4. 风管保温、保护层 5. 保护层及支架、法兰除锈、刷油

续表 4.14

项目编码	项目名称	项目特征	计量单位	工程量计算规则	工程内容
030902004	铝板通风管道制作安装	1. 形状 2. 周长或直径 3. 板材厚度 4. 接口形式 5. 支架法兰的材质 6. 除锈、刷油、防腐、绝热及保护层设计要求			1. 风管制作、安装 2. 法兰制作、安装 3. 吊托支架制作、安装 4. 风管保温、保护层 5. 保护层及支架、法兰除锈、刷油
030902005	塑料通风管道制作安装				1. 制作、安装 2. 支吊架制作安装 3. 风管保温、保护层 4. 保护层及支架、法兰除锈、刷油
030902006	玻璃钢通风管道	1. 形状 2. 厚度 3. 周长或直径			
030902007	复合型风管制作安装	1. 材质 2. 形状（圆形、矩形） 3. 周长或直径 4. 支（吊）架材质、规格 5. 除锈、刷油设计要求			1. 制作、安装 2. 托、吊支架制作、安装、除锈、刷油
030902008	柔性软风管	1. 材质 2. 规格 3. 保温套管设计要求	m	按设计图示中心线长度计算，包括弯头、三通、变径管、天圆地方等管件的长度，但不包括部件所占的长度	1. 安装 2. 风管接头安装

4.3.3 通风管道部件制作安装

通风管道部件制作安装工程量清单项目设置及工程量计算规则，应按表 4.15 的规定执行。

表 4.15 通风管道部件制作安装（编码：030903）

项目编码	项目名称	项目特征	计量单位	工程量计算规则	工程内容
030903001	碳钢调节阀制作安装	1. 类型 2. 规格 3. 周长 4. 质量 5. 除锈、刷油设计要求	个	1. 按设计图示数量计算（包括空气加热器上通阀、空气加热器旁通阀、圆形瓣式启动阀、风管蝶阀、风管止回阀、密闭式斜插板阀、矩形风管三通调节阀、对开多叶调节阀、风管防火阀、各型风罩调节阀制作安装等） 2. 若调节阀为成品时，制作不再计算	1. 安装 2. 制作 3. 除锈、刷油

续表 4.15

项目编码	项目名称	项目特征	计量单位	工程量计算规则	工程内容
030903002	柔性软风管阀门	1. 材质 2. 规格		按设计图示数量计算	安装
030903003	铝蝶阀	规格			
030903004	不锈钢蝶阀				
030903005	塑料风管阀门制作安装	1. 类型 2. 形状 3. 质量		按设计图示数量计算（包括塑料蝶阀、塑料插板阀、各型风罩塑料调节阀）	
030903006	玻璃钢蝶阀	1. 类型 2. 直径或周长		按设计图示数量计算	
030903007	碳钢风口、散流器制作安装（百叶窗）	1. 类型 2. 规格 3. 形式 4. 质量 5. 除锈、刷油设计要求		1. 按设计图示数量计算（包括百叶风口、矩形送风口、矩形空气分布器、风管插板风口、旋转吹风口、圆形散流器、方形散流器、流线型散流器、送吸风口、活动箅式风口、网式风口、钢百叶窗等） 2. 百叶窗按设计图示以框内面积计算 3. 风管插板风口制作已包括安装内容 4. 若风口、分布器、散流器、百叶窗为成品时，制作不再计算	1. 风口制作、安装 2. 散流器制作、安装 3. 百叶窗安装 4. 除锈、刷油
030903008	不锈钢风口、散流器制作安装（百叶窗）	1. 类型 2. 规格 3. 形式 4. 质量 5. 除锈、刷油设计要求	个	1. 按设计图示数量计算（包括风口、分布器、散流器、百叶窗） 2. 若风口、分布器、散流器、百叶窗为成品时，制作不再计算	制作、安装
030903009	塑料风口、散流器制作安装（百叶窗）				
030903010	玻璃钢风口	1. 类型 2. 规格		按设计图示数量计算（包括玻璃钢百叶风口、玻璃钢矩形送风口）	风口安装
030903011	铝及铝合金风口、散流器制作安装	1. 类型 2. 规格 3. 质量		按设计图示数量计算	1. 制作 2. 安装
030903012	碳钢风帽制作安装	1. 类型 2. 规格 3. 形式 4. 质量 5. 风帽附件设计要求 6. 除锈、刷油设计要求	个	1. 按设计图示数量计算 2. 若风帽为成品时，制作不再计算	1. 风帽制作、安装 2. 筒形风帽滴水盘制作、安装 3. 风帽筝绳制作、安装 4. 风帽泛水制作、安装 5. 除锈、涮油
030903013	不锈钢风帽制作安装				
030903014	塑料风帽制作安装				

续表 4.15

项目编码	项目名称	项目特征	计量单位	工程量计算规则	工程内容
030903015	铝板伞形风帽制作安装			1. 按设计图示数量计算 2. 若伞形风帽为成品时,制作不再计算	1. 铝板伞形风帽制作安装 2. 风帽筝绳制作、安装 3. 风帽泛水制作、安装
030903016	玻璃钢风帽安装	1. 类型 2. 规格 3. 风帽附件设计要求		按设计图示数量计算(包括圆伞形风帽、锥形风帽、筒形风帽)	1. 玻璃钢风帽安装 2. 筒形风帽滴水盘安装 3. 风帽筝绳安装 4. 风帽泛水安装
030903017	碳钢罩类制作安装	1. 类型 2. 除锈、刷油设计要求		按设计图示数量计算（包括玻带防护罩、电动机防雨罩、侧吸罩、中小型零件焊接台排气罩、整体分组式槽边侧吸罩、吹吸式槽边通风罩、条缝槽边抽风罩、泥心烘炉排气罩、升降式排气罩、手锻炉排气罩）	1. 制作、安装 2. 除锈、刷油
030903018	塑料罩类制作安装	1. 类型 2. 形式	kg	按设计图示数量计算（包括塑料槽边侧吸罩、塑料槽边风罩、塑料条缝槽边抽风罩）	制作、安装
030903019	柔性接口及伸缩节制作安装	1. 材质 2. 规格 3. 法兰接口设计要求	m^2	按设计图示数量计算	制作、安装
030903020	消声器制作安装	类型	kg	按设计图示数量计算（包括片式消声器、矿棉管式消声器、聚酯泡沫管式消声器、卡普隆纤维管式消声器、弧形声流式消声器、阻抗复合式消声器、微穿孔板消声器、消声弯头）	制作、安装
030903021	静压箱制作安装	1. 材质 2. 规格 3. 形式 4. 除锈标准、刷油防腐设计要求	m^2	按设计图示数量计算	1. 制作、安装 2. 支架制作、安装 3. 除锈、刷油、防腐

4.3.4 通风工程检测、调试

通风工程检测、调试，工程量清单项目设置及工程量计算规则，应按表 4.16 规定执行。

表 4.16 通风工程检测、调试（编码：030904）

项目编码	项目名称	项目特征	计量单位	工程量计算规则	工程内容
030904001	通风工程检测、调试	系统	系统	按由通风设备、管道及部件等组成的通风系统计算	1. 管道漏光试验 2. 漏风试验 3. 通风管道风量测定 4. 风压测定 5. 温度测定 6. 各系统风口、阀门调整

情境教学

某宾馆一楼餐厅通风空调工程

1. 设计说明

（1）工程概况：四川省成都市某宾馆一楼餐厅，1个大厅，2个大包间。本工程设计范围为舒适性空调，采用风管送风，夏季使用空调机组，冬季使用热水采暖（采暖略）。系统形式为直流式，吊顶内自然排气。

（2）夏季室内设计温度为 26～28 ℃，冬季采暖温度为 16～18 ℃。

（3）夏季总送风量 10 000 m³/h，过渡季节尽量使用新鲜空气。

（4）风管采用薄钢板制作，钢板厚度为 2 mm。风管及法兰制作参见《全国通用通风风管管道配件重量表》。

（5）风管安装中的支架参见暖通国标 T607 第 207～211 页。

（6）机房内壁均采用木丝板贴面，外窗为双层钢窗。

（7）LH-48 空调机制冷量为 55.8 kW，重 1.5 t。空气过滤器经常打扫，以免阻力过大，影响进风量。

（8）未尽事宜，按现行施工及验收规范的有关内容执行。

2. 施工图纸

成都市某宾馆一楼餐厅通风空调平面图及系统图见图 4.6～图 4.9 所示。

3. 任　务

（1）针对上述宾馆一楼餐厅通风空调工程，根据 4.2.3 中通风空调工程施工图识读的步骤，识读图 4.6～图 4.9。

（2）现假设你在具有编制能力的招标方或受招标方委托具有相应资质的工程造价咨询方工作，试根据"4.3 节 通风空调工程清单项目设置及工程量计算规则"，编制本项目的通风空调工程量清单。

（3）投标人在领取招标文件后，编写投标报价书时应按招标人提供的工程量清单填报价格，且其填写的项目编码、项目名称、项目特征、计量单位、工程量必须与招标人提供的一致。现假设你在具有编制能力的投标方或受投标方委托具有相应资质的工程造价咨询方工作，试采用 2009 年《四川省建设工程工程量清单计价定额　安装工程》及市场造价信息，编制本项目的投标报价书。

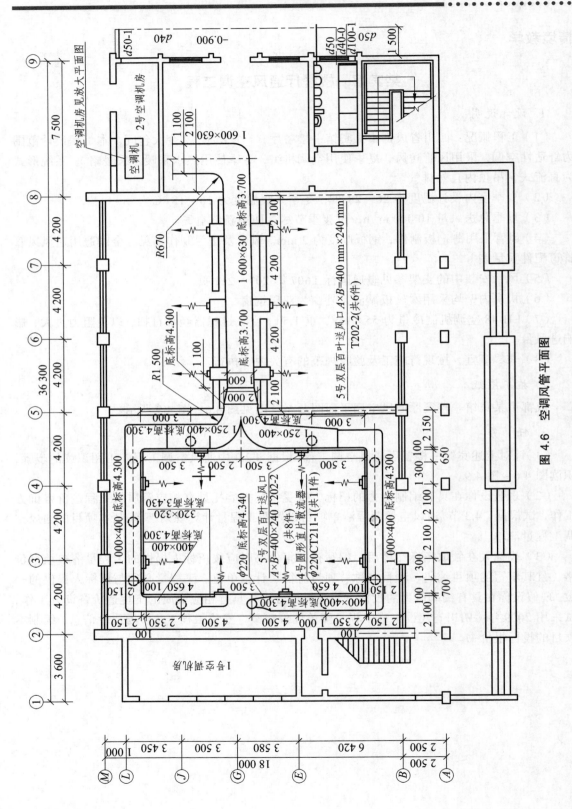

图 4.6 空调风管平面图

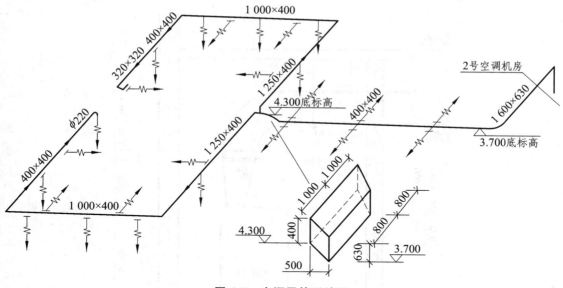

图 4.7　空调风管系统图

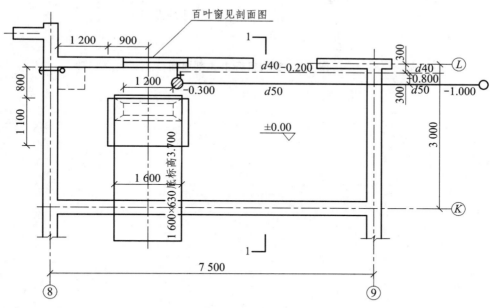

图 4.8　机房平面图

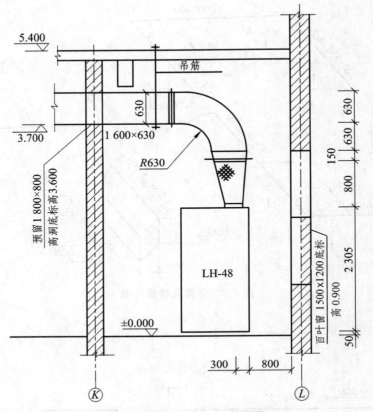

图 4.9　空调机房 1—1 剖面图

任务 1　通风空调工程识图

　　针对上述餐厅通风空调工程,根据 4.2.3 中通风空调施工图识图步骤,识读图 4.6～图 4.9。识图过程如下:

　　(1)查看图纸目录(因没有图纸目录,这项暂时省略,不影响识图)。

　　(2)查看设计说明。根据设计说明,了解到本项目为四川某宾馆一楼的空调系统工程;1 个大厅,2 个大包间,采用的中央空调系统形式是全空气的直流式系统;主要设备和材料有风管、法兰、空调机组、过滤器等。风管材料采用薄钢板制作,风管及法兰制作参见《全国通用通风风管管道配件重量表》,风管安装中的支架参见暖通国标 T607;机房内壁均采用木丝板贴面,外窗为双层钢窗;图纸侧重在风管平面图和系统图。如有图纸中不明确的地方,还需要查阅相关标准规范。

　　(3)以系统图为线索,按照管道阅读。本项目系统图中只有风管系统图。范围是通风空调工程。1 根主风管,2 根较长的支风管,1 个机组(2 号空调机房)。

　　(4)平面图和系统图对照看。顺着空气流动方向,经空调机组、风管干管、支管,到空调末端设备的顺序进行识读。

　　① 风管系统图中,空调机房见详图。然后是主风管,从机房出来,向上弯,矩形风管管径 1 600×630(宽×高),起始处管底标高 3.7 m。

　　② 对照风管平面图,主风管先经过一个大直角弯头,然后沿着走廊,途经 2 个对称的大包间,分别引出了 6 根支管 400×400,底标高 3.7 m 不变,连接 6 个 5 号双层百叶送风口。到达 3 个房间交汇处,在大厅,将主风管分成了 2 个支风管 1 250×400,管底标高提高到 4.3 m,由一个三通和一个变形管完成分配。大厅支管标高不变,是 4.3 m。支管随房间两边沿墙形成对称布置,管径随空气流量减少而变化,具体有 1 000×400、400×400、320×320 等管段,然后在不同的空调区域设置了不同的小支管、风口(8 个 5 号双层百叶送风口)、圆形风管 φ220 和散流器 11 个(4 号圆形直片散流器)。

　　(5)辅助图识读。机房平面图和机房剖面图的识读,机房地面标高 0 m,50 mm 底座,机组设备高 2 305 mm,机组和风管的帆布软接头高 800 mm,法兰和接头高 150 mm。

任务 2　通风空调工程量清单编制

现假设你在具有编制能力的招投标方或受招投标方委托具有相应资质的工程造价咨询工作，试根据"4.3 节　通风空调工程清单项目设置及工程量计算规则"，编制本项目的通风空调工程量清单。某宾馆一楼餐厅通风空调工程量清单编制工作过程如下。

1. 收集、整理相关规范及工程资料

2. 了解工程量清单的编制程序

3. 了解分部分项工程量清单编制程序

分部分项工程量清单表，包括分部分项工程量清单与计价表和工程量清单综合单价分析表。分部分项工程量清单编制时，应包括项目编码、项目名称、项目特征、计量单位和工程量，并且应该根据《计价规范》规定的项目编码、项目名称、项目特征、计量单位和工程量计算规则（本书第 4.3 节内容）进行编制。

4. 分部分项工程量清单编制

根据规定的项目编码、项目名称、项目特征、计量单位和工程量计算规则（本书第 4.3 节内容），编制通风空调工程工程量清单。本餐厅通风空调工程项目中，涉及两种类型风管，薄钢板矩形风管、圆形风管。现以薄钢板矩形风管为例，介绍工程量清单的编制。

（1）清单项目设置。通过读图 4.6 ~ 图 4.9，根据特征分类，本项目中风管制作安装共有 8 种：1 600×630 薄钢板矩形风管、2 000×400 ~ 1 600×300 变径管、1 250×400 正三通、1 250×400 薄钢板矩形风管、1 000×400 薄钢板矩形风管、400×400 薄钢板矩形风管、320×320 薄钢板矩形风管和 200 薄钢板圆形风管。将这 4 种薄钢板风管的项目名称、项目编码、项目特征描述和计量单位按《计价规范》的规定填入分部分项工程量清单与计价表。其中项目编码前 9 位应按《计价规范》的规定设置为 030902001，后 3 位分别排列为 001 ~ 008，如表 4.17。

（2）工程量计算。

① 风管面积工程量的量取。采用下列方法：

长度尺寸一般在平面图上获得，且尽量采用图上标注的对应尺寸计算，如果图纸是按照比例绘制的，可用比例尺在图上按管线实际位置直接量取。周长由管段标注（宽×高）这两个数据计算，然后再加上制作余量。

垂直尺寸一般在系统图上获得。

② 本项目风管制作工作量计算。

计算规则：按设计图示以展开面积计算，不扣除检查孔、测定孔、送风口、吸风口等所占面积，风管长度一律以设计图示中心线长度为准（主管与支管以其中心线交点划分），包括弯头、三通、变径管、天圆地方等管件的长度，但不包括部件所占的长度。风管展开面积不包括风管、管口重叠部分面积。直径和周长按图示尺寸为准展开。渐缩管：圆形风管按平均直径，矩形风管按平均周长。

风管面积计算过程如下：

- 薄钢板矩形风管 1600×630（主风管）

$$[（0.15+0.63+0.63/2）立+（4.5-0.5-0.12-0.8-0.15+3.5）平+（2.1+0.12+2.1+4.2×2+1.1）平]×（1.6+0.63）×2 \ m^2=95.2 \ m^2$$

- 薄钢板矩形风管 2000×400－1600×300 变径管

$$2×0.4+1.6×0.63+2×（1.6+2.0）/2×0.5=3.61 \ m^2$$

- 1 250×400 正三通

$$\frac{3.14}{4}×1.5×2×(1.25+0.4)×2=7.77 \ m^2$$

- 1 250×400 薄钢板矩形风管

$$\left(\frac{3.5+0.1}{2}+0.5\right)+\left(\frac{3.5+0.1}{2}+1.5\right)×2×(1.25+0.4)=18.48 \ m^2$$

- 1 000×400 薄钢板矩形风管

$$\left[\frac{3.5+0.1}{2}+0.5+(4.2×3-2.1-2.15+0.5×2)\right]×2段×2×(1+0.4)=65.24 \ m^2$$

- 400×400 薄钢板矩形风管

$$\{[(0.5+0.1+2.35+1+4.5/2)+(0.5+0.1+2.35+4.5/3)]餐厅+[(2.8-1.6)/2+0.24+0.1]×6走廊\}×2×(0.4+0.4)=18.7 \ m^2$$

- 320×320 薄钢板矩形风管

$$[(4.5/3-0.32/2)+(0.33/2+0.2)]×2×(0.32+0.32)=2.18 \ m^2$$

- 200 薄钢板圆形风管

$$4.5/2×3.14×0.22=1.55 \ m^2$$

③ 数据汇总。

④ 将工程量计算结果填入分部分项与工程量清单计价表，完成薄钢板风管的分部分项工程量清单编制。

⑤ 按上述方法，划分清单项目并计算出该宾馆一楼餐厅通风空调工程的所有工程量，工程量计算汇总见表 4.17。分部分项工程量清单与计价表内容可参阅本节清单计价实例中的分部分项工程量清单与计价表。

表 4.17　某宾馆一楼餐厅通风空调工程工程量汇总表

序号	项 目 名 称	单位	数量	计 算 过 程
1	碳钢通风管道制作安装（1 600×630 薄钢板矩形风管）	m²	95.2	[（0.15+0.63+0.63/2）立+（4.5－0.5－0.12－0.8－0.15+3.5）平+（2.1+0.12+2.1+4.2×2+1.1）平]×（1.6+0.63）×2 m²
2	碳钢通风管道制作安装（2 000×400－1600×300 变径管）	m²	3.61	2×0.4+1.6×0.63+2×（1.6+2.0）/2×0.5
3	碳钢通风管道制作安装（1 250×400 正三通）	m²	7.77	$\dfrac{3.14}{4}×1.5×2×(1.25+0.4)×2$
4	碳钢通风管道制作安装（1 250×400 薄钢板矩形风管）	m²	18.48	$\left(\dfrac{3.5+0.1}{2}+0.5\right)+\left(\dfrac{3.5+0.1}{2}+1.5\right)×2×(1.25+0.4)$
5	碳钢通风管道制作安装（1 000×400 薄钢板矩形风管）	m²	65.24	$\left[\dfrac{3.5+0.1}{2}+0.5+(4.2×3-2.1-2.15+0.5×2)\right]×$ 2段×2×(1+0.4)
6	碳钢通风管道制作安装（400×400 薄钢板矩形风管）	m²	18.7	{[(0.5+0.1+2.35+1+4.5/2)+(0.5+0.1+2.35+4.5/3)]餐厅+[(2.8－1.6)/2+0.24+0.1]×6走廊}×2×(0.4+0.4)
7	碳钢通风管道制作安装（320×320 薄钢板矩形风管）	m²	2.18	[(4.5/3－0.32/2)+(0.33/2+0.2)]×2×(0.32+0.32)
8	200 圆形风管	m²	1.55	4.5/2×3.14×0.22
9	5 号双层百叶送风 A×B＝400×240	kg	62.44	4.46×14
10	百叶风口（周长 1 280 mm 以内）安装	个	14	14
11	4 号圆形直片散流器	kg	55.22	5.02×11
12	圆形直片散流器（360 mm 以内）安装	个	11	11
13	整体式空调机 1.5 t 以内	台	1	1
14	帆布软接头	m²	5.10	每个风口按 20 cm 长软接口计算

5. 根据本项目实际情况，完成其余内容的编制

编制措施项目清单、其他项目清单、规费、税金项目清单及汇总表格、工程量清单总说明，工程量清单封面，相关人员签字盖章。

6. 某宾馆一楼餐厅通风空调工程工程量清单

此处略去某宾馆一楼餐厅通风空调工程工程量清单的具体内容，分部分项工程量清单与计价表可参照本节清单计价实例表格。

任务 3　通风空调工程量清单计价

投标人在领取招标文件后，编写投标报价书时应按招标人提供的工程量清单填报价格，且其填写的项目编码、项目名称、项目特征、计量单位、工程量必须与招标人提供的一致。现假设你在具有编制能力的投标方或受投标方委托、具有相应资质的工程造价咨询方工作，试采用 2009 年《四川省建设工程工程量清单计价定额　安装工程》及市场造价信息，编制本项目的投标报价书。某住宅楼给排水工程工程量清单计价书编制工作过程如下。

1. 收集、整理相关规范及工程资料

（1）《建设工程工程量清单计价规范计价规范》（GB 50500—2008）。

（2）国家或省级、行业建设主管部门颁发的计价办法。

（3）2009 年《四川省建设工程工程量清单计价定额　安装工程》。

（4）招标文件、工程量清单及其补充通知、答疑纪要。

（5）建设工程设计文件及相关资料。

（6）施工现场情况、工程特点及拟定的投标施工组织设计或施工方案。

（7）与建设项目相关的标准、规范等技术资料。

（8）市场价格信息或工程造价管理机构发布的工程造价信息。

（9）其他的相关资料。

2. 复核工程量清单的工程数量

为把握投标机会，重新计算或复核工程量，确定投标策略。

3. 分析计算各分部分项工程量清单项目的综合单价

（1）熟悉相关规范及工程资料。

（2）分析工程量清单项目的工程特征及工程内容，确定综合单价分析的组价定额项目。

在设置通风空调清单项目，计算清单项目综合单价时，可组合的定额内容可在 2009 年《四川省建设工程工程量清单计价定额　安装工程（四）》的《安装工程应用指南》的 C.9《通风空调工程》中查到。例如：空调器安装清单项目对应的可组合的定额内容见表 4.18。

表 4.18　空调器安装清单项目对应的可组合的定额内容

项目编码	项目名称	项目特征	计量单位	工程内容	可组合的定额内容	对应的定额编号
030901004	空调器	1. 形式 2. 质量 3. 安装位置	台	1. 安装		CI0031 ~ CI0043
				2. 软管接口制作、安装		CI0133 ~ CI0134

本项目采用《计价定额》进行编制，项目编码为 030901004001 的空调器对应的可组合的定额内容见表 4.19。

表 4.19　空调器（编码 030901004001）清单项目对应的组合定额内容

项目编码	项目名称	项目特征	计量单位	工程内容	可组合的定额内容	对应的定额编号
030901004001	空调器	1. 形式：柜式空调器 2. 质量：1.5 t 3. 安装位置：落地	台	1. 安装	1. 安装	CI0035
				2. 软管接口制作、安装	2. 软管接口制作、安装	CI0134

（3）计算组价定额项目的工程量。

（4）分析计算组价定额项目的人工费、材料费、机械费、综合费。

（5）分析计算分部分项工程量清单项目的人工费、材料费、机械费、综合费。

（6）分析计算分部分项工程量清单项目的综合单价。计算过程参见本节清单计价实例中表-08。

$$分部分项工程综合单价＝人工费＋材料费＋机械费＋综合费$$

（7）其余分部分项工程量清单项目的综合单价。

其余分部分项工程量清单项目的综合单价计算方法与此类似，不再赘述。

4. 计算分部分项工程费

$$分部分项工程费 = \sum（分部分项项目的工程数量 \times 分部分项工程项目的综合单价）$$

5. 计算完成其余项目费的计算

措施费、其他项目费、规费、税金的计算，按照表格要求，以计费基数按照费率计算得出。

6. 某宾馆一楼餐厅通风空调工程量清单计价书

限于篇幅原因，本清单计价书中只列出了分部分项工程量清单与计价表内容。

分部分项工程量清单与计价表

工程名称：某宾馆一楼餐厅通风空调工程 [安装工程]　　　　　　标段：　　　　　第 1 页　共 3 页

序号	项目编码	项目名称	项目特征描述	计量单位	工程数量	综合单价	金额（元）		
							合价	其中	
								定额人工费	暂估价
1	030901004001	空调器	1. 形式：柜式空调器 2. 质量：1.5 t 3. 安装位置：落地	台	1	21 107.72	21 107.72	648.52	
2	030902001002	风管（薄钢板1 600*630 矩形）	1. 材质：薄钢板 2. 形状：矩形 3. 周长：>4 000 mm 4. 板材厚度：$\delta = 2$ mm 5. 接口形式：咬口 6. 支架：吊架（型钢综合） 7. 除锈、刷油：人工除锈，防锈漆两遍	m²	95.2	1 636.95	155 837.64	49 424.98	
3	030902001003	风管（薄钢板2 000*400 – 1600*630 变径）	1. 材质：薄钢板 2. 形状：矩形 3. 周长：>4 000 mm 4. 板材厚度：$\delta = 2$ mm 5. 接口形式：咬口 6. 支架：吊架（型钢综合） 7. 除锈、刷油：人工除锈，防锈漆两遍	m²	3.61	1 647.10	5 946.03	1 884.06	
4	030902001004	风管（薄钢板矩形1 250*400正三通）	1. 材质：薄钢板 2. 形状：矩形 3. 周长：<4 000 mm 4. 板材厚度：$\delta = 2$ mm 5. 接口形式：咬口 6. 支架：吊架（型钢综合） 7. 除锈、刷油：人工除锈，防锈漆两遍	m²	7.77	1 635.88	12 710.79	4 050.19	

表-08

续表

序号	项目编码	项目名称	项目特征描述	计量单位	工程数量	综合单价	金额（元）		
							合价	其中	
								定额人工费	暂估价
5	030902001005	风管（薄钢板 1 250*400 矩形）	1. 材质：薄钢板 2. 形状：矩形 3. 周长：<4 000 mm 4. 板材厚度：$\delta=2$ mm 5. 接口形式：咬口 6. 支架：吊架（型钢综合） 7. 除锈、刷油：人工除锈、防锈漆两遍	m²	18.48	1 635.83	30 230.14	9 632.52	
6	030902001006	风管（薄钢板 1 000*400 矩形）	1. 材质：薄钢板 2. 形状：矩形 3. 周长：<4 000 mm 4. 板材厚度：$\delta=2$ mm 5. 接口形式：咬口 6. 支架：吊架（型钢综合） 7. 除锈、刷油：人工除锈、防锈漆两遍	m²	65.24	1 635.80	106 719.59	34 005.05	
7	030902001007	风管（薄钢板 400*400 矩形）	1. 材质：薄钢板 2. 形状：矩形 3. 周长：<2 000 mm 4. 板材厚度：$\delta=2$ mm 5. 接口形式：咬口 6. 支架：吊架（型钢综合） 7. 除锈、刷油：人工除锈、防锈漆两遍	m²	18.7	2 064.91	38 613.82	9 942.79	
8	030902001008	风管（薄钢板 320*320 矩形）	1. 材质：薄钢板 2. 形状：矩形 3. 周长：<2 000 mm 4. 板材厚度：$\delta=2$ mm 5. 接口形式：咬口 6. 支架：吊架（型钢综合） 7. 除锈、刷油：人工除锈、防锈漆两遍	m²	2.18	1 660.98	3 620.94	1 159.26	

续表

序号	项目编码	项目名称	项目特征描述	计量单位	工程数量	综合单价	金额（元）合价	其中 定额人工费	暂估价
9	03090200 1009	风管（薄钢（直径 200 圆形）	1. 材质：薄钢板 2. 形状：圆形 3. 直径：<500 mm 4. 板材厚度：$\delta=2$ mm 5. 接口形式：咬口 6. 支架：吊架（型钢综合） 7. 除锈、刷油：人工除锈，防锈漆两遍	m²	1.55	1 594.20	2 471.01	776.40	
10	03090300 7010	碳钢风口（百叶风窗）	1. 类型：百叶风口 2. 规格：400 mm×240 mm 3. 形式：双层 4. 质量：4.46 kg 5. 除锈、刷油设计要求：除轻锈，防锈漆两遍，调和漆两遍	个	14	77.21	1 080.94	486.08	
11	03090300 7011	碳钢散流器制作安装	1. 类型：散流器 2. 规格：φ220 mm 3. 形式：圆形直片 4. 质量：5.02 kg 5. 除锈、刷油设计要求：除轻锈，防锈漆两遍，调和漆两遍	个	11	81.19	893.09	423.39	
12	03090301 9012	柔性接口及伸缩节制作安装	1. 材质：非金属 2. 规格：500 mm×400 mm 3. 接口设计要求：法兰	m²	2.98	559.15	1 666.27	789.07	
			合　计				380 897.98	113 222.31	

注：需随机抽取评审综合单价的项目在该项目编码后面加注"*"号。

实训任务

某实验楼通风工程

1. 设计及施工说明

（1）工程概况。某学院实验楼共 4 层，层高为 3.9 m。实验楼共有 4 个排风柜排风系统 P1～P4，4 个排风系统完全相同，排风管采用塑料风管。本施工图只绘制 P1 系统。

（2）通风机。采用 4-72 型离心式塑料通风机。

（3）安装排风管支干管，要求平正垂直，绝不漏风。风管安装需与土建密切配合，做好楼板及墙上预留洞口。

（4）管道支吊架设置。竖向管道，每层设置 1 个支架，支架的材料采用扁钢和角钢，固定在墙上，水平管道采用吊架，吊架采用圆钢和扁钢，1～3 层各设置 2 个，4 层设置 4 个，机房处设置 2 个，吊架固定在楼板。支架的大小和做法要根据施工现场管道的具体情况和质量确定。吊支架安装后刷防锈漆一道，银粉漆两道。

2. 施工图纸

平面图及系统图见图 4.10～图 4.14 所示。

3. 任 务

（1）识读本实验楼通风系统施工图。

（2）编制本实验楼通风系统工程量清单。

（3）编制本实验楼通风系统工程量清单计价书。

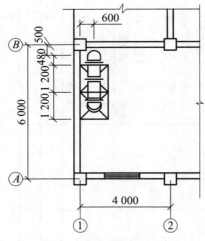

图 4.10 一至三层通风系统平面图

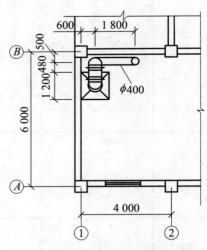

图 4.11 四层通风系统平面图

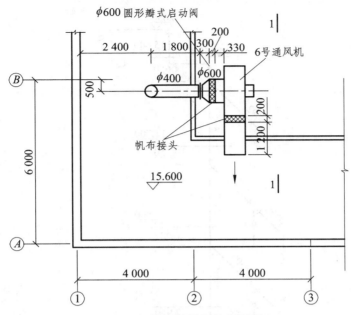

图 4.12　屋顶通风系统平面图

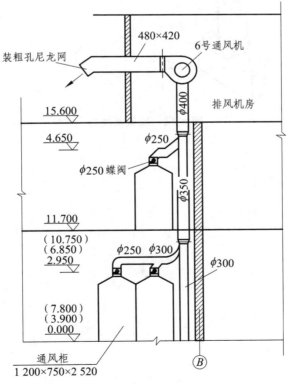

图 4.13　1-1 剖面图

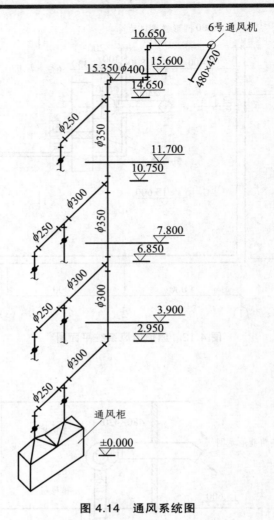

图 4.14　通风系统图

任务资讯

在工程量清单计价书制作过程中,需要经常翻阅 2009 年《四川省建设工程工程量清单计价定额　安装工程》中的 C.I《通风空调工程》分册和《安装工程应用指南》中的 C.9《通风空调工程》分部,现介绍如下。

一、通风空调工程应用指南

通风空调工程在设置清单项目和计算清单项目综合单价时,可组合的定额内容应在 2009 年《四川省建设工程工程量清单计价定额　安装工程(四)》的《安装工程应用指南》的 C.9《通风空调工程》中查到。

通风空调工程常用的部分清单项目及可组合定额如下:

表 C.9.2　通风管道制作、安装(编码:030902)

项目编码	项目名称	项目特征	计量单位	工程内容	可组合的定额内容	对应的定额编号
030902001	碳钢通风管道制作、安装	1. 材质 2. 形状 3. 周长或直径 4. 板材厚度 5. 接口形式 6. 风管附件、支架设计要求 7. 除锈、刷油、防腐、绝热及保护层设计要求	m²	1. 风管、管件、法兰、零件、支吊架制作、安装及法兰、法兰加固框、支吊架除锈、刷油		CI0095～CI0131
				2. 弯头导流叶片制作、安装		CI0132
				3. 过跨风管落地支架制作、安装		CI0081～CI0084
				4. 风管检查孔制作		CI0135
				5. 温度、风量测定孔制作		CI0136
				6. 风管保温及保护层		CN2212～CN2227 CN2352～CN2354 CN1925 CN2403～CN2410
				7. 风管保护层除锈、刷油	除锈	CN0001～CN0050
					刷油	CN0051～CN0334
030902002	净化通风管制作、安装	1. 材质 2. 形状 3. 周长或直径 4. 板材厚度 5. 接口形式 6. 风管附件、支架设计要求 7. 除锈、刷油、防腐、绝热及保护层设计要求	m²	1. 风管、管件、法兰、零件、支吊架制作、安装及法兰、法兰加固框、支吊架除锈、刷油		CI0137～CI0140
				2. 弯头导流叶片制作、安装		CI0132
				3. 过跨风管落地支架制作、安装		CI0081～CI0084
				4. 风管检查孔制作		CI0135
				5. 温度、风量测定孔制作		CI0136

续表 C.9.2

项目编码	项目名称	项目特征	计量单位	工程内容	可组合的定额内容	对应的定额编号
030902002	净化通风管制作、安装	1. 材质 2. 形状 3. 周长或直径 4. 板材厚度 5. 接口形式 6. 风管附件、支架设计要求 7. 除锈、刷油、防腐、绝热及保护层设计要求	m²	6. 风管保温及保护层		CN2212～CN2227 CN2352～CN2354 CN1925 CN2403～CN2410
				7. 风管、保护层除锈、刷油	除锈	CN0001～CN0050
					刷油	CN0051～CN0334
030902005	塑料通风管道制作、安装	1. 形状 2. 周长或直径 3. 板材厚度 4. 接口形式 5. 支架法兰的材质、规格 6. 除锈、刷油、防腐、绝热及保护层设计要求	m²	1. 风管制作、安装及支吊架制作、安装、除锈、刷油		CI0175～CI0183
				2. 风管保温、保护层		CN2212～CN2227 CN2352～CN2354 CN1925 CN2403～CN2410
				3. 保护层除锈、刷油	除锈	CN0001～CN0050
					刷油	CN0051～CN0334
030902008	柔性软风管	1. 材质 2. 规格 3. 保温套管设计要求	m	1. 安装 2. 风管接头安装		CI0267～CI0276

表 C.9.3 通风管道部件制作、安装（编码：030903）

项目编码	项目名称	项目特征	计量单位	工程内容	可组合的定额内容	对应的定额编号
030903001	碳钢调节阀制作、安装	1. 类型 2. 规格 3. 周长 4. 质量 5. 除锈、刷油设计要求	个	1. 安装		CI0301～CI0328
				2. 制作		CI0278～CI0300
				3. 除锈、刷油	除锈	CN0001～CN0050
					刷油	CN0051～CN0334
030903002	柔性软风管阀门	1. 材质 2. 规格		安装		CI0329～CI0333
030903003	铝蝶阀	规格				CI0334～CI0342
030903004	不锈钢蝶阀					CI0343～CI0346
030903005	塑料风管阀门制作、安装	1. 类型 2. 形状 3. 质量	个			CI0347～CN0351
030903006	玻璃钢蝶阀	1. 类型 2. 直径或周长				CI0352～CI0356

续表 C.9.3

项目编码	项目名称	项目特征	计量单位	工程内容	可组合的定额内容	对应的定额编号
030903007	碳钢风口、散流器制作、安装（百叶窗）	1. 类型 2. 规格 3. 形式 4. 质量 5. 除锈、刷油设计要求	个	1. 风口、散流器制作、安装	制作	CI0357～CI0397
					安装	CI0398～CI0430 CI0435～CI0448
				2. 百叶窗安装		CI0431～CI0434
				3. 除锈、刷油	除锈	CN0001～CN0050
					刷油	CN0051～CN0334
030903008	不锈钢风口、散流器制作、安装（百叶窗）	1. 类型 2. 规格 3. 形式 4. 质量 5. 除锈,刷油设计要求	个	制作、安装		CI0449～CI0450
030903009	塑料风口、散流器制作、安装（百叶窗）	1. 类型 2. 规格 3. 形式 4. 质量 5. 除锈、刷油设计要求	个	制作、安装		CI0451～CI0461
030903011	铝及铝合金风口、散流器制作、安装	1. 类型 2. 规格 3. 质量	个	1. 制作		CI0470～CI0471
				2. 安装		CI0472～CI0505
030903012	碳钢风帽制作、安装	1. 类型 2. 规格 3. 形式 4. 质量 5. 风帽附件设计要求 6. 除锈、刷油设计要求	个	1. 风帽制作、安装		CI0506～CI0523
				2. 筒形风帽滴水盘制作、安装		CI0524～CI0527
				3. 风帽筝绳制作、安装		CI0528～CI0529
				4. 风帽泛水制作、安装		CI0530～CI0531
				5. 除锈、刷油	除锈	CN0001～CN0050
					刷油	CN0051～CN0334
030903019	柔性接口及伸缩节制作、安装	1. 材质 2. 规格 3. 法兰接口设计要求	m²	制作、安装		CI0584～CI0585
030903020	消声器制作、安装	类型	kg	制作、安装		CI0586～CI0618
030903021	静压箱制作、安装	1. 材质 2. 规格 3. 形式 4. 除锈标准、刷油防腐设计要求	m²	1. 制作、安装		CI0619～CI0620
				2. 支架制作、安装		CI0081～CI0084
				3. 除锈、刷油、防腐		CN0001～CN0050 CN0051～CN0334

表 C.9.4　通风工程检测、调试（编码：030904）

项目编码	项目名称	项目特征	计量单位	工程内容	可组合的定额内容	对应的定额编号
030904001	通风工程检测、调试	系统	系统	1. 管道漏光试验 2. 漏风试验 3. 通风管道风量测定 4. 风压测定 5. 温度测定 6. 各系统风口、阀门调整		见定额分册说明

二、通风空调工程工程量清单计价定额

通风空调工程工程量清单计价定额相关内容分布在 2009 年《四川省建设工程工程量清单计价定额　安装工程（四）》的"C.I 通风空调工程"中，在清单组价时经常需要用到其定额数据、定额内容和定额工程量计算规则，现简要说明以供参考。

本定额共分十四章，概括起来，有各类通风管道的制作与安装、通风管道部件的制作与安装、通风空调设备的安装、空调部件及设备支架的制作与安装、风帽的制作与安装、罩类的制作安装等六大部分。

1. C.I《通风空调工程》分册说明

（1）C.I《通风空调工程》（以下简称本定额）适用于工业与民用建筑的新建、扩建项目中的通风空调工程。

（2）通风空调工程分册和相关分册关系。

① 通风空调的刷油、绝热、防腐蚀，执行 C.N《刷油、防腐蚀、绝热工程》相应项目：风管刷油与风管制作工作量相当。

风管部件刷油按部件质量计算。

② 通风空调工程中的冷却水、冷冻水等管道安装执行 C.H《给排水、采暖、燃气工程》相应项目。

（3）关于下列各项费用的规定：

① 脚手架搭拆费按人工费的 5% 计算，其中人工工资占 25%。

② 高层建筑增加费：凡檐口高度 > 20 m 的工业与民用建筑按下表计算（全部为定额人工费）。

檐口高度	≤30 m	≤40 m	≤50 m	≤60 m	≤70 m	≤80 m	≤90 m	≤100 m	≤110 m
按人工费的%	3	5	7	10	12	15	19	22	25
檐口高度	≤120 m	≤130 m	≤140 m	≤150 m	≤160 m	≤170 m	≤180 m	≤190 m	≤200 m
按人工费的%	3	5	7	10	12	15	19	22	25

③ 超高增加费(指操作物高度距离楼地面 > 6 m 的工程)按超过部分人工费的 15% 计算。

④ 系统调整费按系统工程人工费的 11% 计算，其中人工工资占 25%（含恒温恒湿空调系统）。

（4）本定额项目中的法兰垫料已按各种材料品种综合计入考虑，不得换算。

（5）本定额项目中的板材如设计要求厚度不同者可以换算，其他不变。

（6）风管连接法兰垫料，设计选用8501阻燃胶条，且建设单位同意使用的，不论风管材质，断面形式或大小，一律按每10 m^{2}增加计价材料费12.11元计算。

（7）本分册中通风管道、空调部件的制作费和安装费的比例可按下表划分：

序号	项目	制作占%			安装占%		
		人工	材料	机械	人工	材料	机械
1	薄钢板通风管道制作安装	60	95	95	40	5	5
2	调节阀制作安装	85	98	99	15	2	1
3	风口制作安装	85	98	99	15	2	1
4	风帽制作安装	75	80	99	25	20	1
5	罩类制作安装	78	98	95	22	2	5
6	消声器制作安装	91	98	99	9	2	1
7	空调部件及设备支架制作安装	86	98	95	14	2	5
8	通风空调设备安装	—	—	—	100	100	100
9	净化通风管道及部件制作安装	60	85	95	40	15	5
10	不锈钢板通风管道及部件制作安装	72	95	95	28	5	5
11	铝板通风管道及部件制作安装	68	95	95	32	5	5
12	塑料通风管道及部件制作安装	85	95	95	15	5	5
13	玻璃钢通风管道及部件制作安装	—	—	—	100	100	100
14	复合塑风管制作安装	60	—	99	40	100	1

2. 通风管道制作安装（编码：030902）

1）说明

（1）工程内容：

① 碳钢通风管：

a. 风管制作：放样、下料、卷圆、折方、轧口、咬口、制作直管、管件、法兰、吊托支架、钻孔、铆焊、上法兰、组对；

b. 风管安装：找标高、打支架墙洞、配合预留孔洞、埋设吊托支架、组装、风管就位、找平、找正、制垫、垫垫、上螺栓、紧固。

② 净化通风管：

a. 风管制作：放样、下料、折方、轧口、咬口、制作直管、管件、法兰、吊托支架、钻孔、铆焊、上法兰、组对、口缝外表面涂密封胶、风管内表面清洗、风管两端封口；

b. 风管安装：找标高、找平、找正、配合预留孔洞、打支架墙洞、埋设支吊架、风管就位、组装、制垫、垫垫、上螺栓、紧固、风管内表面清洗、管口封闭、法兰口涂密封胶。

③ 不锈钢板风管：

a. 风管制作：放样、下料、卷圆、折方、制作管件、组对焊接、试漏、清洗焊口；

b. 风管安装：找标高、清理墙洞、风管就位、组对焊接、试漏、清洗焊口、固定。

④ 铝板通风管：

a. 铝板风管制作：放样、下料、卷圆、折方、制作管件、组对焊接、试漏、清洗焊口；

b. 铝板风管安装：找标高、清理墙洞、风管就位、组对焊接、试漏、清洗焊口、固定。

⑤ 塑料通风管：

a. 风管制作：放样、锯切、坡口、加热成型、制作法兰、管件、钻孔、组合焊接；

b. 风管安装：就位、制垫、垫垫、法兰连接、找正、找平、固定。

⑥ 玻璃钢通风管安装：找标高、打支架墙洞、配合预留孔洞、吊托支架制作及埋设、风管配合修补、粘接、组装就位、找平、找正、制垫、垫垫、上螺栓、紧固。

⑦ 复合型风管：

a. 风管制作：放样、切割、开槽、成型、黏合、制作管件、钻孔、组合；

b. 风管安装：就位、制垫、垫垫、连接、找正、找平、固定。

（2）整个通风系统设计采用渐缩管均匀送风者，圆形风管按平均直径计算，矩形风管按平均周长计算，执行相应规格项目，其人工费乘以系数 2.5。

（3）如制作空气幕送风管时，按矩形风管平均周长执行相应风管规格项目，其人工费乘以系数 3。

（4）薄钢板风管除锈，不分锈蚀程度一律执行有关轻锈项目。

（5）若设计要求普通咬口风管对其咬口缝增加锡焊或涂密封胶时，按相应的净化风管项目中的密封材料增加 50%，清洗材料增加 20%，人工每 10 m² 增加一个工日计算。

（6）风管制作安装项目，只列有法兰连接，如采用无法兰连接时不作调整。

（7）不锈钢通风管道安装不包括法兰、加固框和吊托支架制作安装；铝板通风管道制作安装不包括法兰制作安装。其余材质通风管道，均包括管件、法兰、加固框和吊托支架的制作、安装、除锈、刷油工作内容，以及支吊架安装使用的膨胀螺栓。

（8）净化风管项目中，风管涂密封胶是按全部口缝外表面涂抹考虑的，如设计要求口缝不涂抹而只在法兰处涂抹者，每 10 m² 风管应减去密封胶 1.5 kg 和人工 0.37 工日。

（9）净化风管项目中，咬口处如设计要求锡焊时，可扣除密封胶使用量，增加每 10 m² 风管用 1.1 kg 焊锡、0.11 kg 盐酸计算。

（10）净化风管项目中，型钢未包括镀锌费，如设计要求镀锌时，另加镀锌费。

（11）净化风管项目中，若设计要求对安装的风管与建筑物间的缝隙进行净化封闭处理时，发生的费用另行计算。

（12）净化风管是按空气洁净度 100000 级编制的，空气洁净度级别若设计要求达到 100000 级（包括 100000 级）时，每递增一个级别，按 10 m² 风管增加人工 0.5 个工日，材料增加 20% 计算。

（13）不锈钢板矩形风管执行圆形风管相应项目。

（14）不锈钢板风管以电焊考虑的项目，如需使用手工氩弧焊者，其中人工费乘以系数 1.238，材料费乘以系数 1.163，机械费乘以系数 1.673。

（15）铝板风管中凡以气焊考虑的项目，如需使用手工氩弧焊者，其中人工费乘以系数 1.154，材料费乘以系数 0.852，机械费乘以系数 9.242。

（16）塑料风管胎具的材料费按以下规定另行计算：风管工程量小于或等于 30 m² 者，每 10 m² 风管摊销木材 0.09 m³；风管工程量大于 30 m² 者，每 10 m² 风管摊销木材 0.06 m³。按一等杉木枋材计价。

（17）若玻璃钢风管按计算工程量加损耗外加工订做，其价值按实际价格；风管修补应由加工单位负责，其费用按实际价格，计算在主材费内。

（18）柔性软风管适用于由金属、涂塑化纤织物、聚酯、聚乙烯、聚氯乙烯薄膜、铝箔等材料制成的软风管。

（19）非金属软管接口使用人造革而不使用帆布者不得换算。

（20）金属软管接口安装，不分金属材质执行同一项目，接头作为未计价材料。

（21）风管导流叶片不分单叶片和香蕉形双叶片均执行同一项目。

　2）工程量计算规则

（1）风管制作安装按设计图示尺寸以展开面积计算（复合风管按风管外径以展开面积计算），不扣除检查孔、测定孔、送风口、吸风口等所占面积；风管长度一律以设计图示中心线长度为准（主管与支管以其中心线交点划分），包括弯头、三通、变径管、天圆地方等管件的长度，但不包括部件所占的长度。风管展开面积不包括风管、管口重叠部分面积。直径和周长按图示尺寸为准展开。

（2）柔性软风管安装按图示中心线长度以"m"为计量单位。

（3）风管项目表示的直径为内径，周长为内周长。

（4）风管导流叶片按图示叶片的面积计算。

（5）风管末端平封板按面积计算，圆形封头按展开面积计算。

　3）部分常用定额

C.I.2.1　碳钢通风管道制作安装（编码：030902001）

表 C.I.2.1.2　薄钢板风管

定额编号	项目名称	单位	综合单价（元）	其　中				未计价材料		
				人工费	材料费	机械费	综合费	名称	单位	数量
CI0111	圆形风管 δ= 2 mm 直径<200 mm	10 m²	1 697.99	859.19	257.47	237.65	343.68	普通钢板	m²	10.800
CI0112	圆形风管 δ= 2 mm 直径<500 mm	10 m²	1 107.80	486.47	285.52	141.22	194.59	普通钢板	m²	10.800
CI0119	矩形风管 δ= 2 mm 周长<800 mm	10 m²	1 387.45	540.92	420.98	209.18	216.37	普通钢板	m²	10.800
CI0120	矩形风管 δ= 2 mm 周长<2 000 mm	10 m²	921.11	355.54	305.72	117.63	142.22	普通钢板	m²	10.800
CI0121	矩形风管 δ= 2 mm 周长<4 000 mm	10 m²	670.99	250.85	246.91	72.89	100.34	普通钢板	m²	10.800
CI0122	矩形风管 δ= 2 mm 周长>4 000 mm	10 m²	618.31	219.74	250.56	30.11	87.90	普通钢板	m²	10.800
CI0123	矩形风管 δ= 3 mm 周长<800 mm	10 m²	1 725.16	632.97	628.53	210.47	253.19	普通钢板	m²	10.800
CI0124	矩形风管 δ= 3 mm 周长<2 000 mm	10 m²	1 150.93	412.90	455.05	117.82	165.16	普通钢板	m²	10.800
CI0125	矩形风管 δ= 3 mm 周长<4 000 mm	10 m²	819.66	284.56	348.39	72.89	113.82	普通钢板	m²	10.800
CI0126	矩形风管 δ= 3 mm 周长>4 000 mm	10 m²	784.43	257.66	364.03	59.68	103.06	普通钢板	m²	10.800

表 C.I.2.5　塑料通风管道制作安装

定额编号	项目名称	单位	综合单价（元）	其中				未计价材料		
				人工费	材料费	机械费	综合费	名称	单位	数量
CI0175	塑料圆形风管 直径<300 mm,δ=3	10 m²	2 770.01	1 423.12	274.95	502.69	569.25	硬聚氯乙烯板δ3～8	m²	11.600
CI0176	塑料圆形风管 直径<630 mm,δ=4	10 m²	1 752.3	904.27	234.91	251.41	361.71	硬聚氯乙烯板δ3～8	m²	11.600
CI0177	塑料圆形风管 直径<1 000 mm,δ=5	10 m²	1 881.16	912.05	330.3	273.99	364.82	硬聚氯乙烯板δ3～8	m²	11.600
CI0178	塑料圆形风管 直径<2 000 mm,δ=6	10 m²	1 983.13	991.1	333.26	262.33	396.44	硬聚氯乙烯板δ3～8	m²	11.600
CI0179	塑料矩形风管 周长<1 300 mm,δ=3	10 m²	1 998.92	1 096.46	243.01	220.87	438.58	硬聚氯乙烯板δ3～8	m²	11.600
CI0180	塑料矩形风管 周长<2 000 mm,δ=4	10 m²	1 967.1	1 071.47	242.16	224.88	428.59	硬聚氯乙烯板δ3～8	m²	11.600
CI0181	塑料矩形风管 周长<3 200 mm,δ=5	10 m²	2 001.92	1043.28	302.91	238.42	417.31	硬聚氯乙烯板δ3～8	m²	11.600
CI0182	塑料矩形风管 周长<4 500 mm,δ=6	10 m²	2 028.66	1 009.9	397.57	217.23	403.96	硬聚氯乙烯板δ3～8	m²	11.600
CI0183	塑料矩形风管 周长<6 500 mm,δ=8	10 m²	1 962.24	926.93	447.74	216.8	370.77	硬聚氯乙烯板δ3～8	m²	11.600

3．通风管道部件制作安装（编码：030903）

1）说明

（1）工程内容：

① 碳钢调节阀：

a. 调节阀制作：放样、下料、制作短管、阀板、法兰、零件、钻孔、铆焊、组合成型；

b. 调节阀安装：号孔、钻孔、对口、校正、制垫、垫垫、上螺栓、紧固、试动。

② 碳钢风口：

a. 风口制作：放样、下料、开孔、制作零件、外框、叶片、网框、调节板、拉杆、导风板、弯管、天圆地方、扩散管、法兰、钻孔、铆焊、组合成型；

b. 风口安装：对口、上螺栓、制垫、垫垫、找正、找平、固定、试动、调整。

③ 碳钢风帽：

a. 风帽制作：放样、下料、咬口、制作法兰、零件、钻孔、铆焊、组装；

b. 风帽安装：安装、找正、找平、制垫、垫垫、上螺栓、固定。

④ 碳钢罩类：

a. 罩类制作：放样、下料、卷圆、制作罩体、来回弯、零件、法兰、钻孔、铆焊、组合成型；

b. 罩类安装：埋设支架、吊装、对口、找正、制垫、垫垫、上螺栓、固定配重环及钢丝绳、试动调整。

⑤ 不锈钢风管部件：

a. 部件制作：下料、平料、开孔、钻孔、组对、铆焊、攻丝、清洗焊口、组装固定、试动、短管、零件、试漏；

b. 部件安装：制垫、垫垫、找平、找正、组对、固定、试动。

⑥ 铝板风管部件：

a. 部件制作：下料、平料、开孔、钻孔、组对、焊铆、攻丝、清洗焊口、组装固定、试动、短管、零件、试漏；

b. 部件安装：制垫、垫垫、找平、找正、组对、固定、试动。

⑦ 玻璃钢风管部件安装：组对、组装、就位、找正、制垫、垫垫、上螺栓、紧固；

⑧ 消声器：

a. 消声器制作：放样、下料、钻孔、制作内外套管、木框架、法兰、铆焊、粘贴、填充消声材料、组合；

b. 消声器安装：组对、安装、找正、找平、制垫、垫垫、上螺栓、固定。

⑨ 静压箱：

a. 静压箱制作：放样、下料、零件、法兰、预留预埋、钻孔、铆焊、制作、组装、擦洗；

b. 部件安装：测位、找平、找正、制垫、垫垫、上螺栓、清洗。

（2）碳钢密闭式对开多叶调节阀与碳钢手动对开多叶调节阀执行同一项目。

（3）碳钢蝶阀安装项目适用于圆形碳钢保温蝶阀，方、矩形碳钢保温蝶阀，圆形碳钢蝶阀，方、矩形碳钢蝶阀。风管碳钢止回阀安装项目适用于圆形风管碳钢止回阀、方形风管碳钢止回阀。

（4）碳钢百叶风口安装项目适用于碳钢带调节板活动百叶风口、单层百叶风口、双层百叶风口、三层百叶风口、连动百叶风口、135 型单层百叶风口、135 型双层百叶风口、135 型带导流叶片百叶风口、活动金属百叶风口。

（5）碳钢散流器安装项目适用于碳钢圆形直片散流器、方形直片散流器、流线型散流器。

（6）碳钢送吸风口安装项目适用于碳钢单面送吸风口、双面送吸风口。

（7）带阀风口安装，可执行相应风口安装项目，其综合单价乘以系数 1.1。

（8）若安装的风口实际周长大于本定额所列的子目，按最大周长子目的综合单价乘以系数 1.20 计算。

（9）碳钢罩类项目中不包括的排气罩可执行本章中近似的项目。

（10）不锈钢板部件以电焊考虑的项目，如需使用手工氩弧焊者，其中人工费乘以系数 1.238，材料费乘以系数 1.163，机械费乘以系数 1.673。

（11）铝板风管中凡以气焊考虑的项目，如需使用手工氩弧焊者，其中人工费乘以系数 1.154，材料费乘以系数 0.852，机械费乘以系数 9.242。

（12）消声静压箱安装执行相应消声器安装子目。

2）工程量计算规则

（1）碳钢标准部件依据设计型号、规格查阅本分册附录"国际通风部件标准质量表"，制作按其质量计算，安装按规格尺寸以"个"计算。

（2）柔性软风管阀门安装以"个"为计量单位。

（3）钢百叶窗及活动金属百叶风口制作以"m²"为计量单位，安装按规格尺寸以"个"为计量单位。

（4）碳钢风帽制作安装依据设计型号、规格查阅本分册附录"国际通风部件标准质量表"，制作按其质量以"kg"为计量单位,安装以"个"为计量单位。

（5）风帽筝绳按质量计算;风帽泛水以"m²"为计量单位。

（6）碳钢罩类制作安装依据设计型号、规格查阅本分册附录"国标通风部件标准质量表",制作按其质量以"kg"为计量单位,安装除皮带防护罩和电机防雨罩以"kg"为计量单位外,其余均以"个"为计量单位。

3）部分常用定额

C.I.3.1 碳钢调节阀制作安装（编码：030903001）

表 C.I.3.1.1　碳钢调节阀制作

定额编号	项目名称	单位	综合单价（元）	其　中				未计价材料		
				人工费	材料费	机械费	综合费	名称	单位	数量
CI0278	空气加热器上（旁）通阀 T101-1.2	100 kg	923.20	285.53	503.74	19.72	114.21			
CI0279	圆形瓣式启动阀 T301-5≤30 kg	100 kg	2 742.80	1 114.26	663.98	518.86	445.70			
CI0280	圆形瓣式启动阀 T301-5>30 kg	100 kg	1 792.92	639.13	622.89	275.25	255.65			
CI0281	圆形保温蝶阀 T302-2≤10 kg	100 kg	1 796.97	707.83	591.66	214.35	283.13			
CI0282	圆形保温蝶阀 T302-2>10 kg	100 kg	1 362.58	498.47	563.88	100.84	199.39			
CI0283	方、矩形保温蝶阀 T302-4、6≤10 kg	100 kg	1 643.26	583.38	584.64	241.89	233.35			
CI0284	方、矩形保温蝶阀 T302-4、6>10 kg	100 kg	929.85	203.86	542.48	101.97	81.54			
CI0285	圆形蝶阀 T302-7≤10 kg	100 kg	2 325.07	977.81	564.82	391.32	391.12			
CI0286	圆形蝶阀 T302-7>10 kg	100 kg	1 277.12	370.77	564.35	193.69	148.31			
CI0287	方、矩形蝶阀 T302-8、9≤15 kg	100 kg	1 560.25	480.64	529.32	358.03	192.26			
CI0288	方、矩形蝶阀 T302-8、9>15 kg	100 kg	1 029.50	263.17	534.24	126.82	105.27			
CI0289	圆形风管止回阀 T303-1≤20 kg	100 kg	1 751.52	433.00	1 027.87	117.45	173.20			
CI0290	圆形风管止回阀 T303-1>20 kg	100 kg	1 462.99	26.00	1 003.73	82.66	107.60			
CI0291	方形风管止回阀 T303-2≤20 kg	100 kg	1 567.34	343.87	960.34	125.58	137.55			
CI0292	方形风管止回阀 T303-2>20 kg	100 kg	1 298.45	226.87	908.78	72.05	90.75			
CI0293	密闭式斜插板阀 T309≤10 kg	100 kg	1 803.59	740.89	619.42	146.92	196.36			
CI0294	密闭式斜插板阀 T309>10 kg	100 kg	1353.06	330.58	588.35	301.93	132.23			

续表 C.I.3.1.1

定额编号	项目名称	单位	综合单价（元）	其 中				未计价材料		
				人工费	材料费	机械费	综合费	名称	单位	数量
CI0295	矩形风管三通调节阀制作安装 T310-1.2	100 kg	2 569.44	1212.68	640.82	230.87	485.07			
CI0296	对开多叶调节阀 T311≤30 kg	100 kg	1 719.59	480.96	915.51	130.74	192.38			
CI0297	对开多叶调节阀 T311>30 kg	100 kg	1 251.42	316.32	706.61	101.96	126.53			
CI0298	风管防火阀 圆形	100 kg	1 101.28	319.56	568.05	85.85	127.82			
CI0299	风管防火阀 方、矩形	100 kg	861.80	187.33	537.45	62.09	74.93			
CI0300	各式风罩调节阀	100 kg	1 038.31	267.22	527.36	136.84	106.89			

表 C.I.3.1.2 碳钢调节阀安装

定额编号	项目名称	单位	综合单价（元）	其 中				未计价材料		
				人工费	材料费	机械费	综合费	名称	单位	数量
CI0301	空气加热器上通阀	个	65.07	36.95	12.19	1.15	14.78			
CI0302	空气加热器旁通阀	个	44.83	24.31	10.8	0	9.72			
CI0303	圆形瓣式启动阀 直径<600 mm	个	63.18	33.06	16.72	0.18	13.22			
CI0304	圆形瓣式启动阀 直径<800 mm	个	71.21	41.48	12.96	0.18	16.59			
CI0305	圆形瓣式启动阀 直径<1 000 mm	个	87.6	50.88	14.35	2.02	20.35			
CI0306	圆形瓣式启动阀 直径<1 300 mm	个	118.8	67.74	20.98	2.98	27.1			
CI0307	风管蝶阀 周长<800 mm	个	16.02	6.81	6.31	0.18	2.72			
CI0308	风管蝶阀 周长<1 600 mm	个	24.73	9.72	8.14	2.98	3.89			
CI0309	风管蝶阀 周长<2 400 mm	个	45.48	16.85	17.36	4.53	6.74			
CI0310	风管蝶阀 周长<3 200 mm	个	59.78	22.69	22.06	5.95	9.08			
CI0311	风管蝶阀 周长<4 000 mm	个	78.19	31.11	26.3	8.34	12.44			
CI0312	圆、方形风管止回阀 周长<800 mm	个	18.77	8.1	7.43	0	3.24			
CI0313	圆、方形风管止回阀 周长<1 200 mm	个	20.45	9.07	7.75	0	3.63			
CI0314	圆、方形风管止回阀 周长<2 000 mm	个	36.56	13.94	17.04	0	5.58			
CI0315	圆、方形风管止回阀 周长<3 200 mm	个	44.75	16.21	22.06	0	6.48			
CI0316	密闭式斜插板阀 直径<140 mm	个	12.09	6.81	2.56	0	2.72			

续表 C.I.3.1.2

定额编号	项目名称	单位	综合单价（元）	其中				未计价材料		
				人工费	材料费	机械费	综合费	名称	单位	数量
CI0317	密闭式斜插板阀 直径<280 mm	个	14.96	7.78	4.07	0	3.11			
CI0318	密闭式斜插板阀 直径<340 mm	个	18.21	9.07	5.51	0	3.63			
CI0319	矩形风管三通调节阀 T310-1、2	个	19.01	12.93	0.79	0.12	5.17			
CI0320	对开多叶调节阀 周长<2 800 mm	个	37.77	14.58	17.36	0	5.83			
CI0321	对开多叶调节阀 周长<4 000 mm	个	44.36	16.21	21.67	0	6.48			
CI0322	对开多叶调节阀 周长<5 200 mm	个	53.92	19.45	26.69	0	7.78			
CI0323	对开多叶调节阀 周长<6 500 mm	个	66.7	23.34	34.02	0	9.34			
CI0324	风管防火阀 周长<2 200 mm	个	26.57	6.81	17.04	0	2.72			
CI0325	风管防火阀 周长<3 600 mm	个	78.38	40.51	21.67	0	16.2			
CI0326	风管防火阀 周长<5 400 mm	个	108.81	58.66	26.69	0	23.46			
CI0327	风管防火阀 周长< 8000 mm	个	162.97	88.16	39.55	0	35.26			
CI0328	各型风罩调节阀	个	57.72	35.23	5.03	3.37	14.09			

表 C.I.3.5　塑料风管阀门制作安装（编码：030903005）

定额编号	项目名称	单位	综合单价（元）	其中				未计价材料		
				人工费	材料费	机械费	综合费	名称	单位	数量
CI0347	蝶阀 T354-1 圆形	100 kg	4 195.36	2 154.94	701.19	477.25	861.98	聚氯乙烯塑料板 硬 8 mm	kg	131.000
CI0348	蝶阀 T354-1 方形、矩形	100 kg	3 529.17	1 654.56	843.86	368.93	661.82	聚氯乙烯塑料板 硬 8 mm	kg	116.000
CI0349	插板阀 T351-1、T355 圆形	100 kg	6 607.31	3 215.07	873.11	1233.1	1 286.03	聚氯乙烯塑料板 硬 8 mm	kg	116.000
CI0350	插板阀 T351-1、T355 方形、矩形	100 kg	4 916.83	2 373.42	668.44	925.6	949.37	聚氯乙烯塑料板 硬 8 mm	kg	116.000

第 5 章　电气工程工程量清单及清单计价

【知识目标】

了解电气工程的分类；理解常用建筑电气照明的组成、常用材料与设备的种类及电气工程施工方法；了解并熟悉电气配管配线敷设方式和灯具小电器的安装；熟悉电气照明工程施工图的主要内容及其识读方法；熟悉电气照明工程清单项目设置及工程量计算规则；掌握清单计价模式下的电气照明工程工程量清单及清单计价编制的步骤、方法、格式及内容。

【能力目标】

能够迅速地识读电气照明工程施工图；比较熟练地进行清单计价模式下的电气照明工程工程量计算和清单编制，熟练地计算分部分项工程综合单价及汇总编制电气照明工程工程量清单计价。

5.1　电气工程基础知识

从广义上讲，电气工程包括电力、通信、控制三大系统，电力系统是指由发电厂、输电线路、变电所、配电线路及用电设备构成的系统。从狭义上讲，我们一般提到的电气工程，是指工业与民用建筑中的电气工程，包括变配电工程、外线工程、动力及照明工程和防雷及接地工程等。本章节重点介绍电气照明工程。

5.1.1　电气照明系统组成

电气照明工程一般是指由电源的进户装置到各照明用电器具及中间环节的配电装置、配电线路和开关控制设备的全部电器安装工程。主要由进户装置、室内配电箱（盘）、电缆及管线敷设、照明器具、小电器（开关、插座、电扇等）等项目组成，如图 5.1 所示。

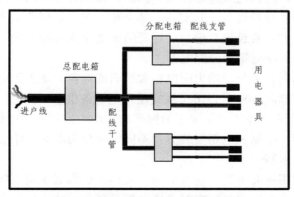

图 5.1　电气照明系统组成示意图

1. 进户装置

电源从室外低压配电线路接线入户的设施称为进户装置。电源进户方式有两种：低压架空进线和电缆埋地进线。

（1）低压架空线进户装置由进户线横担、绝缘子、引下线、进户线和进户管组成。进户线横担的安装方式有一端埋设和两端埋设两种。进户线横担如图 5.2 所示。

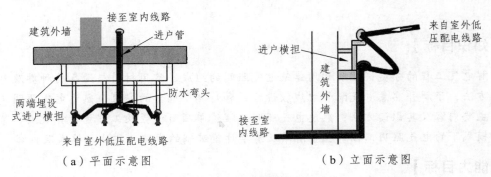

（a）平面示意图　　　　　　　　　　　（b）立面示意图

图 5.2　进户线横担示意图

（2）电缆埋地进线，在照明工程中只考虑低压电缆终端头的制作与安装，其引接电缆的安装计入外网工程。如图 5.3 所示。

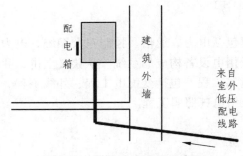

图 5.3　电缆埋地进线示意图

2. 配电箱、开关柜

进户线进入室内后，应该先经过总开关，然后再接至各个分路。将总开关、分支开关、熔断器和电度表等控制及计量设备一起安装于某个箱子中，形成的这个整体就称为配电箱。配电箱是控制室内电源的主要设施。进户后设置的配电箱为总配电箱，它主要控制各个支路的配电箱；各分支电路的配电箱为分配电箱。

根据配电箱用途不同，可分为动力配电箱和照明配电箱。动力配电箱就近设置在工厂车间和其他负载场地，直接向 500 V 以下工频交流用电设备供电；照明配电箱适用于工业与民用建筑在交流 50 Hz、额定电压 500 V 以下的照明和小动力控制回路中作线路的过载、短路保护以及线路正常转换用。根据配电箱安装方式不同，可分为明装、暗装和半明半暗。根据材质不同，可分为铁制、木制等。

除了配电箱外，常用的配电装置还有低压开关柜，也称低压配电屏或柜，经常直接设置在配电变压器低压侧作为配电主盘，有时也用做较重要负荷的配电分盘，一般要求安装在专用电气房间（配电室）或被相对隔离开的专门场地内。

3. 电缆及管线敷设

电气照明系统中，进户线路及配电设备相互连接时常采用电缆连接。进户线路中电缆的敷设常采用直埋敷设、穿管敷设、电缆沟敷设和桥架敷设等方式，配电设备之间相互连接中电缆的敷设通常采用穿管敷设及竖井敷设等方式。

管线敷设是指由配电箱接到各用电器具的管路管线的安装。目前，采用的配线方式有线管配线、夹板配线、绝缘子配线、槽板配线、线槽配线、塑料护套线明敷设、车间带型母线安装等。采用较多的是线管配线的方式。线管配线包括配管和配线两项工程内容。

4. 照明器具

根据照明的用途，照明可分为工作照明、应急照明、值班照明、警卫照明、景观照明和障碍照明等；根据照明的范围，可分为一般照明、局部照明和混合照明等。常用的照明灯具有白炽灯、荧光灯、高压钠灯等。

5. 开关、插座

开关有拉线开关、扳把开关、按钮开关等，其安装方式有明装和暗装两种。根据开关灯具的要求有单联、双联、三联、四联、单控、双控等形式。

插座是供随时接通用电器具的装置，其安装形式也有明装和暗装之分。根据用电情况可分为单相插座和三相插座；根据使用部位不同，可分为一般插座、带保险盒盖插座、防爆插座。

5.1.2　电气照明系统常用材料及设备

1. 电　缆

电缆是一种多芯导线，即在一个绝缘软套内裹有多根相互绝缘的线芯。由缆芯、绝缘层、保护层三部分组成。电缆按绝缘材料可分为纸绝缘电缆、塑料绝缘电缆；按导电材料可分为铜芯电缆、铝芯电缆、铁芯电缆；按敷设方式可分为直埋电缆、不可直埋电缆；按芯数可分为单芯、双芯、三芯及多芯电缆；按用途可分为电力电缆、通信电缆、其他电缆。电缆型号的组成及含义见表 5.1。

表 5.1　电缆型号的组成及含义

性　能	类　别	电缆种类	线芯材料	内护层	其他特征	外护层	
						第一数字	第二数字
ZR-阻燃		Z-纸绝缘	T-铜（略）	Q-铅护套	P-屏蔽	2-双钢带	1-纤维护套
NH-耐火	K-控制电缆	X-橡皮	L-铝	L-铝护套	C-重型	3-细圆钢丝	2-聚聚氯乙烯护套
	Y-移动式软电缆	V-聚氯乙烯		V-聚氯乙烯护套	F-分相铝包	4-粗圆钢丝	3-聚乙烯护套
	P-信号电缆	Y-聚乙烯		H-橡皮护套			
	H-电话电缆	YJ-交联聚乙烯		Y-聚乙烯护套			

（1）电力电缆。

随着电压等级、所采用绝缘材料和外保护层或铠装不同，电力电缆有多种系列产品。常用的电力电缆型号及名称如表 5.2。

表 5.2　常用电力电缆型号及名称

型　号		名　称
铜　芯	铝　芯	
VV	VLV	聚氯乙烯绝缘　聚氯乙烯护套电力电缆
VV$_{22}$	VLV$_{22}$	聚氯乙烯绝缘　钢带铠装　聚氯乙烯护套电力电缆
ZR-VV	ZR-VLV	阻燃聚氯乙烯绝缘　聚氯乙烯护套电力电缆
ZR-VV$_{22}$	ZR-VLV$_{22}$	阻燃聚氯乙烯绝缘　钢带铠装　聚氯乙烯护套电力电缆
NH-VV	NH-VLV	耐火聚氯乙烯绝缘　聚氯乙烯护套电力电缆
NH-VV$_{22}$	NH-VLV$_{22}$	耐火聚氯乙烯绝缘　钢带铠装　聚氯乙烯护套电力电缆
YJV	YJLV	交联聚氯乙烯绝缘　聚氯乙烯护套电力电缆
YJV$_{22}$	YJLV$_{22}$	交联聚氯乙烯绝缘　钢带铠装　聚氯乙烯护套电力电缆

（2）控制电缆。

控制电缆一般是供交流 500 V 或直流 1 000 V 及以下配电装置中仪表、电器、电路控制用。也可作为信号电缆，供连接电路信号用。

常用的控制电缆有：KVV、KLVV 系列聚氯乙烯绝缘聚氯乙烯护套控制电缆，KXV 系列橡皮绝缘聚氯乙烯护套控制电缆。

（3）电缆头。

对电缆连接处的特殊处理，称为电缆头的制作。

电缆之间的连接头称为中间头，电缆与其他电气设备之间的连接称为终端头。

（4）预制分支电缆。

生产厂家按照电缆用户要求的主、分支电缆型号、规格、截面、长度及分支位置等指标，在制造电缆时直接从主干电缆上加工制作出带分支的电缆，称为预制分支电缆。广泛应用于中、高层建筑中，作为供、配电的主、干线电缆使用。

预制分支电缆的型号表示，举例如下：

YFD-ZR-VV-4×185＋1×95/4×35＋1×16

表示主干电缆为 4 芯 185 mm^2 和 1 芯 95 mm^2 的铜芯阻燃聚氯乙烯绝缘聚氯乙烯护套电力电缆，分支电缆为 4 芯 35 mm^2 和 1 芯 16 mm^2 的铜芯阻燃聚氯乙烯绝缘聚氯乙烯护套电力电缆。

2. 绝缘导线

常用绝缘导线按其绝缘材料分为聚氯乙烯导线和橡皮绝缘导线；按线芯材料分为铜线和铝线；按线芯性能有硬线和软线之分。常用绝缘导线的型号、品种见表 5.3。

表 5.3　常用绝缘导线的型号、品种

类　别	型　号	名　称
聚氯乙烯导线	BV	铜芯聚氯乙烯绝缘电线
	BLV	铝芯聚氯乙烯绝缘电线
	BVV	铜芯聚氯乙烯绝缘聚氯乙烯护套圆形电线
	BLVV	铝芯聚氯乙烯绝缘聚氯乙烯护套圆形电线
	BVR	铜芯聚氯乙烯绝缘软电线
	BLVR	铝芯聚氯乙烯绝缘软电线
	RVB	铜芯聚氯乙烯绝缘平行软线
	RVS	铜芯聚氯乙烯绝缘绞形软线
	RVV	铜芯聚氯乙烯绝缘聚氯乙烯护套软线
橡皮绝缘导线	BX	铜芯橡皮绝缘线
	BLX	铝芯橡皮绝缘线
	BBX	铜芯玻璃丝织橡皮绝缘线
	BBLX	铝芯玻璃丝织橡皮绝缘线
	BXR	铜芯橡皮绝缘软线
	BXS	棉纱纫双绞绝缘软线

3. 常用低压控制和保护电器

低压电器指电压在 500 V 以下的各种控制设备、继电器及保护设备等。工程中常用的低压电器设备有刀开关、熔断器、低压断路器、接触器、磁力启动器、漏电保护器（漏电开关）及各种继电器等。

（1）刀开关。是最简单的控制设备，其作用是不频繁地接通电路。

（2）低压断路器。是工程中应用最广泛的一种控制设备，也称自动开关或空气开关。它具有短路和过载两种保护性能，并且断流能力强，灭弧系统完善。常用做配电箱中的总开关或分路开关。

（3）继电器。分为热继电器、时间继电器和中间继电器。热继电器主要用于电动机和电气设备的过负荷保护；时间继电器用于电路中控制动作时间；中间继电器通过通电或断电，使接点接通或断开以控制各个电路。

（4）漏电保护器。又称漏电保护开头。是防止人身误触带电体漏电而造成人身触电事故的一种保护装置，它也可以防止由漏电而引起的电气火灾和电气设备损坏事故。

4. 照明器具

（1）根据光源种类，可分为白炽灯、荧光灯、碘钨灯、钠灯、汞灯等，常用电光源种类代号见表 5.4。

表 5.4　常用光源种类代号

电光源类型	代号	电光源类型	代号
白炽灯	IN	钠灯	Na
荧光灯	FL	汞灯	Hg
碘钨灯	I		

（2）根据灯具用途不同，通常分为以下几种：

① 普通灯具：圆球吸顶灯、半圆球吸顶灯、方形吸顶灯、防水吊灯、一般弯脖灯、一般墙壁灯、软线吊灯、应急灯等。

② 工厂灯具：工厂罩灯、防水防尘灯、防潮灯、碘钨灯、混光灯、防爆灯等。

③ 装饰灯具：吊式艺术灯、吸顶式艺术灯、荧光艺术荧光灯具、标志、诱导装饰灯具、点光源艺术装饰灯具、草坪灯、歌舞厅灯具、霓虹灯等。

④ 荧光灯：组装型、成套型荧光灯具等。

⑤ 医疗专用灯。

⑥ 一般路灯。

（3）常用灯具类型及代号见表 5.5。

表 5.5　常用灯具类型及代号

灯具类型	代号	灯具类型	代号
花灯	H	防水防尘灯	F
吸顶灯	D	搪瓷伞罩灯	S
壁灯	B	隔爆灯	G
普照通吊灯	P	柱灯	Z
荧光灯	Y	投光灯	T

5.1.3　电气照明系统安装

1. 配管配线

（1）配管。

配管工程是配管配线工程的重要组成部分。常用管材有钢管、防爆钢管、电线管、可挠金属管、金属软管、塑料管等。其中塑料管又包括硬质聚氯乙烯管、刚性阻燃管、半硬质阻燃管等。钢管具有较好的防潮、防火、防爆性能，硬塑料管具有较好的防潮和抗酸性能。配管的方式有明配和暗配两种方式。

① 明配。

明配管通常用管卡子固定于砖、混凝土结构上或固定于钢结构支架及钢索上。管子明配施工方便，造价较低，但影响美观，故多用于工业厂房内。

② 暗配。

暗配管是在土建施工时将管子预埋入墙壁、楼板或天棚内。暗配管施工复杂，造价较高，但使用年限长，不影响建筑美观，广泛应用于工业与民用建筑中。

配管时，为了便于施工穿线，线管应尽量沿最短线路敷设，并减少弯曲。根据《民用建筑电气设计规范》（JGJ 16—2008），当线管布线较长或转弯较多时，宜适当加装接线盒，两个接线盒间的距离应符合以下规定：

对于无弯的管路，不超过 30 m。

有 1 个转弯时，不超过 20 m。

有 2 个转弯时，不超过 15 m。

有 3 个转弯时，不超过 8 m。

当加装接线盒有困难时，也可适当加大管径。

（2）管内穿线。

配管工程完成后，进行线管内穿绝缘导线。导线在线管内不得有接头和扭结；2 根绝缘电线穿于同一根导管时，导管内径不应小于两根电线外径之和的 1.35 倍；3 根及以上绝缘电线穿于同一根导管时，其总截面积（包括外护层）不应超过线管内截面积的 40%。

（3）线路敷设符号。

线路敷设方式符号见表 5.6，线路敷设部位符号见表 5.7。

表 5.6　线路敷设方式符号

敷设方式	字母代号	敷设方式	字母代号
用硬质塑料管敷设	PC	用金属线槽敷设	MR
用半硬质塑料管敷设	EPC	用电缆桥架敷设	CT
用聚氯乙烯塑料波纹管敷设	KPC	用塑料线槽敷设	PR
用电线管敷设	TC	用塑料夹敷设	PCL
用水煤气管敷设	SC	用金属软管敷设	CP

表 5.7　线路敷设部位符号

敷设方式	字母代号	敷设方式	字母代号
沿钢索敷设	SR	暗敷在梁内	BC
沿屋架或层架下弦明敷设	BE	暗敷在柱内	CLC
沿柱明敷设	CLE	暗敷在屋面内板或顶板内	CC
沿墙明敷设	WE	暗敷在地面内或地板内	FC
沿顶棚明敷设	CE	暗敷在不能进人的吊顶内	ACC
在能进人的吊顶内敷设	ACE	暗敷在墙内	WC

2. 灯具安装

灯具的安装方式可分为悬吊式、吸顶式、壁装式等。其中吊式又有线吊式、链吊式、管吊式三种方式；吸顶式又有一般吸顶式、嵌入吸顶式两种方式。表 5.8 给出了灯具各种安装方式的表示符号。

表 5.8　灯具安装方式的表示符号

安装方式	字母代号	安装方式	字母代号
壁装式	W	线吊式	CP
吸顶式	C	链吊式	CH
嵌入壁装式	WR	管吊式	P
嵌入吸顶式	CR		

5.2 电气工程施工图识读

识读建筑电气工程图，要熟悉电气图的表达形式、通用画法、图例符号、文字符号和建筑电气工程图的特点，再按照图纸的顺序阅读，就可以比较迅速、全面地读懂图纸。

5.2.1 电气工程常用图例

电气工程常用图例见表5.9。

表 5.9　电气工程常用图例

名　称	图形符号	名　称	图形符号
单相插座 暗装 密闭（防水） 防爆		单极开关 暗装 密闭（防水） 防爆	
带接地插孔的单相插座 暗装 密闭（防水） 防爆		双极开关 暗装 密闭（防水） 防爆	
带接地插孔的三相插座 暗装 密闭（防水） 防爆		三极开关 暗装 密闭（防水） 防爆	
具有单极开关的插座		单极双控拉线开关	
插座箱（板）		单极拉线开关	
多个插座（示出3个）		双控开关（单极三线）	
		具有指示灯的开关	
		多拉开关（如用于不同照度）	

续表 5.9

名　称	图形符号	名　称	图形符号
动力或动力-照相配电箱 注：需要时符号内可标示 电流种类符号		照明配电箱（屏） 注：需要时允许涂红	
信号板、信号箱（屏）		事故照明配电箱（屏）	
多种电源配电箱（屏）		限制接近的按钮（玻玻罩等）	
灯或信号灯的一般符号		聚光灯	
投光灯一般符号		泛光灯	
深照型灯		广照型灯（配照型灯）	
荧光灯一般符号 三管荧光灯 五管荧光灯		防水防尘灯	
		球型灯	
防爆荧光灯		局部照明灯	
刀开关箱		防爆灯	
矿山灯		顶棚灯	
安全灯		弯灯	
花灯		壁灯	

5.2.2　电气工程施工图组成

　　电气施工图一般包括变配电工程图、动力工程图、照明工程图、外电工程图、防雷接地工程图和弱电工程图等。其中，室内电气施工图的内容包括首页、电气系统图、平面布置图、安装接线图以及大样图和标准图等。

（1）首页。

内容包括目录、设计说明、设备明细表、图例等。

通过首页内容，应该了解：工程的总体概况、设计依据、要求，使用的材料规格、施工安装要求及工程施工质量验收规范等；供电电源的来源、电压等级、线路敷设方法、设备安装高度及安装方式、补充使用的非国标图形符号、施工时应注意的事项等。

（2）电气系统图。

主要表示整个工程或其中某一项的供电方案和供电方式的图纸，它用单线把整个工程的供电线路示意性地连接起来，可以集中地反映整个工程的规模，还可以表示某一装置各主要组成部分的关系。

通过阅读电气系统图可以了解电气工程以下内容：

① 进线电源的电压等级，电气工程系统的保护接地类型，电源引入导线的规格、型号和敷设方式。

② 整个变配电工程系统的连接方式，从主干线至各分支回路有几级控制，共有多少条干线和多少个分支回路。

③ 主要变电设备、配电设备的名称、型号、规格和数量。

④ 配电柜、箱、盘内的电气元件名称、型号、规格和数量。

⑤ 干线、支线的型号、规格和敷设方式。

（3）平面布置图。

通过阅读平面图可知以下内容：

① 建筑物的平面布置、轴线、尺寸及比例。

② 各种变配电、用电设备的编号、名称及它们在平面上的位置。

③ 各种变配电线路的起点、终点、敷设方式及在建筑物中的走向。

（4）安装接线图。

安装接线图是表现某一设备内部各种电气元件之间位置及连线的图纸，用来指导电气安装接线、查线。

（5）大样图和标准图。

大样图是表示电气工程中某一部分或某一部件的安装要求和做法的图纸，一般不绘制，只在没有标准图可用而又有特殊情况时绘出。

5.2.3 电气工程施工图表示

1. 供电电源的种类及表示方式

建筑照明通常采用 220 V 的单相交流电源。若负荷较大，采用 380/220 V 的三相四线制电源供电。在系统图中，电源用下面的形式表示：

$$m \sim f V$$

式中　m——相数；

　　　f——频率（Hz）；

　　　V——电压（V）。

如 3 N～50 Hz　380/220 V，即表示三相四线制（N 代表零线）电源供电，电源频率为 50 Hz，电源电压为 380/220 V。

2. 导线的安装及敷设表示方式

在系统图中，配电导线的表示方法为：

$$a-b\left(c\times d + c\times d\right)e-f$$

式中　a——回路编号（回路少时可省略）；

　　　b——导线型号（见表 5.3）；

　　　c——导线根数；

　　　d——导线截面；

　　　e——导线敷设方式（见表 5.6）及管材管径（mm）；

　　　f——导线敷设部位（见表 5.7）。

举例如下：

$$BV3\times6+1\times2.5-SC50-FC$$

表示铜芯聚氯乙烯绝缘线，共 4 根，其中 3 根截面积 6 mm^2，1 根截面积为 2.5 mm^2，穿 DN50 水煤气管暗敷设在地面内。

3. 配电线路表示方式

照明线路在系统图和平面图上的表示方法分为多线表示法、单线表示法和混合表示法。每根导线各用一条图线表示为多线表示法；两根或两根以上的导线只用一条线表示即为单线表示法。同一图中，单线表示法和多线表示法同时使用即为混合表示法。

电气照明系统图和平面图上的电气线路多是用单线表示的。即每一回路的线路只画一根导线，实际的导线根数可在单线上打斜短线表示或者用一根斜短线和标注阿拉伯数字的方法表示。如 3 根导线，用"─///─"或"─/─^{3}"表示。

4. 灯具表示方式

灯具标注的一般形式如下所示：

$$a-b\dfrac{c\times d\times L}{e}f$$

式中　a——灯具数量；

　　　b——型号；

　　　c——每盏灯的灯泡数或灯管数；

　　　d——灯泡容量（W）；

　　　e——安装高度（m）；

　　　f——安装方式（见表 5.8）；

　　　L——光源种类（见表 5.4）。

举例如下：

$$YG2-1\ 100\frac{2\times20}{2.5}CH$$

表示简 YG2-1 型日光灯 100 套，每套 2 根 20 W 日光灯管，安装高度为 2.5 m，链吊式。

5. 常用照明控制线路在平面图上的表示方法

（1）一只开关控制一盏灯。

一只开关控制一盏灯是最简单的照明控制线路，平面图的表示如图 5.4（a），而实际接线图则为图 5.4（b），从图 5.4（b）可知，电源进线、接入开关和灯座都是两根线。

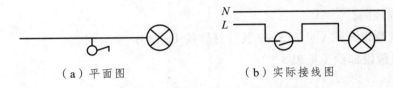

（a）平面图　　　　　　　（b）实际接线图

图 5.4　一只开关控制一盏灯的控制线路

（2）多只开关控制多盏灯。

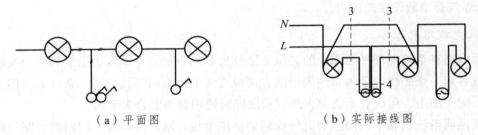

（a）平面图　　　　　　　（b）实际接线图

图 5.5　多只开关控制多盏灯的控制线路

图 5.5（a）照明平面图中，某房间装有 3 盏灯和 3 个开关，一只开关控制一盏灯。图 5.5（b）是该平面图的实际接线图。可以看到，在不装接线盒的情况下，左边两盏灯间线管中须穿 3 根线，左边两开关与灯具间连接管中须穿 4 根线。

（3）两只双控开关在两处控制一盏灯。

在楼梯间，通常会用到两只双控开关在两处控制一盏灯的情况，其平面图和原理接线图如图 5.6 所示。在图 5.6（b）所示开关位置下，灯不亮。但此时无论扳动哪一只开关，灯都会亮。

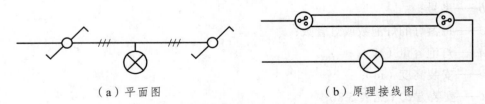

（a）平面图　　　　　　　（b）原理接线图

图 5.6　两只双控开关在两处控制一盏灯的控制线路

5.2.4　电气工程施工图识读

1. 识读室内电气施工图的顺序

（1）首先看设计说明、图例和文字符号，掌握图例和符号的含义，电气设备规格、容量的标示方法，了解施工图的内容等。

（2）再看系统图，了解配电方式和回路，以及各回路装置间的关系。

（3）结合系统图看各平面图中的配电回路，各回路导线敷设走向、根数及灯具的型号、位置、数量等。

（4）看安装大样图，详细了解设备的安装方法。

（5）看设备材料表，查看工程所使用的设备、材料的型号、规格，作为施工图预算的依据之一。

以上识读顺序，可自行掌握。另外，识读电气工程图纸时，还要配合识读有关施工质量验收规范、质量评定标准以及全国通用电气装置标准图集，详细了解安装技术及安装方法。

2. 室内电气照明工程系统图的识读

电气照明工程系统图是表明照明的供电方式、配电线路的分布和相互联系情况的示意图，图上标有进户线型号、芯数、截面积以及敷设方法和所需保护管的尺寸，总电表箱和分电表箱的型号和供电线路的编号、敷设方法、容量和管线的型号规格。

阅读系统图时，一般从进线开始读至室内各配电箱以及各用电回路的接线关系，各配电箱中电气设备及器具的规格、型号。这是电气施工图的基础。读懂系统图，可初步了解电气工程全貌。

3. 室内电气照明工程平面图的识读

根据平面图标示的内容，识读平面图要沿着电源、引入线、配电箱、引出线、用电器具这样沿"线"来读。在识读过程中，要注意了解导线根数、敷设方式，灯具型号、数量、安装方式及高度，插座和开关安装方式、安装高度等内容。看图时，依据从上至下或从左至右一个回路一个回路地阅读。从电气平面图中，可以了解电气工程的全貌和局部细节。

5.3　电气工程清单项目设置及工程量计算规则

本节摘录电气照明工程部分常用项目设置及工程量计算规则。

5.3.1　控制设备及低压电器安装

控制设备及低压电器安装工程量清单项目设置及工程量计算规则，应按表 5.10 的规定执行。

表 5.10　控制设备及低压电器安装（编码：030204）

项目编码	项目名称	项目特征	计量单位	工程量计算规则	工程内容
030204016	控制台	1. 名称、型号 2. 规格	台	按设计图示数量计算	1. 基础槽钢制作、安装 2. 台（箱）安装 3. 端子板安装 4. 焊、压接线端子 5. 盘柜配线 6. 小母线安装
030204017	控制箱				1. 基础型钢制作、安装 2. 箱体安装
030204018	配电箱				
030204019	控制开关	1. 名称 2. 型号 3. 规格	个	按设计图示数量计算	1. 安装 2. 焊压端子
030204020	低压熔断器	1. 名称、型号 2. 规格			
030204021	限位开关				
030204022	控制器		台		
030204023	接触器				
030204030	分流器	1. 名称、型号 2. 容量（A）			
030204031	小电器	1. 名称 2. 型号 3. 规格	个（套）		

5.3.2　配管、配线

配管、配线，工程量清单项目设置及工程量计算规则，应按表 5.11 规定执行。

表 5.11　配管、配线（编码：030212）

项目编码	项目名称	项目特征	计量单位	工程量计算规则	工程内容
030212001	电气配管	1. 名称 2. 材质 3. 规格 4. 配置形式及部位	m	按设计图示尺寸以延长米计算。不扣除管路中间的接线箱（盒）、灯头盒、开关盒所占长度	1. 刨沟槽 2. 钢索架设（拉紧装置安装） 3. 支架制作、安装 4. 电线管路敷设 5. 接线盒（箱）、灯头盒、开关盒。插座盒安装 6. 防腐刷油 7. 接地
030212002	线槽	1. 材质 2. 规格		按设计图示尺寸以延长米计算	1. 安装 2. 油漆
030212003	电气配线	1. 配线形式 2. 导线型号、材质、规格 3. 敷设部位或线制		按设计图示尺寸以单线延长米计算	1. 支持体（夹板、绝缘子、槽板等）安装 2. 支架制作、安装 3. 钢索架设（拉紧装置安装） 4. 配线 5. 管内穿线

5.3.3　照明器具安装

照明器具安装，工程量清单项目设置及工程量计算规则，应按表 5.12 的规定执行。

表 5.12　照明器具安装（编码：030213）

项目编码	项目名称	项目特征	计量单位	工程量计算规则	工程内容
030213001	普通吸顶灯及其他灯具	1. 名称、型号 2. 规格	套	按设计图示数量计算	1. 支架制作、安装 2. 组装 3. 油漆
030213002	工厂灯	1. 名称、安装 2. 规格 3. 安装形式及高度			1. 支架制作、安装 2. 组装 3. 油漆
030213003	装饰灯	1. 名称 2. 型号 3. 规格 4. 安装高度			1. 支架制作、安装 2. 安装
030213004	荧光灯	1. 名称 2. 型号 3. 规格 4. 安装形式			安装
030213005	医疗专用灯	1. 名称 2. 型号 3. 规格			
030213006	一般路灯	1. 名称 2. 型号 3. 灯杆材质及高度 4. 灯架形式及臂长 5. 灯杆形式（单、双）			1. 基础制作、安装 2. 立灯杆 3. 杆座安装 4. 灯架安装 5. 引下线支架制作、安装 6. 焊压接线端子 7. 铁构件制作、安装 8. 除锈、刷油 9. 灯杆编号 10. 接地
030213007	广场灯安装	1. 灯杆的材质及高度 2. 灯架的型号 3. 灯头数量 4. 基础形式及规格	套	按设计图示数量计算	1. 基础浇筑（包括土石方） 2. 立灯杆 3. 杆座安装 4. 灯架安装 5. 引下线支架制作、安装 6. 焊压接线端子 7. 铁构件制作、安装 8. 除锈、刷油 9. 灯杆编号 10. 接地

续表 5.12

项目编码	项目名称	项目特征	计量单位	工程量计算规则	工程内容
030213008	高杆灯安装	1. 灯杆高度 2. 灯架型式（成套或组装、固定或升降） 3. 灯头数量 4. 基础形式及规格	套	按设计图示数量计算	1. 基础浇筑（包括土石方） 2. 立杆 3. 灯架安装 4. 引下线支架制作、安装 5. 焊压接线端子 6. 铁构件制作、安装 7. 除锈、刷油 8. 灯杆编号 9. 升降机构接线调试 10. 接地
030213009	桥栏杆灯	1. 名称 2. 型号 3. 规格 4. 安装形式			1. 支架、铁构件制作、安装，油漆 2. 灯具安装
03021310	地道涵洞灯				

5.3.4 其他相关问题

（1）挖土、填土工程，应按《计价规范》中"附录 A 建筑工程工程量清单项目及计算规则"相关项目编码列项。

（2）控制开关包括：自动空气开关、刀型开关、铁壳开关、胶盖刀闸开关、组合控制开关、万能转换开关、漏电保护开关等。

（3）小电器包括：按钮、照明用开关、插座、电笛、电铃、电风扇、水位电气信号装置、测量表计、继电器、电磁锁、屏上辅助设备、辅助电压互感器、小型安全变压器等。

情境教学

<h1 style="text-align:center">某办公室电气照明工程</h1>

1．设计及施工说明

（1）工程概况：本工程为某办公室电气照明工程，建筑层高为 4 m。

（2）电源由低压屏引来，从距外墙 2 m 处穿钢管 DN20 埋地敷设引来，管内穿 BV-3 × 6 mm^2 电线。

（3）照明配电箱为长 × 高 × 厚 = 300 mm × 270 mm × 130 mm PZ30 箱，下口距地为 1.5 m；墙厚 300 mm。

（4）全部插座、照明线路 BV-2.5 mm^2 线，穿管径为 15 mm 的半硬质阻燃管管暗敷设。

（5）跷板单、双联开关安装高度距地 1.6 m。

（6）单相五孔插座为 86 系列，安装高度距地 0.4 m。

（7）YLM47 为空气开关。

（8）未尽事宜，按现行施工及验收规范的有关内容执行。

2．施工图纸

电气照明工程平面图及系统图见图 5.7 和图 5.8 所示。

3．任　务

（1）针对上述办公室电气照明工程，根据 5.2.4 中电气照明工程施工图识读的步骤，识读图 5.7、图 5.8。

（2）现假设你在具有编制能力的招标方或受招标方委托、具有相应资质的工程造价咨询方工作，试根据"5.3 节 电气工程清单项目设置及工程量计算规则"，编制本项目的电气照明工程量清单。

（3）投标人在领取招标文件后，编写投标报价书时应按招标人提供的工程量清单填报价格，且其填写的项目编码、项目名称、项目特征、计量单位、工程量必须与招标人提供的一致。现假设你在具有编制能力的投标方或受投标方委托、具有相应资质的工程造价咨询方工作，试采用 2009 年《四川省建设工程工程量清单计价定额　安装工程》及市场造价信息，编制本项目的投标报价书。

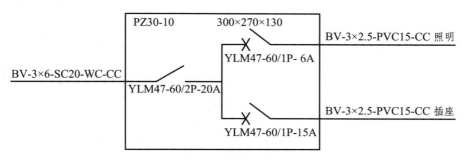

图 5.7　电气照明系统图

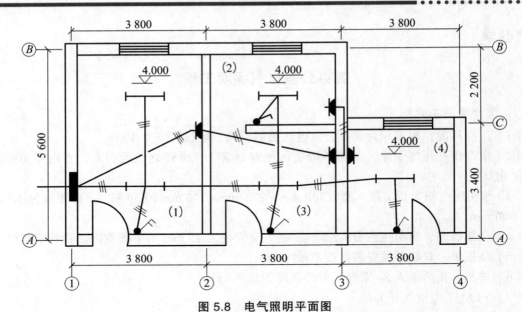

图 5.8　电气照明平面图

任务 1　电气工程识图

针对上述办公室电气照明工程，根据 5.2.4 中电气照明工程施工图识读的步骤，识读图 5.7、图 5.8。

识读过程如下：

（1）首先看设计说明、图例和文字符号，掌握图例和符号的含义，电气设备规格、容量的标示方法，了解施工图的内容等。

根据设计及施工说明，了解到本项目为某办公室电气照明工程，建筑层高为 4 m。电气系统进户线为 3 根 6 mm² 铜芯聚氯乙烯绝缘电线穿 DN20 钢管埋地敷设，照明配电箱规格为长×高×厚 = 300 mm×270 mm×130 mm，下口距地为 1.5 m，全部插座、照明线路采用 2.5 mm² 铜芯聚氯乙烯绝缘电线穿 φ15 塑料管暗敷设，跷板单、双联开关安装高度距地 1.6 m，单相五孔插座为 86 系列，安装高度距地 0.4 m。

（2）再看系统图，了解配电方式和回路，以及各回路装置间的关系。

从图 5.7 中可以了解到，进户线首先进入照明配电箱 PZ30-10，空气开关 YLM47-60/2P-20A 控制整个电路的开闭。PZ30-10 配电箱内共有两个回路，一个回路经空气开关 YLM47-60/1P-6A 供照明用电，另一个回路经空气开关 YLM47-60/1P-6A 供插座用电，管线敷设采用的都是 3 根 2.5 mm² 铜芯聚氯乙烯绝缘电线穿 φ15 塑料管沿顶棚暗敷设。

（3）结合系统图看平面图中的配电回路，各回路导线敷设走向、根数及灯具的型号、位置、数量等。

① 建筑平面布置。本项目共有 4 间办公室，为了读图方便，我们将房间进行编号，如图 5.8 所示。

② 线路走向。照明配电箱 PZ30-10 装于房间（1）内，从配电箱共引出两路线：一路接至各房间灯具及开关，一路接至各房间插座。

从配电箱引出的照明线路，首先进入（1）号房间，并分别用三根导线连接另一灯具和开关；然后引至（3）号房灯具及开关，并分支接至（2）号房灯具及开关，（2）号房灯具及开关间用 2 根导线连接；最后接至（4）号房灯具及开关。

从配电箱引出的插座线路，首先进入（1）号房间插座，然后引至（3）号房间插座，并分支接至（2）号房间插座；最后接至（4）号房间插座，插座间连接采用三根导线。

③ 用电设备。

灯具：每个房间各安装荧光灯 1 个，安装高度为 4 m。

开关、插座：（1）号房间暗装双联开关 1 个，五孔插座 1 个；其余房间均为 1 个开关和 1 个五孔插座。

④ 其他。由于本项目较简单，没有安装大样图及详图。如果还有不太清楚的地方，可查阅电气设计及施工相关规范，或者联系设计院解答。

任务 2　电气工程量清单编制

现假设你在具有编制能力的招标方或受招标方委托、具有相应资质的工程造价咨询方工作，试根据"5.3 节 电气工程清单项目设置及工程量计算规则"，编制本项目的电气照明工程量清单。

由于前面已经编制了给排水及通风空调工程的工程量清单，本项目工程量清单编制主要列出电气照明工程工程量计算的部分。某办公室电气照明工程工程量清单编制工作过程如下。

1. 编制依据

（1）《建设工程工程量清单计价规范计价规范》（GB 50500—2008）。

（2）国家或省级、行业建设主管部门颁发的计价依据和办法。

（3）建设工程建设文件。

（4）与建设工程项目有关的标准、规范、技术资料。

（5）招标文件及其补充通知、答疑纪要。

（6）施工现场情况、工程特点及常规施工方案。

（7）其他相关资料。

2. 清单项目设置

通过读图 5.7 和图 5.8，根据"5.3 节 电气工程清单项目设置及工程量计算规则"，进行项目列项。本工程项目主要包括分部分项内容有：配电箱、电气配管、电气配线、荧光灯、五孔插座、单联开关、双联开关、系统调试等。把这些项目根据项目特征进行划分，将项目名称、项目编码、项目特征描述和计量单位按《计价规范》的规定填入分部分项工程量清单与计价表。其中项目编码前九位应按《计价规范》的规定设置，具体列项可参阅本节清单计价实例中分部分项工程量清单与计价表。

3. 工程量计算

在电气照明系统的工程量计算中，主要是配管配线工程量的计算。

（1）配管工程量计算。

① 工程量计算规则：按设计图示尺寸以延长米计算。不扣除管路中间的接线箱（盒）、灯头盒、开关盒所占长度。

② 工程量计算方法：首先计算进户管，然后从配电箱起按各个回路进行计算，或按建筑物的自然层划分计算，或按建筑平面形状特点及系统图的组成特分片划块计算，然后进行汇总。计算时应当注意计算顺序，不要"跳算"，以防混乱，影响计算的正确性。

a. 水平方向敷设的线管。水平方向敷设的线管以施工平面布置图的线管走向和敷设部位为依据，并借用建筑物平面图所标墙、柱轴线尺寸进行线管长度的计算。

b. 垂直方向敷设的线管。一般情况下，垂直配管敷设是从顶棚沿墙敷设下来的，因此，

$$垂直配管敷设长度 = 楼层高度 - 配电箱下口距地高度 - 配电箱自身高度$$

通常情况下，拉线开关距顶棚 200～300 mm，跷板开关、插座底距地面距离为 1 300 mm，配电箱底部距地面距离为 1 500 mm。

c. 当埋地配管时，水平方向的配管按墙、柱轴线尺寸及设备定位尺寸进行计算。穿出地

面向设备或向墙上电气开关配管时，按埋置深度和引向墙、柱的高度进行计算。

③ 本项目配管工程量计算。

a. 电气配管 SC20

[2 + 0.15（半墙厚）+ 1.5（配电箱安装高度）] m = 3.65 m

b. 电气配管 PVC15

照明线路：（4 – 1.5 – 0.27）（配电箱至顶棚高度）+ 1.9（配电箱至房间（1）开关附近那盏灯水平距离）+ 3.8（房间（1）与房间（3）间灯的距离）+ 3.82（房间（3）与房间（4）间灯的距离）+（5.6 – 0.3）/2（房间（1）内两盏灯间距离）+（5.6 – 0.3）/4（房间（1）内灯至开关水平距离）+（5.6 – 0.3）/4（房间（3）内灯至开关水平距离）+（5.6 – 0.3）/2（房间（2）与房间（3）间灯的距离）+ 1.2（房间（2）内灯至开关水平距离）+（3.4 – 0.3）/2（房间（4）内灯至开关水平距离）+（4 – 1.6）×4（4 只开关至顶棚距离）= 32.05 m

插座线路：（4 – 1.5 – 0.27）（配电箱至顶棚高度）+ 4.2（配电箱至房间（1）插座水平距离）+ 4（房间（1）与房间（3）间插座的距离）+ 1.6（房间（2）与房间（3）间插座的距离）+ 0.3（房间（3）与房间（4）间插座的距离）+（4 – 0.4）（插座至顶棚距离）×2 = 19.53 m

PVC15 总计管长：32.05 + 19.53 = 51.58 m

（2）配线工程量计算。

① 工程量计算规则：按设计图示尺寸以单线延长米计算。

② 工程量计算方法：根据工程量计算规则，应用配管工程量计算结果，对照平面图上每根线管穿线的根楼及所穿电线的型号、规格，计算配线工程量。

③ 本项目配线工程量计算。

a. 进户线：BV-6 mm^2

SC20 管穿三根 6 mm^2 导线，故导线长度为 3.65 m × 3 = 10.95 m

b. BV-2.5 mm^2

照明线路中除房间（2）内灯至开关间管内穿线为 2 根外，其余管均 3 根线，故线长计算式为：[32.05 – 1.2（房间（2）内灯至开关水平距离）–（4 – 1.6）（开关至顶棚距离）]×3 + [1.2（房间（2）内灯至开关水平距离）–（4 – 1.6）（开关至顶棚距离）]×2 = 92.55 m

插座线路中均为穿 3 根线，故线长计算式为：19.53 × 3 = 58.59 m

BV-2.5 mm^2 总长：92.55 + 58.59 = 151.14 m

4. 将工程量计算结果填入本节清单实例中表-08

5. 根据本项目实际情况，完成其余内容的编制

此处略去某办公室电气照明工程工程量清单的具体内容，分部分项工程量清单与计价表可参照本节清单计价实例表格。

任务 3　电气工程量清单计价

投标人在领取招标文件后，编写投标报价书时应按招标人提供的工程量清单填报价格，且其填写的项目编码、项目名称、项目特征、计量单位、工程量必须与招标人提供的一致。现假设你在具有编制能力的投标方或受投标方委托、具有相应资质的工程造价咨询方工作，试采用 2009 年《四川省建设工程工程量清单计价定额　安装工程》及市场造价信息，编制本项目的投标报价书。

某办公室电气照明工程工程量清单计价书编制工作过程如下。

1．收集、整理相关规范及工程资料

（1）《建设工程工程量清单计价规范计价规范》（GB 50500—2008）。

（2）国家或省级、行业建设主管部门颁发的计价办法。

（3）2009 年《四川省建设工程工程量清单计价定额　安装工程》。

（4）招标文件、工程量清单及其补充通知、答疑纪要。

（5）建设工程设计文件及相关资料。

（6）施工现场情况、工程特点及拟定的投标施工组织设计或施工方案。

（7）与建设项目相关的标准、规范等技术资料。

（8）市场价格信息或工程造价管理机构发布的工程造价信息。

（9）其他的相关资料。

2．复核工程量清单的工程数量

为把握投标机会，重新计算或复核工程量，确定投标策略。

3．分析计算各分部分项工程量清单项目的综合单价

分析工程量清单项目的工程特征及工程内容，确定综合单价分析的组价定额项目。在设置电气工程清单项目，计算清单项目综合单价时，可组合的定额内容可在 2009 年《四川省建设工程工程量清单计价定额　安装工程（一）》的《安装工程应用指南》的 C.2《电气设备安装工程》中查到。

其中，PVC 配管计算时，组合定额中包括了接线盒内容。该分部分项工程中的接线盒指的是接线盒及灯头盒，开关盒指的是开关盒和插座盒。

4．计算分部分项工程费

分部分项工程费 = $\sum$（分部分项项目的工程数量 × 分部分项工程项目的综合单价）

5．计算完成其余项目费的计算

措施费、其他项目费、规费、税金的计算，按照表格要求，以计费基数按照费率计算得出。

6．某住宅楼给排水工程清单计价书

限于篇幅原因，本清单计价书中只列出了分部分项工程量清单与计价表内容。

分部分项工程量清单与计价表

工程名称：某办公室电气照明工程【安装工程】　　　　　　　　标段：　　　　　　　　　　　表-08

序号	项目编码	项目名称	项目特征描述	计量单位	工程数量	金额（元）			
						综合单价	合价	其中：定额人工费	暂估价
1	030204031001	插座	1. 名称：插座 2. 型号：2+3 孔插座 3. 规格：250 V，15 A	套	4	22.07	88.28	15.36	
2	030204031002	扳把式双联暗装开关	1. 名称：暗装双联开关 2. 型号：250 V，10 A	套	1	19.75	19.75	3.11	
3	030204031003	扳把式单联暗装开关	1. 名称：暗装单联开关 2. 型号：250 V，10 A	套	3	15.50	46.50	8.91	
4	030204018004	配电箱安装	1. 名称、型号：PZ30-10 2. 规格：300 mm×270 mm×130 mm	台	1	366.67	366.67	62.82	
5	030212001005	电气配管 SC20	1. 名称：镀锌钢管 2. 材质：金属 3. 规格：DN20 4. 配置形式及部位：钢筋、混凝土结构暗配	m	3.65	18.47	67.42	9.16	
6	030212001006	电气配管 PVC15	1. 名称：半硬质阻燃管 2. 材质：塑料 3. 规格：φ15 4. 配置形式及部位：钢筋、混凝土结构暗配	m	51.58	8.09	417.28	139.78	

续表

序号	项目编码	项目名称	项目特征描述	计量单位	工程数量	综合单价	金额（元）		
							合价	其中	
								定额人工费	暂估价
7	030212003007	电气配线 6 mm²	1. 配线形式：穿管 2. 导线型号、材质、规格：BV-6 mm² 3. 敷设部位：动力线路	m	10.95	4.50	49.28	3.07	
8	030212003008	电气配线 2.5 mm²	1. 配线形式：穿管 2. 导线型号、材质、规格：BV-2.5 mm² 3. 敷设部位：照明线路	m	151.4	2.74	414.84	52.99	
9	030213004009	荧光灯	1. 名称：单管荧光灯 2. 型号： 3. 规格：1*36 W 4. 安装形式：吸顶式	套	5	69.76	348.80	37.85	
合 计							1 818.82	333.05	

注：需随机抽取评审综合单价的项目在该项目编码后面加注"*"号。

实训任务

某住宅楼电气照明工程

1. 设计及施工说明

（1）工程概况。本工程是一栋 3 层 3 个单元的居民砖混住宅楼的电气照明工程。图纸中给出了电气照明系图及一单元 2 层电气照明平面图，其他各单元各层均与此相同，每个开间均为 3 m，建筑层高为 3.6 m。

（2）电源线架空引入，采用三相四线制电源供电，进户线沿二层地板穿管暗敷设。进户点距室外地面高度 H 大于等于 3.6 m，进户线要求重复接地，接地电阻 R 小于等于 10 Ω。进户横担为两端埋设式，规格是 $L50 \times 5 \times 800$。

（3）本工程共有 9 个配电箱，分别在每单元的每层设置。MX1 为总配电箱兼一单元第二层的分配电箱，设在一单元第二层，规格为长×高×厚 = 800 mm × 400 mm × 125 mm。MX2 为二、三单元第二层的分配电箱，规格为长×高×厚 = 500 mm × 400 mm × 125 mm。MX3 为三个单元第一、三层的分配电箱，规格为长×高×厚 = 350 mm × 400 mm × 125 mm。

（4）安装高度：配电箱底距楼地面 1.4 m，跷板开关距地 1.3 m、距门框 0.2 m，插座距地 1.8 m。

（5）导线未标者均为 BLX-500V-2.5 mm^2 穿钢管暗敷。

（6）配电箱均购成品配电箱。

（7）未尽事宜，按现行施工及验收规范的有关内容执行。

2. 施工图纸

电气照明系统图及平面图如图 5.9、图 5.10 所示。

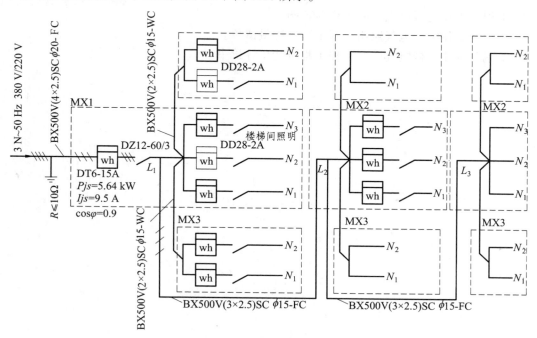

图 5.9　电气照明系统图

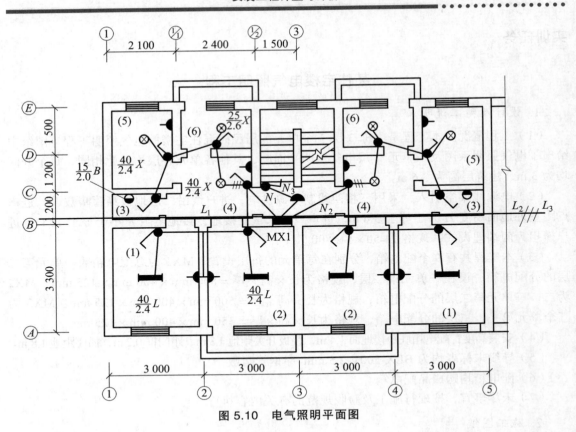

图 5.10　电气照明平面图

3. 任　务

（1）识读本住宅楼电气照明工程施工图。

（2）编制本住宅楼电气照明工程工程工程量清单。

（3）编制本住宅楼电气照明工程工程量清单计价书。

任务资讯

在工程量清单计价书制作过程中，需要经常翻阅 2009 年《四川省建设工程工程量清单计价定额　安装工程》中的 C.B《电气设备安装工程》分册和《安装工程应用指南》中的 C.2《电气设备安装工程》分部，现介绍如下。

一、电气设备安装工程应用指南

电气工程在设置清单项目和计算清单项目综合单价时，可组合的定额内容应在 2009 年《四川省建设工程工程量清单计价定额　安装工程（一）》的《安装工程应用指南》的 C.2《电气设备安装工程》中查到。

电气照明工程常用的部分清单项目及可组合定额如下：

表 C.2.4　控制设备及低压电器安装（编码：030204）

项目编码	项目名称	项目特征	计量单位	工程内容	可组合的定额内容	对应的定额编号
030204017	控制箱	1. 名称、型号 2. 规格	台	1. 基础槽钢制作、安装		CB2054 CB2061～CB2062
				2. 箱体安装		CB0342
030204018	配电箱	1. 名称、型号 2. 规格		1. 基础槽钢制作、安装		CB2054 CB2061～CB2062
				2. 箱体安装	空箱	CB0343～CB0346
					成套配电箱	CB0347～CB0351
					插座箱	CB0352
030204031	小电器	1. 名称 2. 型号 3. 规格	个/套	1. 安装	按钮、电笛、指示灯	CB0391～CB0397
					水位电气信号装置	CB0398～CB0400
					仪表、电器、小母线	CB0401～CB0406
					开关及按钮	CB0407～CB0427
					插座	CB0428～CB0467
					防爆插座	CB0468～CB0476
					安全变压器	CB0477～CB0479
					电铃	CB0480～CB0485
					门铃	CB0486～CB0487
					风扇	CB0488～CB0490
					盘管风机三速开关、请勿打扰灯、须刨插座、钥匙取电器	CB0491～CB0495

续表 C.2.4

项目编码	项目名称	项目特征	计量单位	工程内容	可组合的定额内容	对应的定额编号
030204031	小电器	1. 名称 2. 型号 3. 规格	个/套	1. 安装	床头柜集控板、多线式插座连接头、浴霸	CB0496～CB0502
					烘手器、自动冲水感应器、风机盘管、风机箱、流水开关、电磁开关、户用锅炉电气装置、风阀电动执行机构接线	CB0519～CB0527
				2. 焊压端子	焊铜接线端子	CB0528～CB0533
					焊铝接线端子	CB0534～CB0539
					压铜接线端子	CB0540～CB0547
					压铝接线端子	CB0548～CB0554

表 C.2.12　配管配线（编码：030212）

项目编码	项目名称	项目特征	计量单位	工程内容	可组合的定额内容	对应的定额编号
030212001	电气配管	1. 名称 2. 材质 3. 规格 4. 配置形式及部位	m	1. 刨沟槽		安装已含
				2. 钢索架设（拉紧装置安装）		CB2022～CB2025
				3. 支架制作、安装		CB2054～CB2057
				4. 电线管路敷设	电线管敷设	CB1579～CB1606
					紧定管敷设	CB1607～CB1634
					钢管敷设	CB1635～CB1683
					防爆钢管敷设	CB1684～CB1710
					塔器照明配管	CB1711～CB1713
					可挠金属套管敷设	CB1714～CB1731
					塑料管敷设	CB1732～CB1801
					金属软管敷设	CB1802～CB1825
					塑料波纹管敷设	CB1826～CB1849
				5. 接线盒（箱）、灯头盒、开关盒、插座盒安装		CB2045～CB2053
				6. 防腐油漆		安装已含
				7. 接地		安装已含

续表 C.2.12

项目编码	项目名称	项目特征	计量单位	工程内容	可组合的定额内容	对应的定额编号
030212002	线槽	1. 材质 2. 规格		1. 安装	线槽安装	CB1850～CB1857
					矩形管安装	CB1858～CB1862
				2. 油漆		CN0001～CN0334
030212003	电气配线	1. 配线形式 2. 导线型号、材质、规格 3. 敷设部位或线制	m	1. 支持体（夹板、绝缘子、槽板等）安装		安装已含
				2. 支架制作、安装		CB2054～CB2057
				3. 钢索架设（拉紧装置安装）		CB2022～CB2025
				4. 配线	瓷夹板配线	CB1920～CB1935
					塑料夹板配线	CB1936～CB1943
					鼓形绝缘子配线	CB1944～CB1953
					针式绝缘子配线	CB1954～CB1967
					蝶形绝缘子配线	CB1968～CB1981
					塑料槽板配线	CB1982～CB1989
					塑料护套线明敷设	CB1990～CB2013
					线槽配线	CB2014～CB2021
				5. 管内穿线		CB1863～CB1919

表 C.2.13　照明器具安装（编码：030213）

项目编码	项目名称	项目特征	计量单位	工程内容	可组合的定额内容	对应的定额编号
030213001	普通吸顶灯及其他灯具	1. 名称、型号 2. 规格	套	1. 支架制作、安装		CB2054～CB2057
				2. 组装	吸顶灯具	CB2091～CB2103
					其他普通灯具	CB2104～CB2114
				3. 油漆		CN0001～CN0334
030213002	工厂灯	1. 名称、安装 2. 规格 3. 安装形式及高度	套	1. 支架制作、安装		CB2054～CB2057
				2. 安装	工厂灯及防水防尘灯	CB2115～CB2122
					工厂其他灯具	CB2123～CB2144
				3. 油漆		CN0001～CN0334

续表 C.2.13

项目编码	项目名称	项目特征	计量单位	工程内容	可组合的定额内容	对应的定额编号
030213003	装饰灯	1. 名称 2. 型号 3. 规格 4. 安装高度		1. 支架制作、安装		CB2054～CB2057
				2. 安装	吊式艺术装饰灯具	CB2145～CB2183
					吸顶式艺术装饰灯具	CB2184～CB2249
					荧光艺术装饰灯具	CB2250～CB2271
					几何形状组合艺术灯具	CB2272～CB2287
					标志、诱导装饰灯具	CB2288～CB2291
					水下艺术装饰灯具	CB2292～CB2295
					点光源艺术装饰灯具	CB2296～CB2301
					草坪灯具	CB2203～CB2204
					歌舞厅灯具	CB2305～CB2328
030213004	荧光灯	1. 名称 2. 型号 3. 规格 4. 安装形式		安装	组装型	CB2343～CB2348
					成套型	CB2350～CB2361

二、电气设备安装工程工程量清单计价定额

电气设备安装工程工程量清单计价定额相关内容分布在 2009 年《四川省建设工程工程量清单计价定额 安装工程（一）》的 C.B《电气设备安装工程》中，在清单组价时经常需要用到其定额数据、定额内容和定额工程量计算规则，现简要说明以供参考。

1. C.B《电气设备安装工程》分册说明

（1）C.B《电气设备安装工程》（以下简称本定额）适用于新建、扩建工程中 10 kV 以下变配电设备及线路安装工程、车间动力电气设备及电气照明器具、防雷及接地装置安装、配管配线、电气调整试验等的安装工程。

（2）本定额的工程内容除各章节已说明的工序外，还包括：施工准备、设备器材工器具的场内搬运、开箱检查、安装、调整试验、收尾、清理、配合质量检验、工种间交叉配合、临时移动水、电源的停歇时间。

（3）本定额不包括以下内容：

① 10 kV 以上及专业专用项目的电气设备安装。

② 电气设备（如电动机等）本体安装及配合机械设备进行单体试运转和联合试运转工作。

（4）起重机的机械部分以及电机的安装，执行 C.A《机械设备安装工程》相关项目。

（5）关于下列各项费用的规定：

① 脚手架搭拆费（10 kV 以下架空线路除外），操作物高度离楼地面>5 m 的，按超过部分定额人工费的 15% 计算，其中人工工资占 25%。

② 工程超高增加费（已考虑了超高因素的定额项目除外），操作物高度离楼地面>5 m 的电气安装工程，按超高部分定额人工费的 33% 计算，工程超高增加费全部为定额人工费。

③ 高层建筑增加费，凡檐口高度 > 20 m 的工业与民用建筑，按下表计算（其中全部为定额人工费）。

檐口高度	≤30 m	≤40 m	≤50 m	≤60 m	70 m	≤80 m	≤90 m	≤100 m	≤110 m
按人工费的%	1	2	4	6	8	10	13	16	19
檐口高度	≤120 m	≤130 m	≤140 m	≤150 m	≤160 m	≤170 m	≤180 m	≤190 m	≤200 m
按人工费的%	22	25	28	31	34	37	40	43	46

④ 铁构件制作安装项目适用于本定额范围内的各种支架、构件的制作安装，如需作无损探伤检验，执行《静置设备与工艺金属结构工程》无损探伤检验项目。

2. 控制设备及低压电器安装（编码：030204）

1）说明

（1）本章包括电气控制设备、低压电器的安装，盘、柜配线，焊（压）接线端子。

（2）本章控制设备中的屏、柜及控制台均包括基础槽钢制作安装及屏边安装，其槽钢已包含在定额内，不得另计。

（3）本章控制设备安装未包括以下内容：① 二次喷漆及喷字；② 电器及设备干燥；③ 焊、压接线端子；④ 端子板外部接线。

（4）屏上辅助设备安装，包括标签框、光字牌、信号灯、附加电阻、连接片等。

（5）设备的补充注油，按设备带来考虑。

（6）电度表安装（不分单相和三相），套用本章"测量表计"子目。

（7）"端子板外部接线"，适用于盘、柜、箱、台的端子外端接线。

（8）控制开关、限位开关、控制器、电阻器等的接地端子已包括在定额内。

（9）空箱配电箱，配电板内设备元件安装和配线另执行相应项目。

（10）成套配电箱、盘、屏、柜，因运输需要将个别元件分包分装者，不能另套其他子目。

（11）可控硅变频调速柜按相应可控硅柜子目人工费乘以系数 1.2，可控硅柜安装未包括接线端子及接线。

（12）悬挂式配电箱项目未包括支架的制作安装。

（13）压铜接线端子亦适用于铜铝过渡端子。

（14）焊（压）接线端子定额只适用于导线，电缆终端头制作安装定额中已包括焊压接线端子，不得重复计算。

（15）控制箱、配电箱未包括基础槽钢、角钢的制作安装，发生时执行 C.B.12 章相应子目。

（16）限位开关及水位电气信号装置，均包括支架制作安装。

（17）嵌入式配电箱的补洞抹砂浆由土建队伍实施。

（18）盘、柜配线项目只适用于盘上小设备元件的少量现场配线，不适用于工厂的设备修、配、改工程。

（19）屏、箱、柜如在现场开孔，均应执行 C.B.12 章相应项目。

2）工程量计算规则

（1）控制设备及低压电器安装均以"台"为计量单位。

（2）盘柜配线分不同规格，以"m"为计量单位。

（3）盘、箱、柜的外部进出线预留长度按下表计算。

盘、箱、柜的外部进出线预留长度　　　　　　　　　　m/根

序号	项　目	预留长度	说　明
1	各种箱、柜、盘、板、盒	高+宽	盘面尺寸
2	单独安装的铁壳开关、自动开关、刀开关、启动器、箱式电阻器、变阻器	0.5	从安装对象中心算起
3	继电器、控制开关、信号灯、按钮、熔断器等小电器	0.3	从安装对象中心算起
4	分支接头	0.2	分支线预留

（4）配电板制作安装及包铁皮，按配电板图示外形尺寸，以"m²"为计量单位。

（5）焊（压）接线端子以"10 个"为计量单位。

（6）端子板以 10 个端子为"1 组"为计量单位。

（7）端子板外部接线按设备盘、箱、柜、台的外部接线图计算，以"10 个头"为计量单位。

（8）开关、按钮安装的工程量，应区别开关、按钮安装形式，开关、按钮种类，开关极数以及单控与双控，以"套"为计量单位。

（9）插座安装的工程量，应区别电源相数、额定电流、插座安装形式、插座插孔个数，以"套"为计量单位。

（10）安全变压器以"台"为计量单位。

（11）电铃、电铃号码牌箱安装的工程量，应区别电铃直径、电铃号牌箱规格（号），以"套"为计量单位。

（12）门铃安装工程量计算，应区别门铃安装形式，以"个"为计量单位。

（13）风扇安装的工程量，应区别风扇种类，以"台"为计量单位。

（14）盘管风机三速开关、请勿打扰灯、须刨插座安装的工程量，以"套"为计量单位。

（15）烘手器以"台"为计量单位。

（16）自动冲水感应器、风机盘管、风机箱、户用锅炉电气接线以"台"为计量单位。

（17）风管阀门电动执行机构电气接线以"套"为计量单位。

3）部分常用定额

C.B.4.18　配电箱安装（编码：030204018）

表 C.B.4.18.2　成套配电箱

工程内容：开箱、检查、安装、查校线、接地

定额编号	项目名称	单位	综合单价（元）	其中				未计价材料		
				人工费	材料费	机械费	综合费	名称	单位	数量
CB0347	落地式配电箱	台	284.32	132.27	34.58	64.56	52.91			
CB0348	悬挂嵌入式配电箱（半周长）≤0.5 m	台	100.65	52.35	27.36	0	20.94			
CB0349	悬挂嵌入式配电箱（半周长）≤1.0 m	台	118.93	62.82	30.98	0	25.13			
CB0350	悬挂嵌入式配电箱（半周长）≤1.5 m	台	146.11	80.27	33.73	0	32.11			
CB0351	悬挂嵌入式配电箱（半周长）≤2.5 m	台	180.89	97.72	37.13	6.95	39.09			

C.B.4.31　小电器安装（编码：030204031）

表 C.B.4.31.4　开关及按钮

C.B.4.31.4.1　一般开关、按钮

工程内容：测位、划线、打眼、缠埋螺栓、清扫盒子、上木台、缠钢丝弹簧垫、装开关和按钮、接线、装盖

定额编号	项目名称	单位	综合单价（元）	其中				未计价材料		
				人工费	材料费	机械费	综合费	名称	单位	数量
CB0407	拉线开关	10 套	67.47	28.97	26.91	0	11.59	照明开关	只	10.200
CB0408	扳把开关明装	10 套	67.47	28.97	26.91	0	11.59	照明开关	只	10.200
CB0409	扳式暗开关（单控）单联	10 套	45.76	29.67	4.22	0	11.87	照明开关	只	10.200
CB0410	扳式暗开关（单控）双联	10 套	48.87	31.06	5.39	0	12.42	照明开关	只	10.200
CB0411	扳式暗开关（单控）三联	10 套	52	32.46	6.56	0	12.98	照明开关	只	10.200
CB0412	扳式暗开关（单控）四联	10 套	55.61	34.2	7.73	0	13.68	照明开关	只	10.200
CB0413	扳式暗开关（单控）五联	10 套	59.52	35.95	9.19	0	14.38	照明开关	只	10.200
CB0414	扳式暗开关（单控）六联	10 套	63.42	37.69	10.65	0	15.08	照明开关	只	10.200
CB0415	扳式暗开关（双控）单联	10 套	46.53	29.67	4.99	0	11.87	照明开关	只	10.200
CB0416	扳式暗开关（双控）双联	10 套	49.75	31.06	6.27	0	12.42	照明开关	只	10.200
CB0417	扳式暗开关（双控）三联	10 套	52.78	32.46	7.34	0	12.98	照明开关	只	10.200
CB0418	扳式暗开关（双控）四联	10 套	56.44	34.2	8.56	0	13.68	照明开关	只	10.200
CB0419	扳式暗开关（双控）五联	10 套	60.33	35.95	10	0	14.38	照明开关	只	10.200
CB0420	扳式暗开关（双控）六联	10 套	64.61	37.69	11.84	0	15.08	照明开关	只	10.200
CB0421	一般按钮明装	10 套	66.2	28.97	25.64	0	11.59	成套按钮	套	10.200
CB0422	一般按钮暗装	10 套	43.51	28.97	2.95	0	11.59	成套按钮	套	10.200
CB0423	密闭开关≤5 A	10 套	78.27	46.77	12.79	0	18.71	成套按钮	套	10.200

表 C.B.4.31.4　插座

C.B.4.31.4.1　一般插座

工程内容：测位、划线、打眼、缠埋螺栓、清扫盒子、上木台、缠钢丝弹簧垫、装插座、接线、装盖

定额编号	项目名称	单位	综合单价（元）	其中				未计价材料		
				人工费	材料费	机械费	综合费	名称	单位	数量
CB0428	单相明插座 15A 2 孔	10 套	67.9	28.97	27.34	0	11.59	成套插座	套	10.200
CB0429	单相明插座 15A 3 孔	10 套	72.97	31.76	28.51	0	12.7	成套插座	套	10.200
CB0430	单相明插座 15A 4 孔	10 套	78.53	34.9	29.67	0	13.96	成套插座	套	10.200
CB0431	单相明插座 15A 5 孔	10 套	84.59	38.39	30.84	0	15.36	成套插座	套	10.200
CB0432	单相明插座 15A 6 孔	10 套	91.12	42.23	32	0	16.89	成套插座	套	10.200
CB0433	单相明插座 15A 7 孔	10 套	98.16	46.42	33.17	0	18.57	成套插座	套	10.200
CB0434	单相明插座 15A 8 孔	10 套	105.67	50.95	34.34	0	20.38	成套插座	套	10.200
CB0435	单相明插座 15A 9 孔	10 套	114.18	56.19	35.51	0	22.48	成套插座	套	10.200
CB0436	单相明插座 15A 10 孔	10 套	123.15	61.77	36.67	0	24.71	成套插座	套	10.200
CB0437	单相明插座 15A 11 孔	10 套	133.12	68.06	37.84	0	27.22	成套插座	套	10.200
CB0438	单相明插座 15A 12 孔	10 套	144.06	75.04	39	0	30.02	成套插座	套	10.200
CB0439	单相明插座 30A 2 孔	10 套	74.88	33.85	27.49	0	13.54	成套插座	套	10.200
CB0440	单相明插座 30A 3 孔	10 套	81.51	37.69	28.74	0	15.08	成套插座	套	10.200
CB0441	三相明插座 15A 4 孔	10 套	82.44	37.69	29.67	0	15.08	成套插座	套	10.200
CB0442	三相明插座 30A 4 孔	10 套	87.63	41.18	29.98	0	16.47	成套插座	套	10.200
CB0443	单相暗插座 15A 2 孔	10 套	46.48	28.97	5.92	0	11.59	成套插座	套	10.200
CB0444	单相暗插座 15A 3 孔	10 套	51.55	31.76	7.09	0	12.7	成套插座	套	10.200
CB0445	单相暗插座 15A 4 孔	10 套	57.11	34.9	8.25	0	13.96	成套插座	套	10.200
CB0446	单相暗插座 15A 5 孔	10 套	63.17	38.39	9.42	0	15.36	成套插座	套	10.200
CB0447	单相暗插座 15A 6 孔	10 套	69.7	42.23	10.58	0	16.89	成套插座	套	10.200
CB0448	单相暗插座 15A 7 孔	10 套	76.74	46.42	11.75	0	18.57	成套插座	套	10.200
CB0449	单相暗插座 15A 8 孔	10 套	84.25	50.95	12.92	0	20.38	成套插座	套	10.200
CB0450	单相暗插座 15A 9 孔	10 套	92.76	56.19	14.09	0	22.48	成套插座	套	10.200
CB0451	单相暗插座 15A 10 孔	10 套	101.73	61.77	15.25	0	24.71	成套插座	套	10.200
CB0452	单相暗插座 15A 11 孔	10 套	111.7	68.06	16.42	0	27.22	成套插座	套	10.200
CB0453	单相暗插座 15A 12 孔	10 套	122.64	75.04	17.58	0	30.02	成套插座	套	10.200
CB0454	单相暗插座 30A 2 孔	10 套	48.57	30.36	6.07	0	12.14	成套插座	套	10.200
CB0455	单相暗插座 30A 3 孔	10 套	60.09	37.69	7.32	0	15.08	成套插座	套	10.200
CB0456	三相暗插座 15A 4 孔	10 套	61.02	37.69	8.25	0	15.08	成套插座	套	10.200
CB0457	三相暗插座 30A 4 孔	10 套	66.21	41.18	8.56	0	16.47	成套插座	套	10.200

3. 配管、配线（编码：030212）

1）说明

（1）本章工程量计算方法如下：

① 灯具、明暗开关、插座、按钮等的预留线，分别综合在有关子目内，编制时，不另计算以上预留线长度。但配线进入开关箱、柜、板的预留线，按导线预留长度表规定预留长度，分别计入相应的工程量内。

② 瓷夹、瓷瓶（包括针瓷瓶）、塑料线夹、塑料槽板、塑料护套线子目中的分支接头、防水弯已综合考虑在本定额内，计算工程量时，按图示计算水平及绕梁柱和上下走向的垂直长度。

③ 瓷瓶、塑料护套线不分芯数均按单根线路延长米计算；瓷夹按二线、三线式延长米计算。

④ 瓷瓶暗配，由线路支持点至天棚下缘的工程量按实计算。

⑤ 各种配管工程量的计算，不扣除管路中间接线箱、盒、灯头盒、开关盒所占长度。

⑥ 钢索架设工程量按图示延长米计算，以墙、柱内侧计算，不扣除拉紧装置所占长度。

（2）配管工程均未包括接线箱、盒、支架制作安装，钢索架设及拉紧装置的制作安装，配管支架应另套铁构件制作安装子目。

（3）钢管明敷若设计或质检部门要求采用专用接地卡时，可按实计算专用接地卡材料费。

（4）吊顶内配管项目均包括支（吊）架的制作、安装、刷油。使用时，不得调整。

（5）各类电气管道砖墙，混凝土结构暗配项目中已包括了刨沟、抹砂浆的工程内容，编制时，不得再计算该项费用。

（6）壁厚小于 1.5 mm 的钢管执行电线管安装项目。

（7）阻燃管采用胶合剂粘接，用成品阻燃管接头接管的执行刚性阻燃管安装项目，用现场加工制作套管接管的，执行半硬质阻燃管安装项目。半硬质阻燃管暗敷设安装基价内，已综合了套接管的价格，使用时，不再调整。

（8）沿屋架、梁、柱、墙车间等带形母线安装项目，未包括支架制作及母线伸缩器制作、安装。

（9）各种形式的配线子目中均未包括支架制作、钢索架设及拉紧装置制作、安装。

（10）电气管道沟的挖填土执行 C.B.8 章的相应子目。

（11）半硬质阻燃管埋地敷设室内不计挖填土，室外管道沟的挖填土执行 C.B.8 章的相应子目。

（12）轻型铁构件系指结构厚度≤3 mm 的构件。

（13）铁构件制作，均不包括镀锌、镀锡、镀铬、喷塑等其他金属防护费用，发生时另行计算。

（14）基础槽钢、角钢制作，应执行本章一般铁构件制作子目。

（15）地面敷设金属线槽执行本章项目，其他敷设方式执行电缆桥架敷设。

（16）墙（地）面压槽执行矩形管安装基价乘以 0.5，压槽管按 10 次摊销计。不包括补槽。

（17）紧定管、塑料管外径与公称直径对照表：

管外径	16	20	25	32	40	50
公称直径（mm）	15	20	25	32	40	50

2）工程量计算规则

（1）各种配管应区别不同敷设方式、敷设位置、管材材质、规格，以"延长米"为计量单位，不扣除管路中间的接线箱（盒）、灯头盒、开关盒所占长度。

（2）管内穿线的工程量，应区别线路性质、导线材质、导线截面，以单线"延长米"为计量单位计算。线路分支接头线的长度已综合考虑在定额中，不得另行计算。

照明线路中的导线截面大于或等于 6 mm² 时，应执行动力线路穿线相应项目。

（3）线夹配线工程量，应区别线夹材质（塑料、瓷质）、线式（两线、三线）、敷设位置（在木、砖、混凝土）以及导线规格，以线路"延长米"为计量单位。

（4）绝缘子配线工程量，应区别绝缘子形式（针式、鼓形、蝶式）、绝缘子配线位置（沿屋架、梁、柱、墙，跨屋架、梁、柱、木结构、顶棚内、砖、混凝土结构，沿钢支架及钢索）、导线截面积，以线路"延长米"为计量单位计算。绝缘子暗配，引下线按线路支持点至天棚下缘距离的长度计算。

（5）槽板配线工程量，应区别槽板材质（木质、塑料）、配线位置（木结构、砖、混凝土）、导线截面、线式（二线、三线），以线路"延长米"为计量单位。

（6）塑料护套线明敷工程量，应区别导线截面、导线芯数（二芯、三芯）、敷设位置（木结构、砖混凝土结构、沿钢索），以单根线路每束"延长米"为计量单位。

（7）线槽配线工程量，应区别导线截面，以单根线路"延长米"为计量单位。

（8）钢索架设工程量，应区别圆钢、钢索直径（$\phi 6$、$\phi 9$），按图示墙（柱）内缘距离，以"延长米"为计量单位计算，不扣除拉紧装置所占长度。

（9）母线拉紧装置及钢索拉紧装置制作安装工程量，应区别母线截面、花篮螺栓直径（12、16、18），以"套"为计量单位。

（10）车间带形母线安装工程量，应区别母线材质（铝、钢）、母线截面、安装位置（沿屋架、梁、柱、墙，跨屋架、梁、柱）以"延长米"为计量单位。

（11）接线箱安装工程量，应区别安装形式（明装、暗装）、接线箱半周长，以"个"为计量单位。

（12）接线盒安装工程量，应区别安装形式（明装、暗装、钢索上）以及接线盒类型，以"个"为计量单位。

（13）灯具，明、暗开关，插座，按钮等的预留线，已分别综合在相应项目内，不另行计算。

（14）配线进入开关箱、柜、板的预留线，按下表规定的长度，分别计入相应的工程量。

导线预留长度表（每一根线）

序号	项　目	预留长度	说　明
1	各种开关、柜、板	宽＋高	盘面尺寸
2	单独安装（无箱、盘）的铁壳开关、闸刀开关、启动器线槽进出线盒等。	0.3 m	从安装对象中心算起
3	由地面管子出口引至动力接线箱	1.0 m	从管口计算
4	电源与管内导线连接（管内穿线与软、硬母线接点）	1.5 m	从管口计算
5	出户线	1.5 m	从管口计算

（15）铁构件制作安装均按施工图设计尺寸，以成品重量"kg"为计量单位。

3）部分常用定额

C.B.12.1　电气配管（编码：030212001）

C.B.12.1.3　钢管敷设

表 C.B.12.1.3.1　砖、混凝土结构暗明配

工程内容：测位、划线、锯管、套丝、煨弯、刨沟、配管、接地、刷漆

定额编号	项目名称	单位	综合单价（元）	其中				未计价材料		
				人工费	材料费	机械费	综合费	名称	单位	数量
CB1635	钢管公称直径≤15 mm	100 m	785.73	413.22	182.9	24.32	165.29	钢管	m	103.00
CB1636	钢管公称直径≤20 mm	100 m	854.85	439.04	215.87	24.32	175.62	钢管	m	103.00
CB1637	钢管公称直径≤25 mm	100 m	989.43	505.35	245.75	36.19	202.14	钢管	m	103.00
CB1638	钢管公称直径≤32 mm	100 m	1 065.69	536.76	278.04	36.19	214.7	钢管	m	103.00
CB1639	钢管公称直径≤40 mm	100 m	1 323	658.21	352.86	48.65	263.28	钢管	m	103.00
CB1640	钢管公称直径≤50 mm	100 m	1 460.23	698.7	433.4	48.65	279.48	钢管	m	103.00
CB1641	钢管公称直径≤70 mm	100 m	2 068.86	1 040.72	544.85	67	416.29	钢管	m	103.00
CB1642	钢管公称直径≤80 mm	100 m	2 728.28	1 457.77	618.04	69.36	583.11	钢管	m	103.00
CB1643	钢管公称直径≤100 mm	100 m	3 001.53	1 547.82	765.22	69.36	619.13	钢管	m	103.00
CB1644	钢管公称直径≤125 mm	100 m	3 241.07	1 694.74	697.23	171.2	677.9	钢管	m	103.00
CB1645	钢管公称直径≤150 mm	100 m	3 546.07	1 794.21	839.47	194.71	717.68	钢管	m	103.00

表 C.B.12.1.3.2　砖、混凝土结构暗配

工程内容：测位、划线、锯管、套丝、煨弯、刨沟、配管、接地、刷漆、抹砂浆

定额编号	项目名称	单位	综合单价（元）	其中				未计价材料		
				人工费	材料费	机械费	综合费	名称	单位	数量
CB1646	钢管公称直径≤15 mm	100 m	435.69	235.58	81.56	24.32	94.23	钢管	m	103.00
CB1647	钢管公称直径≤20 mm	100 m	471.28	251.28	95.17	24.32	100.51	钢管	m	103.00
CB1648	钢管公称直径≤25 mm	100 m	623.09	304.68	160.35	36.19	121.87	钢管	m	103.00
CB1649	钢管公称直径≤32 mm	100 m	671.43	324.22	181.33	36.19	129.69	钢管	m	103.00
CB1650	钢管公称直径≤40 mm	100 m	1 017.07	520.36	239.92	48.65	208.14	钢管	m	103.00
CB1651	钢管公称直径≤50 mm	100 m	1 120.01	554.91	294.49	48.65	221.96	钢管	m	103.00
CB1652	钢管公称直径≤70 mm	100 m	1 595.65	805.14	401.45	67	322.06	钢管	m	103.00
CB1653	钢管公称直径≤80 mm	100 m	2 215.38	1 198.82	467.67	69.36	479.53	钢管	m	103.00
CB1654	钢管公称直径≤100 mm	100 m	2 442.06	1 273.15	590.29	69.36	509.26	钢管	m	103.00
CB1655	钢管公称直径≤125 mm	100 m	2 590.43	1 392.51	469.72	171.2	557	钢管	m	103.00
CB1656	钢管公称直径≤150 mm	100 m	2820.45	1 474.18	573.31	183.29	589.67	钢管	m	103.00

表 C.B.12.1.3.6　吊棚内敷设

工程内容：测位、划线、打眼、埋螺栓、锯管、套丝、煨弯、配管、支架制作安装、接地、刷漆

定额编号	项目名称	单位	综合单价（元）	其 中				未计价材料		
				人工费	材料费	机械费	综合费	名称	单位	数量
CB1678	钢管公称直径≤15 mm	100 m	985.74	450.21	329.74	25.71	180.08	钢管	m	103.00
CB1679	钢管公称直径≤20 mm	100 m	1 090.55	501.86	362.24	25.71	200.74	钢管	m	103.00
CB1680	钢管公称直径≤25 mm	100 m	1 119.46	520.36	353.75	37.21	208.14	钢管	m	103.00
CB1681	钢管公称直径≤32 mm	100 m	1 199.81	555.26	385.24	37.21	222.1	钢管	m	103.00
CB1682	钢管公称直径≤40 mm	100 m	1 390.47	654.38	424.8	49.54	261.75	钢管	m	103.00
CB1683	钢管公称直径≤50 mm	100 m	1 500.5	676.36	504.06	49.54	270.54	钢管	m	103.00

C.B.12.1　电气配管（编码：030212001）

C.B.12.1.6　塑料管敷设

C.B.12.1.6.2　刚性阻燃管敷设（粘接成品管件）

表 C.B.12.1.6.2.1　砖、混凝土结构明配

工程内容：测位、划线、打眼、下胀管、连接管件、安螺钉、配管

定额编号	项目名称	单位	综合单价（元）	其 中				未计价材料		
				人工费	材料费	机械费	综合费	名称	单位	数量
CB1754	刚性阻燃管公称直径≤15 mm	100 m	617.89	322.48	141.48	24.94	128.99	刚性阻燃管	m	110.000
CB1755	刚性阻燃管公称直径≤20 mm	100 m	668.26	342.72	163.51	24.94	137.09	刚性阻燃管	m	110.000
CB1756	刚性阻燃管公称直径≤25 mm	100 m	671.21	352.49	159.69	18.03	141	刚性阻燃管	m	110.000
CB1757	刚性阻燃管公称直径≤32 mm	100 m	731.63	374.13	189.82	18.03	149.65	刚性阻燃管	m	110.000
CB1758	刚性阻燃管公称直径≤40 mm	100 m	736.25	374.48	199.41	12.57	149.79	刚性阻燃管	m	110.000
CB1759	刚性阻燃管公称直径≤50 mm	100 m	830.52	397.51	261.44	12.57	159	刚性阻燃管	m	110.000
CB1760	刚性阻燃管公称直径≤70 mm	100 m	902.33	421.94	306.91	4.7	168.78	刚性阻燃管	m	110.000

表 C.B.12.1.6.2.2　砖、混凝土结构暗配

工程内容：测位、划线、打眼、切割空心墙体、刨沟、配管、抹砂浆保护层

定额编号	项目名称	单位	综合单价（元）	其中				未计价材料		
				人工费	材料费	机械费	综合费	名称	单位	数量
CB1761	刚性阻燃管公称直径≤15 mm	100 m	469.98	269.43	92.78	0	107.77	刚性阻燃管	m	110.000
CB1762	刚性阻燃管公称直径≤20 mm	100 m	504.02	292.81	94.09	0	117.12	刚性阻燃管	m	110.000
CB1763	刚性阻燃管公称直径≤25 mm	100 m	579.85	312.36	142.55	0	124.94	刚性阻燃管	m	110.000
CB1764	刚性阻燃管公称直径≤32 mm	100 m	636.76	330.5	174.06	0	132.2	刚性阻燃管	m	110.000
CB1765	刚性阻燃管公称直径≤40 mm	100 m	739.7	347.6	253.06	0	139.04	刚性阻燃管	m	110.000
CB1766	刚性阻燃管公称直径≤50 mm	100 m	815.38	362.26	308.22	0	144.9	刚性阻燃管	m	110.000
CB1767	刚性阻燃管公称直径≤70 mm	100 m	906.52	379.71	374.93	0	151.88	刚性阻燃管	m	110.000

表 C.B.12.1.6.2.3　吊棚内敷设

工程内容：测位、划线、打眼、下胀管、接管、配管、支架制作安装、刷漆

定额编号	项目名称	单位	综合单价（元）	其中				未计价材料		
				人工费	材料费	机械费	综合费	名称	单位	数量
CB1768	刚性阻燃管公称直径≤15 mm	100 m	643	316.54	161.9	37.94	126.62	刚性阻燃管	m	110.000
CB1769	刚性阻燃管公称直径≤20 mm	100 m	695.88	344.81	175.21	37.94	137.92	刚性阻燃管	m	110.000
CB1770	刚性阻燃管公称直径≤25 mm	100 m	697.34	357.03	169.8	27.7	142.81	刚性阻燃管	m	110.000
CB1771	刚性阻燃管公称直径≤32 mm	100 m	733.24	368.89	189.09	27.7	147.56	刚性阻燃管	m	110.000
CB1772	刚性阻燃管公称直径≤40 mm	100 m	757.01	376.57	206.72	23.09	150.63	刚性阻燃管	m	110.000
CB1773	刚性阻燃管公称直径≤50 mm	100 m	873.51	406.93	277.81	26	162.77	刚性阻燃管	m	110.000
CB1774	刚性阻燃管公称直径≤70 mm	100 m	911.18	423.34	299.21	19.29	169.34	刚性阻燃管	m	110.000

C.B.12.3 电气配线（编码：030212003）

C.B.12.3.1 管内穿线

表 C.B.12.3.1.1 照明线路

工程内容：穿引线、扫管、涂滑石粉、穿线、编号、接焊包头

定额编号	项目名称	单位	综合单价（元）	其 中				未计价材料		
				人工费	材料费	机械费	综合费	名称	单位	数量
CB1863	铝芯 导线截面 ≤2.5 mm²	100 m 单线	55.82	34.9	6.96	0	13.96	绝缘导线	m	116.000
CB1864	铝芯 导线截面 ≤4.0 mm²	100 m 单线	39.75	24.43	5.55	0	9.77	绝缘导线	m	116.000
CB1865	铜芯 导线截面 ≤1.5 mm²	100 m 单线	61.85	34.2	13.97	0	13.68	绝缘导线	m	116.000
CB1866	铜芯 导线截面 ≤2.5 mm²	100 m 单线	65.07	34.9	16.21	0	13.96	绝缘导线	m	116.000
CB1867	铜芯 导线截面 ≤4.0 mm²	100 m 单线	50.43	24.43	16.23	0	9.77	绝缘导线	m	116.000

表 C.B.12.3.1.2 动力线路

工程内容：穿引线、扫管、涂滑石粉、穿线、编号、接焊包头

定额编号	项目名称	单位	综合单价（元）	其 中				未计价材料		
				人工费	材料费	机械费	综合费	名称	单位	数量
CB1868	铝芯 导线截面 ≤2.5 mm²	100 m 单线	36.51	23.03	4.27	0	9.21	绝缘导线	m	105.00
CB1869	铝芯 导线截面 ≤4 mm²	100 m 单线	39.5	24.43	5.3	0	9.77	绝缘导线	m	105.00
CB1870	铝芯 导线截面 ≤6 mm²	100 m 单线	49.42	27.92	10.33	0	11.17	绝缘导线	m	105.00
CB1871	铝芯 导线截面 ≤10 mm²	100 m 单线	66.75	34.55	18.38	0	13.82	绝缘导线	m	105.00

4. 照明器具安装（编码：030213）

1）说明

（1）各型灯具的引导线，除注明者外，均已综合考虑在内，使用时不得换算。

（2）路灯、投光灯、碘钨灯、氙气灯、烟囱或水塔指示灯，均已考虑了一般工程的高空作业因素，其他器具安装高度如超过 5 m，则应按分册说明中规定的超高系数另行计算。

（3）装饰灯具安装均已考虑了一般工程的超高作业因素，但不包括脚手架搭拆费用。

（4）装饰灯具项目应与装饰灯具示意图号配套使用。

（5）本定额内已包括利用摇表测量绝缘及一般灯具的试亮工作。

（6）装饰灯具安装已综合了灯具安装所需的金属软管及支架的制作安装。

（7）路灯安装项目未包括导线架设，应另行计算。

（8）工厂灯具及路灯安装项目未包括支架制作，应另行计算。

（9）管形氙气灯安装子目未包括接触器，接钮、绝缘子安装及管线敷设。

（10）吊式艺术装饰灯具，应根据装饰灯具示意图集所示，区别不同装饰物以及灯体直径和灯体垂吊长度，灯体直径为装饰物的最大外缘直径，灯体垂吊长度为灯座底部到灯梢之间的总长度。

（11）吸顶式艺术装饰灯具，区别不同装饰物、吸盘的几何形状、灯体直径、灯体周长和灯体垂吊长度。灯体直径为吸盘最大外缘直径；灯体半周长为矩形吸盘的半周长；吸顶式艺术装饰灯具的灯体垂吊长度为吸盘到灯梢之间的总长度。

（12）荧光艺术装饰灯具，根据装饰灯具示意图集所示，区别不同安装形式和计量单位计算。

2）工程量计算规则

（1）普通灯具安装的工程量，应区别灯具的种类、型号、规格以"10套"为计量单位计算。普通灯具安装定额适用范围见下表：

普通灯具安装定额适用范围

定额名称	灯 具 种 类
圆球吸顶灯	材质为玻璃的螺口、卡口圆球独立吸顶灯
半圆球吸顶灯	材质为玻璃的独立的半圆球吸顶灯、扁圆罩吸顶灯、平圆形吸顶灯
方型吸顶灯	材质为玻璃的独立的矩形罩吸顶灯、方型罩吸顶灯、大口方罩顶灯
软线吊灯	利用软线为垂吊材料、独立的，材质为玻璃、塑料、搪瓷，形状如碗伞、平盘灯罩组成的各式软线吊灯
吊链灯	利用吊链作辅助悬吊材料、独立的，材质为玻璃、塑料罩的各式吊链灯
防水吊灯	一般防水吊灯
一般弯脖灯	圆球弯脖灯、风雨壁灯
一般墙壁灯	各种材质的一般壁灯、镜前灯
软线吊灯头	一般吊灯头
声光控座灯头	一般声控、光控座灯头
座灯头	一般塑胶、瓷质座灯头

（2）吊式艺术装饰灯具的工程量，应根据装饰灯具示意图集所示，区别不同装饰物以及灯体直径和灯体垂吊长度，以"10套"为计量单位。灯体直径为装饰物的最大外缘直径，灯体垂吊长度为灯座底部到灯梢之间的总长度。

（3）吸顶式艺术装饰灯具安装的工程量，应根据装饰灯具示意图集所示，区别不同装饰物、吸盘的几何形状、灯体直径、灯体周长和灯体垂吊长度，以"10套"为计量单位。

灯体直径为吸盘最大外缘直径；灯体半周长为矩形吸盘的半周长；吸顶式艺术装饰灯具的灯体垂吊长度为吸盘到灯梢之间的总长度。

（4）荧光艺术装饰灯具安装的工程量，应根据装饰灯具示意图集所示，区别不同安装形式和计量单位：

① 组合荧光灯光带安装的工程量，应根据装饰灯具示意图集所示，区别安装形式、灯管数量，以"延长米"为计量单位。灯具的设计数量与定额不符时可以按设计量加损耗量调整主材。

② 内藏组合式灯安装的工程量，应根据装饰灯具示意图集所示，区别灯具组合形式，以"延长米"为计量单位。灯具的设计数量与定额不符时，可根据设计数量加损耗量调整主材。

③ 发光棚安装的工程量，应根据装饰灯具示意图集所示，以"m²"为计量单位，发光棚灯具按设计用量加损耗量计算。

④ 立体广告灯箱、荧光灯光沿的工程量，应根据装饰灯具示意图集所示，以"延长米"为计量单位。灯具设计用量与定额不符时，可根据设计数量加损耗量调整主材。

3）部分常用定额

C.B.13.1　普通吸顶灯及其他灯具（编码：030213001）

表 C.B.13.1.1　吸顶灯具

工程内容：测位、划线、打眼、埋螺栓、上木台、灯具安装、接线、接焊包头

定额编号	项目名称	单位	综合单价（元）	人工费	材料费	机械费	综合费	名称	单位	数量
				其　中				未计价材料		
CB2091	圆球吸顶灯灯罩 直径≤250 mm	10 套	169.03	75.38	63.5	0	30.15	成套灯具	套	10.100
CB2092	圆球吸顶灯灯罩 直径≤300 mm	10 套	193.13	75.38	87.6	0	30.15	成套灯具	套	10.100
CB2093	半圆球吸顶灯灯罩 直径≤250 mm	10 套	171.52	75.38	65.99	0	30.15	成套灯具	套	10.100
CB2094	半圆球吸顶灯灯罩 直径≤300 mm	10 套	195.61	75.38	90.08	0	30.15	成套灯具	套	10.100
CB2095	半圆球吸顶灯灯罩 直径≤350 mm	10 套	230.42	75.38	124.89	0	30.15	成套灯具	套	10.100
CB2096	方型吸顶灯　矩形罩	10 套	179.62	75.38	74.09	0	30.15	成套灯具	套	10.100
CB2097	方型吸顶灯　大口方罩	10 套	221.69	87.6	99.05	0	35.04	成套灯具	套	10.100
CB2098	照明灯具安装　方形吸顶灯　二联方罩	10 套	475.25	169.96	237.31	0	67.98	成套灯具	套	10.100
CB2099	方形吸顶灯　四联方罩	10 套	908.06	335.04	439	0	134.02	成套灯具	套	10.100
CB2100	方形吸顶灯　五联方罩	10 套	1047.13	418.8	460.81	0	167.52	成套灯具	套	10.100
CB2101	方形吸顶灯　六联方罩	10 套	1178.18	488.6	494.14	0	195.44	成套灯具	套	10.100
CB2102	方形吸顶灯　七联方罩	10 套	1356.19	593.3	525.57	0	237.32	成套灯具	套	10.100
CB2103	方形吸顶灯　八联方罩	10 套	1436.31	628.2	556.83	0	251.28	成套灯具	套	10.100

表 C.B.13.1.2　其他普通灯具

工程内容：测位、划线、打眼、埋螺栓、上木台、支架安装、灯具组装、上绝缘子、保险器、吊链加工、接线、接焊包头

定额编号	项目名称	单位	综合单价（元）	其中				未计价材料		
				人工费	材料费	机械费	综合费	名称	单位	数量
CB2104	软线吊灯	10 套	109.15	32.81	63.22	0	13.12	成套灯具	套	10.100
CB2105	吊链灯	10 套	154.76	70.5	56.06	0	28.2	成套灯具	套	10.100
CB2106	防水吊灯	10 套	93.57	32.81	47.64	0	13.12	成套灯具	套	10.100
CB2107	一般弯脖灯	10 套	152.4	70.5	53.7	0	28.2	成套灯具	套	10.100
CB2108	一般壁灯	10 套	137.62	70.5	38.92	0	28.2	成套灯具	套	10.100
CB2109	防水灯头	10 套	91.81	29.32	50.76	0	11.73	成套灯具	套	10.100
CB2110	节能座灯头	10 套	94.87	48.16	27.45	0	19.26	成套灯具	套	10.100
CB2111	座灯头	10 套	77.99	32.81	32.06	0	13.12	成套灯具	套	10.100
CB2112	应急灯	10 套	187.93	104.7	41.35	0	41.88	成套灯具	套	10.100
CB2113	嵌入式地灯安装地板下	10 套	171.1	94.75	38.45	0	37.9	成套灯具	套	10.100
CB2114	嵌入式地灯安装地坪下	10 套	245.34	136.04	54.88	0	54.42	成套灯具	套	10.100

C.B.13.4　荧光灯
表 C.B.13.4.2　成套型

工程内容：测位、划线、打眼、埋螺栓、上木台、吊链、吊管加工、灯具安装、接线、接焊包头

定额编号	项目名称	单位	综合单价（元）	其中				未计价材料		
				人工费	材料费	机械费	综合费	名称	单位	数量
CB2350	吊链式 单管	10 套	246.75	75.73	140.73	0	30.29	成套灯具	套	10.100
CB2351	吊链式 双管	10 套	274.12	95.28	140.73	0	38.11	成套灯具	套	10.100
CB2352	吊链式 三管	10 套	289.76	106.45	140.73	0	42.58	成套灯具	套	10.100
CB2353	吊管式 单管	10 套	204.92	75.73	98.9	0	30.29	成套灯具	套	10.100
CB2354	吊管式 双管	10 套	232.29	95.28	98.9	0	38.11	成套灯具	套	10.100
CB2355	吊管式 三管	10 套	247.93	106.45	98.9	0	42.58	成套灯具	套	10.100
CB2356	吸顶式 单管	10 套	185.53	75.73	79.51	0	30.29	成套灯具	套	10.100
CB2357	吸顶式 双管	10 套	212.9	95.28	79.51	0	38.11	成套灯具	套	10.100
CB2358	吸顶式 三管	10 套	228.54	106.45	79.51	0	42.58	成套灯具	套	10.100
CB2359	嵌入式 单管	10 套	203.72	75.73	97.7	0	30.29	成套灯具	套	10.100
CB2360	嵌入式 双管	10 套	231.04	95.28	97.65	0	38.11	成套灯具	套	10.100
CB2361	嵌入式 三管	10 套	246.68	106.45	97.65	0	42.58	成套灯具	套	10.100

第6章　安装工程定额计价体系

【知识目标】

熟悉定额的概念和作用；掌握工程定额的概念及分类；了解《全国统一安装工程预算定额》和"单位估价表"的组成；掌握定额计价的计价程序和费用组成；掌握定额计价与工程量清单计价的联系和区别。

【能力目标】

能够查阅《全国统一安装工程预算定额》和"单位估价表"；掌握定额计价的计价程序和费用组成。

6.1　工程定额概述

19世纪末20世纪初，在技术最发达、资本主义发展最快的美国，形成了系统的经济管理理论。定额的产生与管理科学的形成和发展是紧密地联系在一起的。

定额和企业管理成为科学是从泰勒制开始的，它的创始人是美国工程师泰勒。泰勒制的核心内容包括两方面：第一，科学的工时定额；第二，工时定额与有差别的计件工资制度相结合。泰勒制的产生和推行，在提高劳动生产率方面取得了显著的效果。

6.1.1　定额的定义

定额，简单地说，就是一种规定的额度。

在社会生产中，为了生产某一合格产品或完成某一工作成果，都要消耗一定数量的人力、物力和财力。从个别的生产工作过程来考察，这种消耗数量，受各种生产工作条件的影响，是各自不相同的。从总体的生产工作过程来考察，规定出社会平均必需的消耗数量标准，这种标准就称为定额。

定额水平高，完成单位产品的消耗量少；反之，完成单位产品的消耗量多。定额水平与一定时期的构件装配化、工厂化和施工机械化程度，工人操作技术水平和职工劳动积极性，新工艺、新材料和新技术的应用程度，企业生产经营管理水平，国家经济管理体制和管理制度有关。

在建筑安装工程施工生产过程中，为完成某项工程或某项结构构件，都必须消耗一定数量的劳动力、材料和机具。在社会平均生产条件下，用科学的方法和实践经验相结合，制定为生产质量合格的单位工程产品所必需的人工、材料、机械数量标准，就称为建筑安装工程预算定额，简称为工程定额或预算定额。

工程定额除了规定有数量标准外，也要规定出它的工作内容、质量标准、生产方法、安全要求和适用的范围等。工程定额体现出了正常施工条件、合理的施工组织设计、合格产品下各种生产要素消耗的社会平均合理水平。

6.1.2　定额的作用

定额是科学管理的基础，也是现代管理学科中的重要内容和基本环节。我国要实现工业化和生产的社会化、现代化，就必须积极地吸收和借鉴世界上各发达国家的先进管理方法，必须充分认识定额在社会主义经济管理中的地位。定额的作用主要表现在以下六个方面：

（1）定额是计划管理的重要基础。

建筑安装企业在计划管理中，为了组织和管理施工生产活动，必须编制各种计划，而计划的编制又依据各种定额和指标来计算人力、物力、财力等需用量，因此定额是计划管理的重要基础。

（2）定额是提高劳动生产率的重要手段。

施工企业要提高劳动生产率，除了加强政治思想工作、提高群众积极性外，还要贯彻执行现行定额，把企业提高劳动生产率的任务具体落实到每个工人身上，促使他们采用新技术和新工艺，改进操作方法，改善劳动组织，减小劳动强度，使用更少的劳动量，创造更多的产品，从而提高劳动生产率。

（3）定额是衡量设计方案的尺度和确定工程造价的依据。

同一工程项目的投资多少，是使用定额和指标，对不同设计方案进行技术经济分析与比较之后确定的。因此定额是衡量设计方案经济合理性的尺度。

工程造价是根据设计规定的工程标准和工程数量，并依据定额指标规定的劳动力、材料、机械台班数量，单位价值和各种费用标准来确定的，因此定额是确定工程造价的依据。

（4）定额是推行经济责任制的重要环节。

推行的投资包干和以招标承包为核心的经济责任制，其中签订投资包干协议，计算招标标底和投标标价，签订总包和分包合同协议，以及企业内部实行适合各自特点的各种形式的承包责任制等，都必须以各种定额为主要依据，因此定额是推行经济现任制的重要环节。

（5）定额是科学组织和管理施工的有效工具。

建筑安装是多工种、多部门组成的一个有机整体而进行的施工活动，在安排各部门各工种的活动计划中，要计算平衡资源需用量，组织材料供应。要确定编制定员，合理配备劳动组织，调配劳动力，签发工程任务单和限额领料单，组织劳动竞赛，考核工料消耗，计算和分配工人劳动报酬等都要以定额为依据，因此定额是科学组织和管理施工的有效工具。

（6）定额是企业实行经济核算制的重要基础。

企业为了分析比较施工过程中的各种消耗，必须用各种定额为核算依据，因此工人完成定额的情况，是实行经济核算制的主要内容。以定额为标准，分析比较企业各种成本，并通过经济活动分析，肯定成绩，找出薄弱环节，提出改进措施，不断降低单位工程成本，提高经济效益。所以，定额是实行经济核算制的重要基础。

6.1.3 工程定额的特点

工程建设定额是根据国家一定时期的管理体制和管理制度，根据不同定额的用途和适用范围，由指定的机构按照一定的程序制定的，并按照规定的程序审批和办法执行。工程建设定额反映了工程建设和各种资源消耗之间的客观规律，具有如下特点：

1. 科学性

工程建设定额的科学性包括两重含义。一重含义是指工程建设定额和生产力发展水平相适应，反映出工程建设中生产消费的客观规律。另一重含义是指工程建设定额管理在理论、方法和手段上适应现代科学技术和信息社会发展的需要。

工程建设定额的科学性，第一表现在用科学的态度制定定额，尊重客观实际，力求定额水平合理；第二表现在制定定额的技术方法上，利用现代科学管理的成就，形成一套系统的、完整的、在实践中行之有效的方法；第三表现在定额制定和贯彻的一体化。制定是为了提供贯彻的依据，贯彻是为了实现管理的目标，也是对定额的信息反馈。

2. 系统性

工程建设定额是相对独立的系统。它是由多种定额结合而成的有机的整体。它的结构复杂，有鲜明的层次，有明确的目标。

工程建设定额的系统性是由工程建设的特点决定的。按照系统论的观点，工程建设就是庞大的实体系统。工程建设定额是为这个实体系统服务的。因而工程建设本身的多种类、多层次就决定了以它为服务对象的工程建设定额的多种类、多层次。从整个国民经济来看，进行固定资产生产和再生产的工程建设，是一个有多项工程集合体的整体。其中包括农林水利、轻纺、机械、煤炭、电力、石油、冶金、化工、建材工业、交通运输、邮电工程，以及商业物资、科学教育文化、卫生体育、社会福利和住宅工程等。这些工程的建设都有严格的项目划分，如建设项目、单项工程、单位工程、分部分项工程；在计划和实施过程中有严密的逻辑阶段，如规划、可行性研究、设计、施工、竣工交付使用，以及投入使用后的维修。与此相适应必然形成工程建设定额的多种类、多层次。

3. 统一性

工程建设定额的统一性，主要是由国家对经济发展的有计划的宏观调控职能决定的。为了使国民经济按照既定的目标发展，就需要借助于某些标准、定额、参数等，对工程建设进行规划、组织、调节、控制。而这些标准、定额、参数必须在一定的范围内是一种统一的尺度，才能实现上述职能，才能利用它对项目的决策、设计方案、投标报价、成本控制进行比选和评价。

工程建设定额的统一性按照其影响力和执行范围来看，有全国统一定额、地区统一定额和行业统一定额等；按照定额的制定、颁布和贯彻使用来看，有统一的程序、统一的原则、统一的要求和统一的用途。

4. 权威性

工程建设定额具有很大权威，这种权威在一些情况下具有经济法规性质。权威性反映统一的意志和统一的要求，也反映信誉和信赖程度以及反映定额的严肃性。

工程建设定额的权威性的客观基础是定额的科学性。只有科学的定额才具有权威。应该指出的是，在竞争机制引入工程建设的情况下，定额的水平必然会受市场供求状况的影响，从而在执行中可能产生定额水平的浮动。随着投资体制的改革和投资主体多元化格局的形成，随着企业经营机制的转换，它们都可以根据市场的变化和自身的情况，自主的调整自己的决策行为。因此在这里，一些与经营决策有关的工程建设定额的权威性特征就弱化了。

5. 稳定性与时效性

工程建设定额中的任何一种都是一定时期技术发展和管理水平的反映，因而在一段时间内都表现出稳定的状态。保持定额的稳定性是维护定额的权威性所必需的，更是有效的贯彻定额所必要的。

但是，工程建设定额的稳定性是相对的。当生产力向前发展了，定额就会与已经发展了的生产力不相适应。这样，它原有的作用就会逐步减弱，需要重新编制或修订定额。

6.1.4　工程定额的分类

在建筑安装施工生产中，根据需要而采用不同的定额。例如用于企业内部管理的有劳动定额、材料消耗定额和施工定额。又如为了计算工程造价，要使用估算指标、概算定额、预算定额（包括基础定额）、费用定额等。因此，工程建设定额可以从不同的角度进行分类。

1. 按生产要素分类

（1）劳动消耗定额。

劳动定额，也称工时定额或人工定额，是指在合理的劳动组织条件下，工人以社会平均熟练程度和劳动强度在单位时间内生产合格产品的数量。

建筑安装工程劳动定额是反映建筑产品生产中活劳动消耗量的标准数量，是指在正常的生产（施工）组织和生产（施工）技术条件下，为完成单位合格产品或完成一定量的工作所预先规定的必要劳动消耗量的标准数额。劳动定额是建筑安装工程定额的主要组成部分，反映建筑安装工人劳动生产率的社会平均先进水平。

劳动定额有两种基本表示形式。

① 时间定额。

时间定额是指在一定的生产技术和生产组织条件下，某工种、某种技术等级的工人小组或个人，完成单位合格产品所必须消耗的工作时间。

例如：

0.2 工日/DN25 水阀门

75 工日/柴油机

定额工作时间包括工人的有效工作时间（准备与结束时间、基本工作时间、辅助工作时间）、必要的休息与生理需要时间和不可避免的中断时间。定额工作时间以工日为单位。

② 产量定额。

产量定额是指在一定的生产技术和生产组织条件下，某工种、某种技术等级的工人小组或个人，在单位时间内（工日）应完成合格产品的数量。

例如：

5个水阀/工日

200 m 照明线/工日

时间定额和产量定额互成倒数，二者知其一，就可求出另一个。

时间定额和产量定额是劳动定额的两种不同的表现形式。国家颁发的劳动定额以复合形式表示。如，0.2工日/5个水阀是水阀门的劳动定额，分子是时间定额，表示安装一个水阀门要0.2个工日；分母是工程量定额，表示一个工日安装5个水阀门。

（2）材料消耗定额。

材料，是工程建设中使用的原材料、成品、半成品、构配件、燃料以及水、电等动力资源的统称。对建设工程的项目投资、建筑产品的成本控制都起着决定性的影响。

材料消耗定额，是指在合理与节约使用材料的条件下，安装合格的单位工程所需消耗的材料数量。以单位工程的材料计量单位来表示。

例如：安装 10 mm 的 DN25 的镀锌钢管，需要消耗镀锌钢管 10.20 m，镀锌钢管接头零件 9.78 个。

材料消耗定额规定的材料消耗量包括材料净用量和合理损耗量两部分，即

$$材料消耗量＝材料净用量＋材料损耗量$$

材料净用量可由计算、测定、试验得出，材料损耗量可按下式计算，即

$$材料损耗量＝材料净用量×材料损耗率$$

将上两式整理，得

$$材料消耗量＝材料净用量×（1＋材料损耗率）$$

材料损耗率由有关部门综合取定，同种材料用途不同，其损耗率也不相同。

（3）机械台班使用定额。

机械台班使用定额是在先进合理地组织施工的条件下，由熟悉机械设备的性能、具有熟练技术的机械手管理和操作设备时，机械在单位时间内所应达到的生产率。即一个台班应完成质量合格的单位产品销售的数量标准，或完成单位合格产品所需台班数量标准。

同劳动定额一样，机械台班使用定额也有时间定额和产量定额两种表现形式，二者互成反比，互为倒数。

2. 按定额的建设程序和用途分类

（1）施工定额。

施工定额是以同一性质的施工过程——工序，作为研究对象，表示生产产品数量与时间消耗综合关系编制的定额。施工定额是施工企业（建筑安装企业）组织生产和加强管理在企业内部使用的一种定额，属于企业定额的性质。施工定额是工程建设定额中分项最细、定额子目最多的一种定额，也是建设工程定额中的基础性定额。施工定额由人工定额、材料消耗定额和机械台班使用定额所组成。

施工定额是建筑安装施工企业进行施工组织、成本管理、经济核算和投标报价的重要依据，属于企业定额性质。施工定额直接应用于施工项目的施工管理，用来编制施工作业计划、签发施工任务单、签发限额领料单，以及结算计件工资或计量奖励工资等。施工定额和施工生产结合紧密，施工定额的定额水平反映施工企业生产与组织的技术水平和管理水平。施工定额也是编制预算定额的基础。

（2）预算定额。

预算定额是以建筑物或构筑物各个分部分项工程为对象编制的定额。预算定额是以施工定额为基础综合扩大编制的，同时也是编制概算定额的基础。其中的人工、材料和机械台班的消耗水平根据施工定额综合取定，定额项目的综合程度大于施工定额。预算定额是编制施工图预算的主要依据，是编制单位估价表、确定工程造价、控制建设工程投资的基础和依据。与施工定额不同，预算定额是社会性的，而施工定额则是企业性的。

（3）概算定额。

概算定额是以扩大的分部分项工程为对象编制的。概算定额是编制扩大初步设计概算、确定建设项目投资额的依据。概算定额一般是在预算定额的基础上综合扩大而成的，每一综合分项概算定额都包含了数项预算定额。

（4）概算指标。

概算指标是概算定额的扩大与合并，它是以整个建筑物和构筑物为对象，以更为扩大的计量单位来编制的。概算指标的设定和初步设计的深度相适应，是设计单位编制设计概算或建设单位编制年度投资计划的依据，也可作为编制估算指标的基础。

（5）投资估算指标。

投资估算指标通常是以独立的单项工程或完整的工程项目为计算对象编制确定的生产要素消耗的数量标准或项目费用标准，是根据已建工程或现有工程的价格数据和资料，经分析、归纳和整理编制而成的。投资估算指标是在项目建议书和可行性研究阶段编制投资估算、计算投资需要量时使用的一种指标，是合理确定建设工程项目投资的基础。

3．按照投资的费用性质分类

（1）建筑工程定额。

建筑工程定额，是建筑工程的施工定额、预算定额、概算定额和概算指标的统称。建筑工程，一般理解为房屋和构筑物工程。具体包括一般土建工程、电气工程（动力、照明、弱电）、卫生技术（水、暖、通风）工程、工业管道工程、特殊构筑物工程等。广义上它也被理解为除房屋和构筑物外还包含其他各类工程，如道路、铁路、桥梁、隧道、运河、堤坝、港口、电站、机场等工程。在我国统计年鉴中对固定资产投资构成的划分，就是根据这种理解设计的。

（2）设备安装工程定额。

设备安装工程定额，是安装工程施工定额、预算定额、概算定额和概算指标的统称。设备安装工程是对需要安装的设备进行定位、组合、校正、调试等工作的工程。在工业项目中，机械设备安装和电气设备安装工程占有重要的地位。因为生产设备大多要安装后才能运转，不需要安装的设备很少。在非生产性的建设项目中，由于社会生活和城市设施的日益现代化，设备安装工程量也在不断增加。所以设备安装工程定额也是工程建设定额中的重要部分。

通常把建筑和安装工程作为一个施工过程来看待，即建筑安装工程。所以在通用定额中有时把建筑工程定额和安装工程定额合二为一，称为建筑安装工程定额。建筑安装工程定额属于直接费定额，仅仅包括施工过程中人工、材料、机械消耗定额。

（3）建筑安装工程费用定额。

建筑安装工程费用定额，一般包括以下三部分内容：

① 其他直接费用定额，是指预算定额分项内容以外，而与建筑安装施工生产直接有关的各项费用开支标准。

② 现场经费定额，是指与现场施工直接有关，是施工准备、组织施工生产和管理所需的费用定额。

③ 间接费定额，是指与建筑安装施工生产的个别产品无关，而为企业生产全部产品所必需，为维持企业的经营管理活动所必需发生的各项费用开支标准。

（4）工、器具定额。

工、器具定额，是为新建或扩建项目投产运转首次配置的工具、器具数量标准。工具和器具，是指按照有关规定不够固定资产标准而起劳动手段作用的工具、器具和生产用家具。

（5）工程建设其他费用定额。

工程建设其他费用定额，是独立于建筑安装工程、设备和工器具购置之外的其他费用开支的标准。工程建设的其他费用的发生和整个项目的建设密切相关。它一般要占项目总投资的 10% 左右。其他费用定额是按各项独立费用分别制定的，以便合理控制这些费用的开支。

4. 按主编单位和管理权限分类

（1）全国统一定额。

全国统一定额是由国家建设行政主管部门，综合全国工程建设中技术和施工组织管理的情况编制，并在全国范围内执行的定额。

（2）行业统一定额。

行业统一定额，是由各行业结合本行业特点，在国家统一指导下编制的具有较强行业或专业特点的定额，一般只在本行业内部使用。

（3）地区统一定额。

地区统一定额包括省、自治区、直辖市定额。地区统一定额主要是考虑地区性特点和全国统一定额水平作适当调整和补充编制的。

（4）企业定额。

企业定额是指由施工企业考虑本企业具体情况，参照国家、部门或地区定额的水平制定的定额。

（5）补充定额。

补充定额是指随着设计、施工技术的发展，现行定额不能满足需要的情况下，为了补充缺陷所编制的定额。

6.2　安装工程定额

6.2.1　《全国统一安装工程预算定额》简介

《全国统一安装工程预算定额》是在原国家计委（1986 年版）的"统一定额"的基础上由国家建设部组织修订的一套较完整、较适用的标准定额。该定额于 2000 年 3 月 17 日起陆续发布实施，共分十三册：

第一册：《机械设备安程装工程》
第二册：《电气设备安装工程》
第三册：《热力设备安装工程》
第四册：《炉窑砌筑工程》
第五册：《静置设备与工艺金属结构制作安装工程》
第六册：《工业管道工程》
第七册：《消防及安全防范设备安装工程》
第八册：《给水、采暖、燃气工程》
第九册：《通风空调工程》
第十册：《自动化控制仪表安装工程》
第十一册：《刷油、防腐蚀、绝热工程》
第十二册：《通信设备及线路工程》
第十三册：《建筑智能化系统设备安装工程》

1.《全国统一安装工程预算定额》的作用及使用范围

《全国统一安装工程预算定额》是编制安装工程施工图预算的依据，是编制概算定额、概算指标的基础，也是各地区编制单位估价表的依据，更是编制标底及投标报价的依据。适用于全国各类新建、扩建项目的安装工程。

2.《全国统一安装工程预算定额》的编制依据

（1）国家现行的产品标准、设计规范、施工及验收规范、技术操作规程、质量评定标准和安全操作规程。

（2）国内大多数施工企业的施工方法、施工组织管理水平、技术工艺水平、劳动生产率水平、装备水平、机械化程度等。

（3）现行的施工定额，即劳动定额、材料消耗定额、机械台班使用定额。

（4）北京市人工工资标准及材料预算价格、1998 年建设部颁发的《全国统一施工机械台班费用定额》。

3.《全国统一安装工程预算定额》的适用条件

《全国统一安装工程预算定额》是按正常施工条件进行编制的，所以只使用于正常施工条件。

正常施工条件指的是：

（1）设备、材料、成品、半成品及构件完整无损，符合质量标准和设计要求，附有合格证书和实验记录。

（2）安装工程和土建工程之间的交叉作业正常。

（3）安装地点、建筑物、设备基础、预留孔洞等均符合安装要求。

（4）水、电供应均满足安装施工正常使用。

（5）正常的气候、地理条件和施工环境。当在非正常施工条件下施工时，如在高原、高寒地区、洞库、水下等特殊自然地理条件下施工，应根据有关规定增加其费用。

4.《全国统一安装工程预算定额》的结构组成

《全国统一安装工程预算定额》共十三册，每册均由总说明、册说明、目录、章说明、定额项目表、附注和附录组成。

（1）总说明。各册定额的总说明是完全一样的，主要说明"统一定额"的作用、编制依据、各种消耗量的确定，对垂直及水平运输的说明以及其他有关说明。

（2）册说明。

① 本册定额的适用范围。

② 定额的编制条件。

③ 工日、材料、机械台班实物耗量和预算单价的确定依据和计算方法以及有关规定。

④ 有关费用（如脚手架搭拆费、高层建筑增加费、操作高度超高费等）的计取。

⑤ 本册定额包括的工作内容和不包括的工作内容。

⑥ 本册定额在使用中应注意的事项和有关问题的说明。

（3）目录。目录为查找、检查定额项目提供方便。

（4）章说明。

① 分部工程定额包括的主要工作内容和不包括的工作内容。

② 使用定额的一些基本规定和有关问题的说明，例如界限划分、适用范围等。

③ 分部工程的工程量计算规则及有关规定。

（5）定额项目表。

定额项目表是每册定额的重要内容，它将安装工程基本构成要素有机组列，并按章编号，以便检索应用。其包括的内容有：

① 分项工程的工作内容，一般列在项目表的表头。

② 一个计量单位的分项工程人工消耗量、材料、机械台班消耗的种类和数量标准（实物量），包括未计价材料。

③ 预算定额基价，即人工费、材料费、机械台班使用费的合计（货币指标）。

④ 人工、材料、机械台班单价（不含未计价材料）。

（6）附注。在项目表的下方，解释一些定额说明中未尽的问题。

（7）附录。主要提供一些有关资料，例如施工机械台班单价表，主要材料损耗率，定额中材料的预算价格等，放在每册定额表之后。

【例 6.1】 现以表 6.1 中的 8-241 子目为例来说明《全国统一安装工程预算定额》中表格表现的内容。

表 6.1 螺纹阀

工作内容：切管、套丝、制垫、加垫、上阀门、水压试验　　　　　　　　　　　计量单位：个

定额编号			8-241	8-242	8-243	8-244	8-245
项　　目			公称直径（mm 以内）				
			15	20	25	32	40
名　称	单位	单价（元）	数　量				
人工　综合工日	工日	23.22	0.100	0.100	0.120	0.150	0.250
螺纹阀门 DN15	个	—	（1.010）	—	—	—	—
螺纹阀门 DN20	个	—	—	（1.010）	—	—	—
螺纹阀门 DN25	个	—	—	—	（1.010）	—	—
螺纹阀门 DN32	个	—	—	—	—	（1.010）	—
螺纹阀门 DN40	个	—	—	—	—	—	（1.010）
黑玛钢活接头 DN15	个	1.590	1.010	—	—	—	—
黑玛钢活接头 DN20	个	2.050	—	1.010	—	—	—
黑玛钢活接头 DN25	个	2.670	—	—	1.010	—	—
材料　黑玛钢活接头 DN32	个	4.100	—	—	—	1.010	—
黑玛钢活接头 DN40	个	6.150	—	—	—	—	1.010
铅油	kg	8.770	0.008	0.010	0.012	0.014	0.017
机油	kg	3.550	0.012	0.012	0.012	0.012	0.016
线麻	kg	10.400	0.001	0.001	0.001	0.002	0.002
橡胶板 $\delta1\sim3$	kg	7.490	0.002	0.003	0.004	0.006	0.008
棉丝	kg	29.130	0.010	0.012	0.015	0.019	0.024
砂纸	张	0.330	0.100	0.120	0.150	0.190	0.240
钢锯条	根	0.620	0.070	0.100	0.120	0.160	0.230
基价（元）			4.43	5.00	6.24	8.57	13.22
其中　人工费（元）			2.32	2.32	2.79	3.48	5.80
材料费（元）			2.11	2.68	3.45	5.09	7.42
机械费（元）			—	—	—	—	—

注：摘自《全国统一安装工程预算定额》。

【解】

（1）定额编号：8-241。

（2）项目名称：螺纹阀 DN15。

（3）计量单位：个。

（4）基价人工费。

定额消耗的综合工日为 0.100 工日，定额规定的预算工资标准为 23.22 元/工日，则

$$基价人工费 = 定额综合工日数量 \times 定额综合工日单价$$
$$= 0.100 \text{工日} \times 23.22 \text{元/工日} = 2.32 \text{元}$$

（5）基价材料费。

定额消耗的安装材料有：

螺纹阀门 DN15，1.010 个，用括号括起来，表示为未计价材料；

黑玛钢活接头 DN15，1.010 个，单价为 1.59 元/个；

铅油，0.008 kg，单价为 8.770 元/kg；

机油，0.012 kg，单价为 3.550 元/kg；

线麻，0.001 kg，单价为 10.400 元/kg；

橡胶板 $\delta1 \sim 3$，0.002 kg，单价为 7.490 元/kg；

棉丝，0.010 kg，单价为 29.130 元/kg；

砂纸，0.100 张，单价为 0.330 元/张；

钢锯条，0.070 根，单价为 0.620 元/根。

$$基价材料费 = \sum（材料定额消耗量 \times 相应单价）$$
$$= 1.010\ 个 \times 1.59\ 元/个 + 0.008\ kg \times 8.770\ 元/kg + 0.012\ kg \times$$
$$3.550\ 元/kg + 0.001\ kg \times 10.400\ 元/kg + 0.002\ kg \times 7.490\ 元/kg +$$
$$0.010\ kg \times 29.130\ 元/kg + 0.100\ 张 \times 0.330\ 元/张 +$$
$$0.070\ 根 \times 0.620\ 元/根$$
$$= 2.11\ 元$$

（6）基价机械费：无。

（7）分项定额基价：

$$分项定额基价 = 基价人工费 + 基价材料费 + 基价机械费$$
$$= 2.32\ 元 + 2.11\ 元 = 4.43\ 元$$

（8）该项目的未计价材料为阀门 DN15，损耗率为 0.01。

6.2.2　单位估价表

单位估价表，又称工程预算单价表，是以货币形式确定定额计量单位某分部分项工程或结构构件直接工程费用的文件。它是根据预算定额所确定的人工、材料和机械台班消耗数量乘以人工工资单价、材料价格和机械台班单价汇总而成。

1. 单位估价表的分类

单位估价表按定额性质分为建筑工程单位估价表和设备安装工程单位估价表；按使用范围分为地区单位估价表和专用工程单位估价表；按编制依据不同分为定额估价表和补充单位估价表。

2. 单位估价表的编制

地区单位估价表一般按行政区域来编制，以省、自治区、直辖市驻地中心的工资标准、材料预算价格、施工机械台班单价编制。根据需要也可以按特定的经济区域来编制，如以某经济开发区、某重点建设区中心的工资标准、材料预算价格、施工机械台班单价编制。地区单位估价表经当地基本建设主管部门批准颁发后，供在规定区域范围内施工的工程使用。如果修改或补充，应取得定额批准机关的同意，未经批准不得任意变动。

3. 单位估价表的内容

单位估价表的内容由两部分组成：一是预算定额规定的人工、材料及施工机械台班的消耗数量；二是预算价格，即与上述三种数量相对应的三种价格，这三种价格是综合工日日工资单价、材料预算单价和施工机械台班单价。编制单位估价表就是把预算定额中的"三量"与"三价"分别结合起来，得出"三费"，即人工费、材料费、施工机械台班费，"三费"之和构成该子项工程的"基价"，用公式表示是：

$$人工费 = \sum（定额人工消耗量 \times 工资单价）$$

$$材料费 = \sum（定额材料消耗量 \times 材料预算单价）$$

$$施工机械台班费 = \sum（定额施工机械台班消耗量 \times 施工机械台班单价）$$

$$子项目定额基价 = 人工费 + 材料费 + 施工机械台班费$$

4. 《全国统一安装工程预算定额四川省估价表》简介

2000 年《全国统一安装工程预算定额四川省估价表》（SGD5—2000）适用于新建、扩建、改建的建筑安装工程。凡在四川省行政区域内从事上述安装工程的建设、设计、咨询单位和施工企业均应执行本估价表。全估价表共分为十一册，包括：

第一册（A）机械设备安装工程

第二册（B）电气设备安装工程

第三册（C）热力设备安装工程

第四册（D）炉窑砌筑工程

第五册（E）静置设备与工艺金属结构制作安装工程

第六册（F）工业管道安装工程

第七册（G）消防及安全防范设备安装工程

第八册（H）给排水、采暖、燃气安装工程

第九册（I）通风空调制作安装工程

第十册（J）自动化控制仪表安装工程

第十一册（K）刷油、防腐蚀、绝热工程

【例 6.2】　现以表 6.2 中的 5H0343 子目为例来说明《全国统一安装工程预算定额四川省估价表》（SGD5—2000）中表格表现的内容。

表 6.2　螺纹阀

工作内容：切管、套丝、制垫、加垫、上阀门、水压试验

定额编号	项目名称	单位	安装基价（元）	其　中			未计价材料		
				人工费	材料费	机械费	名称	单位	数量
5H0343	公称直径（15 mm 以内）	个	4.02	2.00	2.02	—	螺纹阀门	个	1.010

注：摘自《全国统一安装工程预算定额四川省估价表》。

【解】

（1）定额编号：5H0343。

（2）项目名称：螺纹阀 DN15。

（3）计量单位：个。

（4）基价人工费：2.00 元。

（5）基价材料费：2.02 元。

（6）基价机械费：无。

（7）定额基价：

$$定额基价＝基价人工费＋基价材料费＋基价机械费$$
$$＝2.00 元＋2.02 元＝4.02 元$$

（8）该项目的未计价材料为阀门 DN15，损耗率为 0.01。

6.2.3　安装工程费用定额

费用定额是计取各种措施费、间接费、利润及税金的依据，本节以四川省为例介绍安装工程各项费用的取定。

1.《四川省施工企业工程取费证管理规定》简介

为加强对建设工程造价的管理，规范建设工程计价行为，正确执行取费标准，反对不正当竞争，维护建筑市场的经济秩序和建设工程各方的合法经济利益，省建设厅、省计委、省财政厅、省物价局联合发布了《四川省施工企业工程取费证管理规定》（川建厅价发〔2002〕0281 号）。

（1）发证范围。

凡在四川省行政区域范围内承担建设工程任务（包括建筑、装饰、安装、市政、维修、仿古建筑及园林工程等）的施工企业，不分经济性质，不论承包方式如何，都要按规定进行取费级别的审定，领取取费证书。

（2）管理规定。

① 取费证审定的财务费用、劳动保险费、利润标准是编制施工图预算、投标报价和办理竣工结算以及工程造价管理机构对工程造价进行监控、审查、检查的依据。

② 施工企业承包工程、参加工程投标、签订承包合同，必须向招标机构、建设单位出具取费证，经核对后，方可办理结算。

③ 取费证中核定的取费标准使用期为一年，施工企业须于每三月到五月持取费证按规定到省、市、州建设工程造价管理机构办理年检手续或申报高一级取费。超过使用期此证无效。

④《四川省施工企业工程取费证》只限于本施工企业使用，不准转让、借用、涂改，违者吊销证书。

2.《四川省建设工程费用定额》简介

（1）总说明。

① 2000 年《四川省建设工程费用定额》（SGD7—2000）（以下简称本定额）是根据建设

部建标〔1993〕894 号文《关于调整建筑安装工程费用项目组成的若干规定》（建标〔1993〕894 号），财政部颁发的《企业财务通则》、《企业会计准则》、《施工、房地产开发企业财务制度》、《施工企业会计制度》，1995 年《四川省建设工程费用定额》（SGD7—95），结合四川省实际情况，经调查研究，综合测算制定的。

② 本定额与 2000 年《四川省建筑工程计价定额》（SGD1—2000）、《四川省装饰工程计价定额》（SGD2—2000）、《四川省市政工程计价定额》（SGD3—2000）、《四川省维修工程计价定额》（SGD4—2000）、《全国统一安装工程预算定额四川省估价表》（SGD5—2000）、《四川省仿古及园林工程计价定额》（SGD6—2000）等配套实施，凡在我省行政区域内从事上述建设工程的建设、设计、咨询单位和施工企业均应执行。

③ 本定额是编制工程建设设计概算、施工图预算、编审标底和投标报价、签订合同价格、拨付工程价款、办理竣工结算、确定工程造价的依据。也是编制工程建设投资估算指标的基础。

④ 本定额以工程类别和企业取费级别为计费的表现形式。对工程类别的划分，在甲乙双方签订工程承包合同时，由各级工程造价管理部门根据管理权限予以审定或确认。对企业取费级别的核定按《四川省施工企业取费证管理规定》办理，凡未办理取费证或没有办理取费证年检的施工企业，视同无取费资格。

⑤ 本定额不分企业性质，一律按定额规定和取费证核定费率执行。

（2）企业管理费标准（见表 6.3）。

表 6.3　四川省安装工程企业管理费标准

项　目		计算基础	企业管理费（%）
安装工程（含市政给水、燃气、给排水机械设备安装、路灯工程）	一类工程	定额人工费	39.62
	二类工程	定额人工费	36.34
	三类工程	定额人工费	32.83
	四类工程	定额人工费	27.45

（3）财务费用标准（见表 6.4）。

表 6.4　四川省安装工程财务费用标准

取费级别	财务费用标准			
	计算基础	财务费用（%）	计算基础	财务费用（%）
一级取费	定额直接费	1.15	定额人工费	4.35
二级取费	定额直接费	1.04	定额人工费	4.00
三级取费	定额直接费	0.85	定额人工费	3.40
四级取费	定额直接费	0.71	定额人工费	2.80

（4）劳动保险费标准（见表 6.5）。

表 6.5　四川省安装工程劳动保险费标准

取费级别	劳 动 保 险 费 标 准			
	计算基础	劳动保险费（%）	计算基础	劳动保险费（%）
一级取费	定额直接费	3.0～4.5	定额人工费	15.0～22.5
二级取费	定额直接费	2.5～3.0	定额人工费	12.5～15.0
三级取费	定额直接费	2.0～2.5	定额人工费	10.0～12.5
四级取费	定额直接费	1.5～2.0	定额人工费	7.5～10.0

（5）利润标准（见表 6.6）。

表 6.6　四川省安装工程利润标准

取费级别		计算基础	利润（%）	计算基础	利润（%）
一级取费	Ⅰ	定额直接费	10	定额人工费	55
	Ⅱ	定额直接费	9	定额人工费	50
二级取费	Ⅰ	定额直接费	8	定额人工费	44
	Ⅱ	定额直接费	7	定额人工费	39
三级取费	Ⅰ	定额直接费	6	定额人工费	33
	Ⅱ	定额直接费	5	定额人工费	28
四级取费	Ⅰ	定额直接费	4	定额人工费	22
	Ⅱ	定额直接费	3	定额人工费	17

利润率的核定根据施工企业的取费级别，结合施工企业上一年度承担工程的类别，参照当年计划承担工程的类别等条件综合核定，一级取费施工企业上一年度完成一类工程建安工作量的比例达到 30% 以上，工程优良率达到 25% 以上时，利润率按同类取费中等级Ⅰ标准核定；否则，利润率按同类取费中等级Ⅱ标准核定。二至四类取费施工企业利润率的核定以此类推。

凡属国家投资的工程项目或投资部分，其利润率可按取费证核定的利润率标准减少 15% 执行。

（6）安全文明施工增加费标准（见表 6.7）。

表 6.7　四川省安装工程安全文明施工增加费标准

项　目	计算基础	安全文明施工增加费（%）
以定额直接费为取费基础的工程	定额直接费	0.4～1.0
以定额人工费为取费基础的工程	定额人工费	0.8～4.0

（7）赶工补偿费标准（见表6.8）

表 6.8　四川省安装工程赶工补偿费标准

项　　目	计算基础	赶工补偿费（%）
以定额直接费为取费基础的工程	定额直接费	1.1～2.8
以定额人工费为取费基础的工程	定额人工费	4.4～11.2

赶工补偿费，是根据川建委价发〔1993〕0741号文印发的《四川省建设工程施工发承包价格管理实施细则》中规定，甲方要求乙方采取措施，使施工工期小于现行工期定额15%以上所增加的费用，其主要内容包括工人夜间施工的夜餐费、夜间施工照明费、照明设备及灯具摊销费、工人夜间施工工效降低、模板及支撑材料超用的摊销费和运输费等。

（8）按规定允许按实计算的费用。

按规定允许按实计算的费用包括城市排水设施有偿使用费、超标污水和超标噪声排放费、按实计算的大型机械进出场费和大型机械安拆费等。

（9）税金。

根据《关于调整四川省建设工程定额中税金计算标准的通知》（川建函〔2005〕115号），目前，四川省建设工程定额中税金计取标准为：

工程在市区的：3.43%；

工程在县城、镇时：3.37%；

工程不在市区、县城、镇时：3.25%。

（10）费用定额适用范围。

适用于工业与民用建筑的机械设备、电气设备、热力设备、炉窑砌筑、静置设备与工艺金属结构制作安装、工业管道，消防及安全防范设备、给排水、采暖、燃气、通风空调、自动化控制仪表、刷油、防腐蚀和绝热、通信设备及线路工程。

以定额人工费为取费基础的费用计算程序（见表6.9）。

表 6.9　以定额人工费为取费基础的费用计算程序

A. 定额直接费	
A.1.定额人工费	
A.2.计价材料费	
A.3.未计价材料费	
A.4.机械费	
B. 其他直接费、临时设施费、现场管理费	A.1×规定费率
C. 价差调整	
C.1.人工费调整	A.1×按地区规定计算
C.2.计价材料综合调整价差	按省造价管理总站规定调整系数计算
C.3.机械费调整	按省造价管理总站规定调整系数计算

续表 6.9

A. 定额直接费	
D. 施工图预算包干费	A.1×规定费率
E.企业管理费	A.1×规定费率
F. 财务费用	A.1×取费证核定费率
G. 劳动保险费	A.1×取费证核定费率
H. 利润	A.1×取费证核定费率
I. 安全文明施工增加费	
J. 赶工补偿费	
K. 按规定允许按实计算的费用	
L. 定额管理费	（A+…+I）×规定费率
M. 税金	（A+…+J）×规定费率
L. 工程造价	A+…+K

3. 其他直接费、临时设施费和现场管理费标准

根据《全国统一安装工程预算定额四川省估价表》（SGD5—2000），其他直接费、临时设施费和现场管理费标准见表 6.10。

表 6.10　其他直接费、临时设施费和现场管理费标准

项目	工程类别	计算基础	其他直接费（%）	临时设施费（%）	现场管理费（%）	合计（%）
安装工程	一类	定额人工费	25.35	16.71	21.78	63.84
	二类	定额人工费	22.81	15.43	20.32	58.56
	三类	定额人工费	20.21	14.03	18.67	52.91
	四类	定额人工费	16.74	12.59	15.36	44.69
筑炉工程	一类	定额直接费	3.76	2.57	3.00	9.33
	二类	定额直接费	3.11	2.29	2.66	8.06
	三类	定额直接费	2.40	2.01	2.21	6.62

注：施工单位离基地 25 km 以外施工时，临时设施费增加 20%。

4. 安装工程类别划分

根据《全国统一安装工程预算定额四川省估价表》（SGD5—2000），安装工程类别的划分见表 6.11。

表 6.11　安装工程类别划分标准

一类工程	1．层数在 30 层以上的多层建筑的安装工程 2．建筑面积 12 000 m² 以上，且所需安装的中央空调系统和自动防灾报警系统的面积均在 80% 以上的民用建筑安装工程 3．符合安装工程附表的工业设备安装、车间工艺设备安装及其相配套的管道、电气、仪表安装工程 4．独立承包以下工程 （1）锅炉单炉蒸发量在 6.5 t/h 及以上的锅炉安装及其相配套的设备、管道、电气、仪表安装工程 （2）总实物量 50 m³ 以上的炉窑砌筑工程 （3）6 kV 以上变配电装置和架空线路工程 （4）6 kV 以上电缆敷设工程或实物量在 3 km 以上的低压电力电缆敷设工程 （5）运行速度在 1.75 m/s 及以上的自动电梯 （6）面积在 12 000 m² 以上的中央空调 （7）面积在 12 000 m² 以上的智能大厦安装工程 （8）面积在 12 000 m² 的自动防灾报警安装工程
二类工程	1．层数在 16 层以上的多层建筑的安装工程 2．建筑面积在 8 000 m² 以上，且所需安装的中央空调系统和自动防灾报警系统面积均在 50% 以上的民用建筑安装工程 3．一类工程以外的各类工业设备安装、车间工艺设备安装及相配套的管道、电气、仪表安装工程 4．独立承包以下工程 （1）锅炉单炉蒸发量在 4 t/h 及以上的锅炉安装及其相配套的设备、管道、电气、仪表安装工程 （2）总实物量 20 m³ 以上的炉窑砌筑工程 （3）扶梯、半自动电梯和一类工程以外的自动电梯 （4）6 kV 以下电缆敷设工程或实物量在 3 km 以下的低压电力电缆敷设工程 （5）6 kV 以下变配电装置和架空线路工程 （6）面积在 8 000 m² 以上的中央空调安装工程 （7）面积在 8 000 m² 以上的智能大厦安装工程 （8）面积在 8 000 m² 以上的自动防灾报警安装工程
三类工程	1．8 层以上的多层建筑的安装工程 2．建筑面积在 5 000 m² 以上，且安装中央空调系统和自动防灾报警系统的面积均在 30% 以上的民用建筑安装工程 3．一二类以外的工业项目辅助设施的安装工程 4．独立承包以下工程 （1）锅炉单炉蒸发量在 4 t/h 以下的锅炉安装及其相配套的设备、管道、电气、仪表安装工程 （2）小型杂物电梯工程 （3）总实物量 20 m³ 以下的炉窑砌筑工程 （4）面积在 5 000 m² 以上的中央空调安装工程 （5）面积在 5 000 m² 以上智能大厦安装工程 （6）面积在 5 000 m² 以上的自动防灾报警安装工程
四类工程	1．8 层以内的多层建筑安装工程 2．一、二、三类工程以外的各项零星安装工程

6.3　安装工程定额计价

6.3.1　安装工程定额计价编制依据

安装工程定额计价编制过程中，其编制依据主要包括：

1. 施工图设计文件

这里是指经过审查的施工图，包括所附的文字说明、有关的通用图集和标准图集及施工图纸会审记录。它们规定了工程的具体内容、技术特征、建筑结构尺寸等，是编制施工图预算的重要依据之一。

2. 施工组织设计文件

施工组织设计或施工方案是建筑安装工程中的重要文件，它对工程施工方法、材料、构件的加工和堆放地点都有明确的布置。这些资料直接影响工程量的计算和预算单价的套用。

3. 设计概算文件

编制标底价格时，不应超过原设计概算文件中的相应价格。

4. 建筑安装工程预算定额及地区单位估价表

现行的预算定额是编制预算的基础资料。编制工程预算，从分部分项工程项目的划分到工程量的计算，都必须以预算定额为依据。地区单位估价表是根据现行预算定额、地区工人工资标准、施工机械台班使用定额和材料预算价格等进行编制的。它是预算定额在该地区的具体表现，也是该地区编制工程预算的基础资料。

5. 建设工程费用定额、地区取费标准（或间接费定额）和有关动态调价文件

计取措施费、间接费时，按当地规定的费率及有关文件进行计算。

6. 材料预算价格表

最新市场材料价格是进行价差调整的重要依据。

7. 工程承包合同（或协议书）、招标文件

8. 预算工作手册等文件资料

预算工作手册将常用的数据、计算公式和系数等资料汇编成手册以便查用，可以加快工程量计算速度。

6.3.2　安装工程定额计价费用构成

按照建标〔2003〕206号"关于印发《建筑安装工程费用项目组成》的通知"，建筑安装工程费用的构成主要有四部分，即直接费、间接费、利润和税金。需要注意的是，规费中的工程定额测定费已于2009年国家减免税费时发文取消。定额计价模式下的现行建筑安装工程费组成如图6.1所示。

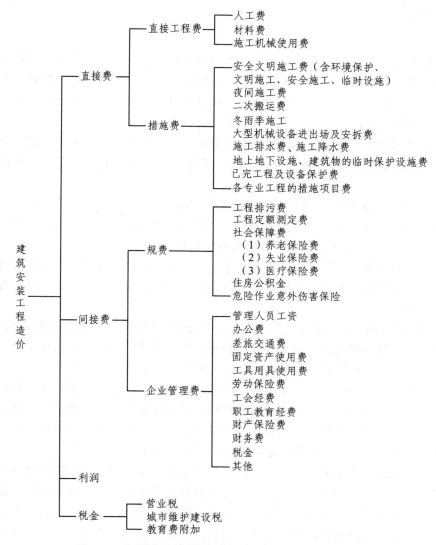

图 6.1　定额计价模式下的现行建筑安装工程费组成

6.3.3　安装工程定额计价编制内容

使用定额计价模式编制工程预算时，投标方不仅需要计算工程费用，而且需要根据施工图纸计算工程量。

1. 工程量计算

工程量是工程预算的原始数据，其准确性将直接影响预算质量，因此，正确计算工程量将具有重要的意义。

在定额计价模式下，工程量计算项目的内容、排列顺序和计量单位，均应与预算定额一致；这既可以避免漏项和重算，更可以加快选套定额项目的速度。工程量计算时，要严格按照定额计价模式下的工程量计算规则，特别注意应该扣除和不应该扣除、应该增加和不应该增加的相关规定。

2. 定额套用

预算定额单价的套用，是指在工程量计算完毕并核对无误后，用各分项工程量套用单位估价表中相应的预算基价，相乘后相加汇总，即可求出单位工程的直接工程费。在应用定额时，通常会遇到以下三种情况：定额的套用、换算和补充。定额子目和预算单价的确定，区分下列几种不同情况处理：

（1）直接套用预算定额子目及其单价。当分项工程与定额子目的工作内容、技术特征、施工方法及材料规格等完全相同时，可以直接套用相应的定额子目及其单价。套用时应注意以下几点：

① 根据施工图纸、设计说明和做法说明选择定额项目。

② 从工程内容、技术特征和施工方法上仔细核对，准确确定相应的定额项目。

③ 分项工程项目名称和计量单位要与预算定额相一致。

（2）近似套用相应的预算定额子目及其单价。当分项工程的有关内容虽然与定额项目不完全相同，但是定额规定不需要进行调整、可以近似套用相应定额子目时，可以直接套用近似定额子目及其单价。

（3）套用换算后的预算定额子目及其单价。当分项工程的有关内容与定额子目不完相同，但是定额总说明或分部说明或工程量计算规则或定额子目的附注中有明确规定允许换算调整时，在规定范围内加以调整换算，套用换算后的预算定额子目及其单价。

定额换算的实质就是按定额规定的换算范围、内容和方法，对某些分项工程预算单价的换算。通常只有当设计选用的材料品种和规格同定额规定有出入，并规定允许换算时，才能换算。在换算过程中，定额单位产品材料消耗量一般不变，仅调整与定额规定的品种或规格不相同材料的预算价格。经过换算的定额编号在下端应写个"换"字。

（4）套用补充的预算定额子目及其单价。如果遇到分项工程项目无法按照前三种情况套用定额子目及其单价时，则属于定额缺项，可编制补充预算定额子目及其单价。编制补充预算定额子目及其单价时，首先进行估算确定人工、各种材料和机械台班消耗量指标；然后结合本地区工资标准、材料和机械台班的预算价格，编制出补充预算单价，套用补充的预算定额子目及其单价。

3. 基本的表格组成

定额计价模式的工程预算表格格式是依附于项目设置和工程量计算的，就一般情况来说，应包括：

（1）封面。

（2）编制说明。

（3）工程费用表。

（4）工程计价表。

（5）主要材料（设备）数量汇总表。

（6）主要材料（设备）价格调整表。

（7）工程量计算表。

6.3.4　安装工程定额计价编制程序

1. 做好编制前的准备工作

首先要收集好相关资料，包括施工图设计文件、施工组织设计文件、设计概算文件、安装工程预算定额或单位估价表、建设工程费用定额、材料预算价格、工程承包合同文件或招标文件、预算工作手册等相关文件资料。

2. 熟悉施工图纸

施工图纸是编制预算的基本依据。只有对施工图纸有较全面、详细的了解之后，才能结合预算定额项目划分，正确而全面地分析该工程中各分部分项的工程项目，才可能有步骤地按照既定的工程项目计算其工程量并正确地计算出工程造价。

3. 熟悉预算定额以及单位估价表

预算定额及单位估价表是编制工程施工图预算的主要依据。只有对预算定额及单位估价表的形式、使用方法和包括的工作内容有了较明确的了解，才能结合施工图纸，迅速而准确地确定其相应的工程项目和工程量计算。

4. 了解施工现场情况、施工组织设计及有关技术规范

全面了解现场的地质条件、施工条件、施工方法、技术规范要求、技术组织措施、施工设备、材料供应等情况，并通过踏勘施工现场补充有关资料。

5. 列出工程项目

在熟悉图纸、预算定额及单位估价表的基础上，根据定额的项目划分，列出所需计算的分部分项工程项目名称。分部分项工程项目名称的确定方法有两种：

（1）定额法，即自定额的第一个子目开始逐项核对施工图纸中是否发生，直至定额的全部内容核对完毕。

（2）施工图法，即按照施工顺序自准备施工开始逐项在定额中查找应该套用的定额子目，直至工程完工。虽然施工图法比定额法的工作量小，但是要求施工图预算编制人员对定额的内容应该比较熟悉。

初学者一般按照定额法开始，并逐步加深对定额的了解。

6. 计算工程量

工程量计算是预算造价的基础数据，是预算编制工作中工作量最大的内容之一。工程量计算时要符合定额计价模式下的工程量计算规则的规定，要求"不重不漏"，并按照一定的计算顺序进行。计算底稿力求简捷、精确，具有可查性。计量单位与预算定额的单位要保持一致。

7. 选套定额及基价

当分项工程量计算完成并经自检无误后，就可按照定额分项工程的排列顺序，在表格中逐项填写分项工程项目名称、工程量、计量单位和定额编号，并套用相应的项目预算单价。需要注意的是：

（1）在选用预算单价时，分项工程的名称、材料品种、规格及做法等，必须与定额中所列的内容相符。

（2）安装工程的基价和未计价材料应分别填列。当定额中无主材含量时，其主材应根据工程量和定额规定的损耗率计算出材料消耗量，列入未计价材料消耗量中。

8. 计算直接工程费

（1）将预算表内每一分项工程的工程量乘以相应预算单价，得到该项目的合价，即为分项工程的直接工程费。其计算式为

$$分项工程直接工程费＝分项工程量×相应预算单价$$

（2）汇总各分部分项工程的小计汇总合计，即得到该单位工程定额直接工程费合计。

$$即单位工程直接工程费＝\sum（分部分项工程量×相应预算单价）$$

（3）如果项目中包括按系数计取的费用，则各单位工程应根据工程特征、按照各定额册规定的系数计算规则、方法和标准计取有关的费用，如工程超高费、高层建筑增加费、脚手架搭拆费等（各系数的具体内容详见第 7 章相关内容）。

9. 计算主材费（未计价材料费）

根据列出的未计价材料消耗量和现行的材料预算价格，计算并汇总该部分费用。

10. 按费用定额取费

直接工程费计算完成后，根据各省费用定额的计算程序和有关规定，分别计算出措施费、间接费、利润、规费及税金等有关费用。

11. 计算汇总工程造价

根据前面提到的定额计价下的费用构成及计算程序汇总工程造价。

12. 工料分析

工料分析是指在计算工程量和编制预算表之后，对单位工程所需用的人工工日数、机械台班及各种材料需要量进行的分析计算。

13. 计算有关造价指标

根据需要计算能反映工程造价主要数据的有关指标，如建筑平方米安装造价指标、主要材料耗用指标等。

14. 复　核

预算编制出来之后，由预算编制人所在单位的其他预算专业人员进行检查核对。复核的内容主要是查核分项工程项目有无漏项或重项；工程量有无少算、多算或错算；预算单价、换算单价或补充单价是否选用合适；各项费用及取费标准是否符合规定等。

15. 编写预算编制说明

为使有关单位了解预算的编制依据、施工方法、材料差价以及其他编制时特殊情况的处理方法等内容，认真编制说明。

16. 装订签章

将单位工程的预算书封面、预算编制说明、工程计价表、工料分析表、补充单价编制表等，按顺序编排并装订成册。工程量计算书单独装订，以备查用。

在已经装订成册的工程预算书上，施工图预算编制人应填写封面有关内容并签字，加盖有资格证号的印章，经有关负责人审阅签字后，最后加盖公章，至此完成了预算编制工作。

6.4　定额计价与工程量清单计价的联系和区别

6.4.1　定额计价与工程量清单计价的联系

工程造价的计价就是指按照规定的计算程序和方法，用货币的数量表示建设项目（包括拟建、在建和已建的项目）的价值。无论是工程定额计价方法还是工程量清单计价方法，它们的工程造价计价都是一种从下而上的分部组合计价方法。

工程造价计价的基本原理就在于项目的分解与组合。任何一个建设项目都可以分解为一个或几个单项工程；任何一个单项工程都是由一个或几个单位工程所组成，作为单位工程的各类建筑工程和安装工程仍然是一个比较复杂的综合实体，还需要进一步分解；就安装工程来说，又可以按照专业划分为给排水工程、通风空调工程、电气工程等；给排水工程又可以进一步细分为给水工程和排水工程；从工程计价的角度来看，还需要按照不同的材质、不同的构造及不同的规格，加以更为细致的分解，划分为更简单细小的部分。经过这样逐步分解到分项工程后，就可以得到基本构造要素了。采用适当的计量单位及当时当地的单价，就可以采取一定的计价方法，进行单位工程组合汇总，计算出某工程的工程总造价。

在我国，工程造价计价的主要思路也是将建设项目细分至最基本的构成单位（如分项工程），用其工程量与相应单价相乘后汇总，即为整个建设工程造价。

工程造价计价的基本原理可用下式表示：

$$建筑安装工程造价 = \sum [单位工程基本构造要素工程量（分项工程）\times 相应单价]$$

无论是定额计价还是清单计价，上述公式都同样有效，只是公式中的各要素有不同的含义。

（1）单位工程基本构造要素，即分项工程项目，在定额计价时，是按工程定额划分的分项工程项目；清单计价时是指清单项目。

（2）工程量是指根据工程项目的划分和工程量计算规则，按照施工图或其他设计文件计算的分项工程实物量。工程实物量是计价的基础，不同的计价依据有不同的计算规则。目前，工程量计算规则包括两大类：

①　在清单计价时，采用的是国家标准《建设工程工程量清单计价规范》（GB 50500—2008）各附录中规定的计算规则。

②　在定额计价时，采用的是各类工程定额规定的计算规则。

（3）工程单价是指完成单位工程基本构造要素的工程量所需要的基本费用。

①　工程定额计价方法下的分项工程单价是指概、预算定额基价，通常是指工料单价，仅

包括人工、材料、机械台班费用，是人工、材料、机械台班定额消耗量与其相应单价的乘积。用公式表示：

$$定额分项工程单价=\sum（定额消耗量×相应单价）$$

② 工程量清单计价方法下的分项工程单价是指综合单价，包括人工费、材料费、机械台班费，还包括企业管理费、利润和风险因素。综合单价应该是根据企业定额和相应生产要素的市场价格来确定。

6.4.2 定额计价与工程量清单计价的区别

在不同的经济发展时期，建筑产品有不同的价格形式、不同的定价主体、不同的价格形成机制；定额计价方法和工程量清单计价方法是我国建设市场发展过程中不同阶段形成的两种计价方法。二者的区别主要体现为：

1. 价格的表现形式不同

我国建筑产品价格市场化经历了"国家定价—国家指导价—国家调控价"三个阶段。在定额计价模式下，工程价格由国家直接确定或者由国家给出一定的指导性标准，承包商可以在一定的幅度范围内有限竞争；定额计价模式下的工程招标投标价属于国家定价或国家指导性价格。工程量清单计价反应的是市场定价，在此模式下，工程价格在国家有关部门间接调控和监督下，由承发包双方根据工程市场中建筑产品供求关系变化自主确定工程价格；工程量清单计价模式下的工程招标投标价格体现的是市场主导下的国家调控价。

2. 计价依据不同

这是清单计价和按定额计价的最根本区别。定额计价的唯一依据就是国家、省、有关专业部门制定的各种定额；而工程量清单计价的主要依据是《建设工程工程量清单计价规范》（GB 50500—2008）和企业定额，《建设工程工程量清单计价规范》（GB 50500—2008）是含有国家强制性条文的国家标准，企业定额则包括企业生产要素消耗量标准、材料价格、施工机械配备及管理状况、各项管理费支出标准等。目前多数企业可能没有企业定额，但随着工程量清单计价形式的推广和报价实践的增加，企业将逐步建立起自身的定额和相应的项目单价，当企业都能根据自身状况和市场供求关系报出综合单价时，企业自主报价、市场竞争（通过招投标）定价的计价格局也将形成，这也正是工程量清单所要促成的目标。工程量清单计价的本质是要改变政府定价模式，建立起市场形成造价机制，只有计价依据个别化，这一目标才能实现。

3. 编制工程量的主体不同

在定额计价模式中，工程量由招标人和投标人分别按图计算。而清单计价模式中，工程量由招标人统一计算或委托有关工程造价咨询资质单位统一计算，工程量清单是招标文件的重要组成部分。各招标人依据招标人提供的工程量清单，根据自身的技术装备、施工经验、企业成本、企业定额、管理水平自主填写单价和合价。

4. 工程造价构成不同

（1）单位工程造价构成形式不同。
定额计价模式下，单位工程造价由直接费、间接费、利润、税金构成，计价时先计算直接工程费，加上措施费共同构成直接费，再以直接费（或其中的人工费）为基数计算各项费用、利润、税金，汇总为单位工程造价。工程量清单计价模式下，单位工程造价由分部分项工程费、措施项目费、其他项目费、规费和税金五部分构成。工程量清单计价模式下，将施工过程中的实体性消耗和措施性消耗分开，对于措施性消耗费用只列出项目名称，由投标人根据招标文件要求和施工现场情况、施工方案自行确定，体现出以施工方案为基础的造价竞争；对于实体性消耗费用，则列出具体的工程数量，投标人要报出每个清单项目的综合单价。

（2）分项工程单价构成不同。

定额计价模式下，分项工程的单价是工料单价，即只包括人工费、材料费和机械费；工程量清单计价模式下，分项工程单价为综合单价，除了人工费、材料费和机械费外，还包括管理费（现场管理费和企业管理费）、利润和必要的风险费。

采用综合单价更直观的反映了各计价项目（包括构成工程实体的分部分项工程项目和措施项目、其他项目）的实际价格，便于工程款支付、工程造价的调整和工程结算，也避免了因为"取费"产生的一些无谓纠纷。综合单价中的直接费、费用、利润由投标人根据本企业实际支出及利润预期、投标策略确定，是施工企业实际成本费用的反映，是工程的个别价格。综合单价的报价方式是市场竞争的要求。

5. 单位工程项目划分不同

（1）项目划分不同。

定额计价模式下，工程项目划分即预算定额中的项目划分，以施工工序为主，有一个工序即有一个计价项目，其划分原则是按工程的不同部位、不同材料、不同工艺、不同施工机械、不同施工方法和材料规格型号划分的，划分十分详细。

工程量清单计价模式下，工程项目划分以工程实体为对象，较之定额项目的划分有较大的综合性，将形成某实体部位或构件必须的多项工序或工程内容并为一体，能直观地反映出该实体的基本价格。如给排水工程中埋地镀锌管道的安装，将管道安装和防腐措施综合在了一起，有利于工程结算。

（2）实体项目与措施项目分离。

定额计价模式下，没有区分施工实物性消耗和施工措施性消耗，笼统地置于一起，工程实体与措施合二为一；而工程量清单计价模式下，把施工措施与工程实体项目进行分离单列，并纳入了竞争的范畴。

6. 工程量计算规则不同

工程量清单计价模式下，工程数量一般以实体的净尺寸计算，没有包含工程量合理损耗；当分部分项子目综合多个工程内容时，以主体工程内容的单位为该项目的计量单位。定额计价模式下，工程数量中应该按照定额损耗率计入工程损耗。工程量清单计价模式中的计量方式有利于企业自主选择施工方法并以之为基础竞价，也能使企业摆脱对定额的依赖，建立起企业内部报价及管理的定额和价格体系。

7. 合同价格的调整方式不同

定额计价模式下形成的合同，其价格的主要调整方式有：变更签证、定额解释、政策性调整。而工程量清单计价模式下形成的合同，在一般情况下单价是相对固定的，减少了在合同实施过程中的调整活口，如果清单项目的数量没有增减，能够保证合同价格基本没有调整，保证了其稳定性，也便于业主进行资金准备和筹划。

8. 适用阶段不同

从我国目前现状来看，工程定额主要用于项目建设前期各阶段对于建设投资的预测和估计，在工程建设交易阶段，工程定额通常只能作为建设产品价格形成的辅助依据。而工程量清单计价依据主要适用于合同价形成以及后续的合同价格管理阶段。

总而言之，随着工程量清单计价模式的推广和报价实践的增加，企业将逐步建立起自身的定额和相应的项目单价，使企业根据自身状况和市场供求关系报出综合单价，企业自主报价、市场竞争（通过招投标）定价的计价格局必将形成。

思 考 题

1. 什么是定额？
2. 定额按照生产要素如何分类？
3. 什么是单位估价表，其组成内容有哪些？
4. 定额计价的费用组成有哪些？
5. 定额计价的计价程序是怎样的？
6. 定额计价与清单计价的区别有哪些？

第 7 章　安装工程定额计价预算书编制

【知识目标】

掌握工程定额的应用方法及应注意的问题，掌握安装工程定额计价预算书的编制。

【能力目标】

能够编制安装工程定额计价预算书。

7.1　安装工程定额应用

7.1.1　定额基价

定额基价是一个计量单位的分项工程的基础价格，由人工费、材料费、机械台班费组成。即

定额基价＝人工费＋材料费＋施工机械台班费

需要注意的是，上式中的材料费指的是辅助材料消耗量，不包括主要材料。主要材料（未计价材料）费，应另行计算。

【例 7.1】　以《全国统一安装工程预算定额四川省估价表》第八册《给排水、采暖、燃气工程》的子目 5H0099（见表 7.1）为例说明定额基价的组成。

表 7.1　室内管道　镀锌钢管（螺纹连接）

工作内容：打堵塞洞眼、切管、套丝、上零件、调直、栽沟卡及管件安装、水压试验

定额编号	项目名称	单位	安装基价（元）	其中			未计价材料		
				人工费	材料费	机械费	名称	单位	数量
5H0099	公称直径 20 mm 以内	10 m	48.64	38.8	9.84	—	镀锌钢管 接头零件	m 个	10.200 11.520

注：摘自《全国统一安装工程预算定额四川省估价表》。

【解】

分项工程：室内镀锌钢管（螺纹连接）DN20 mm。

工作内容：打堵塞洞眼、切管、套丝、上零件、调直、栽沟卡及管件安装、水压试验。

计量单位：10 m。

定额基价：定额基价＝人工费＋材料费＋施工机械台班费

＝38.8＋9.84＝48.64（元/10 m）

7.1.2　定额中的未计价材料

未计价材料是指在定额中只规定了它的名称、规格、品种和消耗量，定额基价中未计入材料价值的这部分材料。

1.《全国统一安装工程预算定额》中的未计价材料

未计价材料在《全国统一安装工程预算定额》中一般有两种表现形式，相应的计价方式也有两种。

（1）定额表格中列出了定额含量的未计价材料。

在《全国统一安装工程预算定额》定额项目表中，凡定额消耗量用"（　　）"括起来，就表明其价值未计入定额基价中，在计算其费用时，应按下式计算相关费用：

$$未计价材料数量＝按施工图算出的工程量×括号内的材料消耗量$$

$$未计价材料价值＝未计价材料数量×材料单价$$

【例 7.2】　某给排水工程须安装 DN20 螺纹阀 10 套，每个阀门的预算单价为 10 元，定额消耗量采用《全国统一安装工程预算定额》中的相关数据，试求阀门的总价值。

【解】　DN20 螺纹阀，在《全国统一安装工程预算定额》中，应套用子目 8-242（数据内容可查表 6.1），螺纹阀消耗量为 1.010 个/1 个，表中 1.010 是用括号括起来的，说明螺纹阀是未计价材料。该工程中：

$$螺纹阀总消耗量＝1.010 个/1 个×10 个＝10.1 个$$

$$螺纹阀总价值＝10.1 个×10 元/个＝101 元$$

（2）定额表格中未列含量的未计价材料。

在《全国统一安装工程预算定额》中，定额项目表中未列主要材料，仅在项目表下方附注说明了主要材料的内容。这种情况下，未计价材料首先按其施工图图示设计用量加上定额规定的主要材料损耗量计算出总消耗量，然后再计算出主材价值。其计算公式如下：

$$未计价材料数量＝按施工图算出的工程量×（1＋施工损耗率）$$

$$未计价材料价值＝未计价材料数量×材料单价$$

2.《全国统一安装工程预算定额四川省估价表》中的未计价材料

在《全国统一安装工程预算定额四川省估价表》中，未计价材料计算方法与《全国统一安装工程预算定额》中基本相同，区别在于定额表格中列出了定额含量的未计价材料直接列在右侧，见表 7.1。其中，材料单价采用工程所在地的材料预算价格计算。

7.1.3　安装工程定额套用

正确选用定额项目是准确计算拟建工程量不可忽视的环节，选用所需定额项目时，应注意把握以下几个方面：

（1）在学习概预算定额的总说明、分章说明等的基础上，要将实际拟套用的工程量项目，从定额章、节中查出并要特别注意定额编号的应用，否则，就会出现差错和混乱。因此在应用定额时一定要注意应套用的定额项目编号是否准确无误。

（2）要了解定额项目中所包括的工程内容与计量单位，以及附注的规定，要通过日常工作实践逐步加深了解。

（3）套用定额项目时，当在定额中查到符合拟建工程设计要求的项目，要对工程技术特征、所用材料和施工方法等进行核对，核对其是否与设计一致，是否符合定额的规定。这是正确套用定额必须做到的。

7.2　安装工程定额系数

安装工程预算定额中，把不便列项的内容，用规定的系数进行计算。这些系数可分为子目系数和综合系数两类。定额系数是定额的重要组成部分。引入定额系数是为了使预算定额简明实用，便于操作。

子目系数是各章、节中规定的系数，如工程超高增加费系数、高层建筑增加费系数；脚手架搭拆费系数、安装与生产同时进行增加费系数、在有害人身健康的环境中施工的增加费系数则属于综合系数。子目系数是综合系数的计算基础。如果某一个工程同时要计取工程超高增加费、高层建筑增加费、脚手架搭拆费用时，则应先计取工程超高增加费、高层建筑增加费，并将其中的人工费纳入脚手架搭拆费的计算基数，再计算脚手架搭拆费。子目系数和综合系数计算所得的费用，均属于直接工程费的构成内容。

7.2.1　子目系数

1. 超高增加费

预算定额是按安装操作物高度在定额高度以下施工条件编制的。当安装操作物的高度超过定额规定的安装高度时，其工作效率肯定会有所降低，为了弥补因操作物高度超高而造成的人工降效，所以要计取超高增加费。

（1）安装高度的计算。

安装高度的计算，有楼地面的按楼地面至安装操作物底的高度确定；无楼地面的按操作地面（或设计正负零）至安装操作物底的高度确定。例如，层高为 3.3 m 的住宅，安装在房间顶棚的灯为操作物，安装高度为 3.3 m；而安装在离地面 2.2 m 的壁灯，安装高度却为 2.2 m。

定额规定的高度根据各专业工程的特点不同而不同，如在《全国统一安装工程预算定额》中，给排水、采暖、燃气工程规定高度为 3.6 m，通风空调工程规定高度为 6 m，电气设备安装工程中规定高度为 5 m。

（2）计算规则。

超高增加费的计取方法：以操作物高度在定额规定高度以上的那部分人工费为基数乘以超高系数计算。规定高度以下部分的工程人工费不作为计算基数。

（3）超高增加费系数。

超高增加费系数属于子目系数。预算定额中规定的各专业工程的超高增加费系数是不同的，使用时一定要根据各定额册的规定正确选择。

（4）在计算超高增加费时应注意：

① 已经在定额基价中考虑了超高作业因素的定额项目不得再计算超高增加费。

② 在计算工程量之前，必须首先确定操作物的操作高度是否超过定额规定，如果超过定额规定高度，则规定高度上下的工程量应分别计算。

2. 高层建筑增加费

高层建筑安装施工时，其生产效率较一般建筑肯定较低，为了弥补人工降效和机械台班耗量的增加，所以计取高层建筑增加费。

（1）建筑物高度的定义。

建筑物高度是指自室外设计标高至檐口的高度，不包括屋顶水箱间、楼梯间、屋顶平台出入口等的高度。同一建筑物高度不同时，可按不同高度分别计算。

在《全国统一安装工程预算定额》中规定：多层建筑超过 6 层（不含 6 层），或层数虽未超过 6 层但建筑物高度超过 20 m（不含 20 m）的，两个条件具备其一，即属高层建筑，可以计算高层建筑增加费。

（2）计算规则。

以全部工程的人工费为基数乘以规定的系数计算。计算基数中包括 6 层或 20 m 以下的全部工程人工费，也包括地下室工程。

（3）高层建筑增加费系数。

高层建筑增加费系数属于子目系数。各册定额规定的高层建筑增加费系数不同，但都是根据建筑的层数和建筑物高度为指标设置的，选择系数时，应按照层数和高度两者中的高值确定。

（4）计算高层建筑增加费时应注意：

① 为高层建筑供电的变电所和供水等动力工程，如装在高层建筑的底层或地下室的，不计取高层建筑增加费。

② 装在 6 层以上的变配电和动力工程可以计取高层建筑增加费。

③ 在高层建筑中，如同时符合超高施工条件的，可同时计算高层建筑增加费和超高增加费，但两项增加费同属子目系数，计算时不互为计算基数。

【例 7.3】 某单层建筑高度为 48 m，电气设备安装全部人工费为 20 000 元，该建筑应计取的电气设备安装工程高层建筑增加费是多少？

【解】 查《全国统一安装工程预算定额》第二册《电气设备安装》预算定额中"高层建筑增加费用系数表"可得：建筑物高度在 50 m 以下时系数为 4%，即高层建筑增加费为

$$20\ 000\ 元 \times 4\% = 800\ 元$$

7.2.2　综合系数

1. 脚手架搭拆费

当安装物操作高度较高时，必须搭设脚手架，才能使安装工作安全顺利地进行。搭设拆除脚手架需消耗一定数量的人工、材料；材料的运输需消耗机械台班，这些都是工程造价的直接组成部分，必须正确地计算。

（1）计算规则。

安装工程脚手架搭拆费用，以全部工程人工费（含子目系数人工费）为计算基数乘以脚手架搭拆费系数计算。

（2）脚手架搭拆费系数。

脚手架搭拆费系数是综合系数。各册定额规定的脚手架搭拆费系数不同。如在《全国统一安装工程预算定额》中，给排水、采暖、燃气工程规定：脚手架搭拆费按人工费的 5% 计算，其中人工工资占 25%；通风空调工程规定：脚手架搭拆费按人工费的 3% 计算，其中人工工资占 25%；电气设备安装工程规定：脚手架搭拆费按人工费的 4% 计算，其中人工工资占 25%。

（3）注意事项。

除定额中规定不计取脚手架费用者以外，不论工程实际是否搭设和拆除脚手架，也不论搭拆数量多少，均应按规定系数计取脚手架费用，包干使用，不得换算。

2. 安装与生产同时进行的增加费

安装与生产同时进行的增加费，一般发生在扩建工程中。因生产操作或生产条件的限制，干扰了安装施工的正常进行而使工效降低。为了弥补工效的降低，所以要计取该项费用。如果安装与生产同时发生，但生产并不干扰安装工作的进行，则不应计取该项费用。安装与生产同时进行增加费系数与脚手架搭拆费系数一样属于综合系数。

但需注意：安装与生产同时进行的增加费，并不包括为了保证生产和施工的安全所采取的措施费用。

3. 在有害身体健康的环境中施工的增加费

在有害身体健康的环境中施工的增加费，是指在民法通则有关规定允许的前提下，由于改建、扩建工程中车间或装置范围内存在有害气体或高分贝的噪声并超过国家标准，以致影响人们身体健康而降低了工效，为补偿工效降低而计取的费用。该项费用并不包括劳保条例规定中施工人员应享受的工种保健费。有害身体健康的环境中施工的增加费系数也属于综合系数。

4. 特殊地区施工的增加费

特殊地区施工的增加费，是指在高原、山区及高寒、高温、沙漠、沼泽地区施工，或在洞库内及水下施工需要增加的费用。特殊地区施工的增加费系数也属于综合系数。

情境教学

某住宅楼给排水工程

1. 设计及施工说明、设计图纸见本书第 3 章情境教学案例。

2. 任务：

（1）现假设你在某施工单位工作，需要进行该项目的投标，请根据《全国统一安装工程预算定额四川省估价表》规定的定额计价工程量计算规则，计算定额计价工程量。

（2）试采用《全国统一安装工程预算定额四川省估价表》及市场造价信息，编制本项目定额计价模式下的预算书。

任务 1　给排水工程定额计价工程量计算

现假设你在某施工单位工作，需要进行该项目的投标，请根据《全国统一安装工程预算定额四川省估价表》规定的定额计价工程量计算规则，计算定额计价工程量。

由于定额计价工程量计算是定额计价模式下编制的前奏，因此定额计价工程量计算过程遵循定额计价程序的步骤和方法。根据本章定额计价工程量计算方法及第 6 章定额计价程序相关内容，某住宅楼给排水工程定额计价工程量计算过程如下：

（1）做好编制前的准备工作。

收集相关资料，包括施工图设计文件、施工组织设计文件、设计概算文件、安装工程预算定额或单位估价表、建设工程费用定额、材料预算价格、工程承包合同文件或招标文件、预算工作手册等相关文件资料。

（2）熟悉施工图纸，预算定额以及单位估价表，了解施工现场情况、施工组织设计及有关技术规范。

（3）采用定额法列出工程项目。

在使用定额法列出定额计价下的工程项目时，注意到原清单计价模式下综合到清单项目中的部分项目需要单列，如管道防腐项目、套管项目；某些项目需要合并，如 DN40 的镀锌钢管（直埋）与 DN40 的镀锌钢管，同属于 DN40 镀锌钢管，但需要注意的是计算工程量的时候为方便计算防腐工程量，还是分开计算，算完后再相加。

（4）计算工程量。

由于本项目在采用清单计价方法时已经计算过工程量，这里主要注意一下定额计价模式下的工程量计算规则与清单计价模式下的工程量计算规则有无区别。

（5）某住宅楼给排水工程定额计价工程量计算结果可参见本节定额计价实例中的工程量计算表。

任务 2　给排水工程定额计价

试采用《全国统一安装工程预算定额四川省估价表》及市场造价信息，编制本项目定额计价模式下的预算书。

根据第 6 章定额计价程序相关内容，某住宅楼给排水工程定额计价的简化过程如下：

（1）选套定额及基价。

分项工程量计算完成并自检无误后，按照定额分项工程的排列顺序，在表格中逐项填写分项工程项目名称、工程量、计量单位和定额编号，并套用相应的项目预算单价。注意定额中的未计价材料应根据工程量和定额规定的损耗率计算出材料消耗量，列入未计价材料消耗量中。

（2）计算直接工程费。

采用下列公式计算各分项工程直接工程费，并汇总得出单位工程直接工程费。

$$分项工程直接工程费＝分项工程量×相应预算单价$$

在编制预算书时，要注意本项目中是否包含有各种系数计取的费用，以及是否需要价格调整等有关内容，如果有，按前面提到有关内容进行计算。本项目不包含此类内容。

（3）计算主材费（未计价材料费）。

根据列出的未计价材料消耗量和现行的材料预算价格，计算并汇总该部分费用。

（4）按费用定额取费。

直接工程费计算完成后，根据四川各省费用定额的计算程序和有关规定，分别计算出措施费、间接费、利润及税金等有关费用。

（5）计算汇总工程造价。

根据前面提到的定额计价下的费用构成及计算程序汇总工程造价。

（6）复核。

（7）编写预算编制说明。

（8）装订签章。

将单位工程的预算书封面、预算编制说明、工程计价表等，按顺序编排并装订成册。工程量计算书单独装订，以备查用。

在已经装订成册的工程预算书上，施工图预算编制人应填写封面有关内容并签字，加盖有资格证号的印章，经有关负责人审阅签字后，最后加盖公章，至此完成了预算编制工作。

（9）某住宅楼给排水工程定额计价预算书如下：

建设工程工程造价预（结）算书

编号：

建设单位： ×××　　工程名称： 某住宅楼给排水工程　　建设地点： 成　都

施工单位： ×××　　取费等级： ×××　　工程类别： ×××

工程规模： 3 000 平方米　　工程造价： 154 777 元　　单位造价： ____ 元/平方米

建设（监理）单位： ×××　　　　施工（编制）单位： ×××

技术负责人： ×××　　　　技术负责人： ×××

审核人资格证章： ×××　　　　编　制　人： ×××

×××× 年 ×× 月 ×× 日　　　　×××× 年 ×× 月 ×× 日

编 制 说 明

工程名称		某住宅楼给排水工程
编制依据	施工图号	××××
	合　同	××××
	使用定额	《全国统一安装工程预算定额四川省估价表》
	材料价格	成都造价管理站××××年第××期发布的材料价格，并参照市场价格
	其　他	施工时发生设计变更或其他问题涉及造价调整，双方根据施工协议书的约定进行调整

工 程 费 用 表

工程名称：某住宅楼给排水工程

费用名称	计算公式	费率	金额（元）
A　定额直接费	A.1＋A.2＋A.3＋A.4		132 252.64
A.1　人工费	定额人工费＋派生人工费		5 868.39
A.2　材料费	定额材料费＋派生材料费		7 236.76
A.3　未计价材料费	未计价材料费		118 887.26
A.4　机械费	定额机械费＋派生机械费		260.23
B　其他直接费、临设及现场管理费	B.1＋B.2＋B.3		2 705.32
B.1　其他直接费	A.1×规定费率	16.74%	982.37

续表

费用名称	计算公式	费率	金额（元）
B.2　临时设施费	A.1×规定费率	14%	821.57
B.3　现场管理费	A.1×规定费率	15.36%	901.38
C　价差调整	C.1＋C.2＋C.3		9 682.84
C.1　人工费调整	A.1×地区规定费率	165%	9 682.84
C.2　计价材料综合调整价差	按省造价管理总站规定调整系数计算		
C.3　机械费调整	按省造价管理总站规定调整系数计算		
D　施工图预算包干费	A.1×规定费率	10%	586.84
E　企业管理费	A.1×规定费率	27.45%	1 610.87
F　财务费用	A.1×取费证核定费率	2.80%	164.31
G　劳动保险费	A.1×取费证核定费率	7.5%	440.13
H　利润	A.1×取费证核定费率	17%	997.63
I　文明施工增加费	A.1×测定费率	2.4%	140.84
J　安全施工增加费	A.1×测定费率	3.6%	211.26
K　赶工补偿费	A.1×承包合同约定费率	11.2%	657.26
L　按规定允许按实计算的费用			
M　定额管理费	（A＋…＋K）×规定费率	1.3‰	194.28
N　税金	（A＋…＋L）×规定费率	3.43%	5 132.80
O　工程造价	A＋…＋N		154 777.02

工程计价表

工程名称：某住宅楼给排水工程

序号	定额编号	项目名称	单位	工程量	单位价值 人工费	单位价值 材料费	单位价值 机械费	安装工程费 合计	总价值 人工费	总价值 材料费	总价值 机械费	材料名称	单位	数量	单价	合价
1	5H0102	室内管道 镀锌钢管 螺纹连接 公称直径40mm以内	10 m	10.416	59.54	11.53	8.11	824.74	620.17	120.10	84.47	型钢	kg	35.216	4.65	163.75
												镀锌钢管DN40	m	106.243	22.00	2337.35
												镀锌钢管接头零件DN40	个	74.579	5.03	375.13
2	5H0099	室内管道 镀锌钢管 螺纹连接 公称直径20mm以内	10 m	9.732	38.80	9.84		473.36	377.60	95.76		镀锌钢管DN20	m	99.266	11.50	1 141.56
												镀锌钢管接头零件DN20	个	112.113	1.69	189.47
3	5H0098	室内管道 镀锌钢管 螺纹连接 公称直径15mm以内	10 m	4.62	38.80	8.81		219.96	179.26	40.70		镀锌钢管DN15	m	47.124	9.68	456.16
												镀锌钢管接头零件DN15	个	75.629	1.09	82.44
4	5H0213	室内管道 承插铸铁排水管接口 公称直径100mm以内	10 m	5.196	70.48	59.96	0.43	680.00	366.21	311.55	2.23	铸铁管件DN100	个	54.818	26.89	1 474.06
												承插铸铁排水管DN100	m	46.244	45.57	2 107.34
5	5H0212	室内管道 承插铸铁排水管接口 公称直径75mm以内	10 m	1.986	54.24	44.86	0.21	197.23	107.72	89.09	0.42	铸铁管件DN75	个	17.953	22.59	405.56
												承插铸铁排水管DN75	m	18.47	40.20	742.49

续表

序号	定额编号	项目名称	单位	工程量	安装工程费							未计价材料（或设备）				
					单位价值			总价值				材料名称	单位	数量	单价	合价
					人工费	材料费	机械费	合计	人工费	材料费	机械费					
6	5H0211	室内管道承插铸铁排水管石棉水泥接口 公称直径 50 mm 以内	10 m	1.566	45.44	31.29	0.21	120.49	71.16	49.00	0.33	铸铁管件 DN50	个	10.289	19.78	203.52
												承插铸铁排水管 DN50	m	13.781	32.00	440.99
7	5H0230	室内管道承插塑料排水管零件粘接 公称直径 100 mm 以内	10 m	11.64	46.72	35.77	0.34	964.14	543.82	416.36	3.96	承插塑料排水管 DN100	个	132.463	10.15	1 344.50
												承插塑料排水管 DN100	m	99.173	15.61	1 548.09
8	5H0229	室内管道承插塑料排水管零件粘接 公称直径 75 mm 以内	10 m	6.084	41.75	19.99	0.28	377.33	254.01	121.62	1.70	承插塑料排水管 DN75	个	65.464	5.50	360.05
												承插塑料排水管 DN75	m	58.589	11.33	663.81
9	5H0228	室内管道承插塑料排水管零件粘接 公称直径 50 mm 以内	10 m	5.28	30.73	14.36	0.27	239.50	162.25	75.82	1.43	承插塑料排水管 DN50	m	51.058	5.47	279.29
												承插塑料排水管 DN50	个	47.626	1.71	81.44
10	5H0347	阀门安装 螺纹阀门 公称直径 40 mm 以内	个	6	5.00	7.21		73.26	30.00	43.26		螺纹阀门 DN40	个	6.06		

续表

序号	定额编号	项目名称	单位	工程量	安装工程费 单位价值 人工费	材料费	机械费	总价值 合计	人工费	材料费	机械费	未计价材料（或设备）材料名称	单位	数量	单价	合价
11	5H0462	水表组成安装 螺纹水表 公称直径20 mm 以内	组	30	8.00	16.77		743.10	240.00	503.10		螺纹阀门DN20	个	30	15.00	450.00
												螺纹水表DN20	个	30	44.00	1 320.00
12	5H0487	搪瓷浴盆安装（冷热水带喷头）	10组	3	223.00	180.76		1211.28	669.00	542.28		搪瓷浴盆	个	30	2 500.00	75 000.00
												浴盆混合水嘴带喷头	套	30.3		
												浴盆排水配件（铜）	套	30.3		
13	5H0493	洗脸盆安装（钢管组成 普通冷水嘴）	10组	3	94.40	315.44		1229.52	283.20	946.32		洗嘴（全铜磨光）	个	30.3	300.00	9 090.00
14	5H0502	洗涤盆安装（单嘴）	10组	3	86.60	512.84		1798.32	259.80	1538.52		洗涤盆水嘴	个	30.3	150.00	4 545.00
15	5H0525	大便器安装 坐式低水箱坐便	10组	3	160.60	290.31		1352.73	481.80	870.93		低水箱便器	个	30.3	400.00	12 120.00
												坐式低水箱	个	30.3		
												低水箱配件	套	30.3		
												座便器桶盖	套	30.3		

续表

序号	定额编号	项目名称	单位	工程量	单位价值			安装工程费 总价值				未计价材料（或设备）				
					人工费	材料费	机械费	合计	人工费	材料费	机械费	材料名称	单位	数量	单价	合价
16	5H0559	地漏安装 公称直径80mm	10个	6.6	74.60	28.26		678.88	492.36	186.52		塑料地漏DN75	个	48	7.00	336.00
												铸铁地漏DN75	个	18	15.00	270.00
17	5H0564	地面扫除口安装 公称直径100mm	10个	2.4	19.40	1.75		50.76	46.56	4.20		地面扫除口DN100	个	24	6.59	158.16
18	5K0395	环氧、酚醛树脂漆 管道底漆增一遍	10 m²	3.291	13.40	10.03		77.11	44.10	33.01		环氧树脂（各种规格）2130	kg	3.456	20.00	69.12
												酚醛树脂2130	kg	1.481	18.00	26.66
19	5K0396	环氧、酚醛树脂漆 管道面漆两遍	10 m²	3.291	19.20	15.29		113.51	63.19	50.32		环氧树脂（各种规格）2130	kg	7.964	20.00	159.28
												酚醛树脂2130	kg	3.423	18.00	61.61
20	5F2918	刚性防水套管制作 公称直径125mm以内	个	6	23.80	43.38	15.53	496.26	142.80	260.28	93.18	焊接钢管	kg	50.1	4.50	225.45
21	5F2933	刚性防水套管安装 公称直径150mm以内	个	6	14.60	38.99		321.54	87.60	233.94						
22	5F2915	刚性防水套管制作 公称直径50mm以内	个	6	12.60	25.59	7.89	276.48	75.60	153.54	47.34	焊接钢管	kg	19.56	4.50	88.02
23	5F2932	刚性防水套管安装 公称直径50mm以内	个	6	13.00	22.84		215.04	78.00	137.04						

续表

序号	定额编号	项目名称	单位	工程量	单位价值 人工费	单位价值 材料费	单位价值 机械费	安装工程费 总价值 合计	安装工程费 总价值 人工费	安装工程费 总价值 材料费	安装工程费 总价值 机械费	未计价材料（或设备）材料名称	单位	数量	单价	合价
24	5H0029	室外管道 钢管 焊接 公称直径125mm 以内(穿楼板套管制作安装)	10 m	0.45	29.40	20.16	10.51	27.03	13.23	9.07	4.73	焊接钢管 DN125	m	4.568	79.71	364.12
												压制弯头 DN125	个	0.248	30.00	7.44
25	5H0028	室外管道 钢管 焊接 公称直径100mm 以内(穿楼板套管制作安装)	10 m	0.09	24.00	13.13	12.41	4.46	2.16	1.18	1.12	压制弯头 DN100	个	0.023	50.00	1.15
												焊接钢管 DN100	m	0.914	46.66	42.65
26	5H0025	室外管道 钢管 焊接 公称直径50mm以内(穿楼板套管制作安装)	10 m	0.36	17.20	6.28	1.85	9.12	6.19	2.26	0.67	焊接钢管 DN50	m	3.654	20.50	74.91
27	5H0023	室外管道 钢管 焊接 公称直径32mm以内(穿楼板套管制作安装)	10 m	0.09	14.20	2.74	1.85	1.69	1.28	0.25	0.17	焊接钢管 DN32	m	0.914	16.40	14.99
28	5F2941	一般穿墙套管制作安装 公称直径50mm以内	个	30	2.66	7.15	0.44	307.50	79.80	214.50	13.20	碳钢管 DN50	m	9	4.30	38.70
29	5F2942	一般穿墙套管制作安装 公称直径100mm以内	个	12	7.46	15.52	0.44	281.04	89.52	186.24	5.28	碳钢管 DN100	m	3.6	7.50	27.00
		合计						13365.38	5 868.39	7 236.76	260.23					

未计价材料费：11 8887.26

工程量计算表

序号	项 目 名 称	单位	数量	计 算 过 程
1	镀锌钢管 DN40	m	104.16	7.41 m×2（1个单元户数）×3（单元数）= 44.46 m 9.95 m×2（1个单元户数）×3（单元数）= 59.7 m
2	镀锌钢管 DN20	m	97.32	（3＋2.78＋10.44）×2（1个单元户数）×3（单元数） = 97.32 m
3	镀锌钢管 DN15	m	46.2	（1.54＋6.16）×2（1个单元户数）×3（单元数）= 46.2 m
4	铸铁管（直埋）DN100	m	51.96	P1系统：[2.5（距建筑物外墙皮）＋0.12（半墙厚）＋（0.46＋0.29＋0.07＋0.25＋0.25＋0.27＋0.23＋0.13）（水平长度）＋（0.76－0.02－0.05（管半径））（排水立管）]×2（1个单元户数）×3（单元数）= 25.56 m P2系统：[2.5（距建筑物外墙皮）＋0.12（半墙厚）＋（0.46＋0.29＋0.07＋0.25）（水平长度）＋（0.73（排水管中心平均标高）－0.02）（坐便器排水管）]×2（1个单元户数）×3（单元数）= 26.4 m
5	铸铁管（直埋）DN75	m	19.86	P2系统：{[（0.36－0.04（管半径）－0.04）＋（0.18＋0.19＋0.19＋0.08＋0.25）]（厨房地漏排水管）＋（0.76－0.04（管半径）－0.03（卫生间洗脸盆旁地漏排水管）＋[0.73（排水管中心平均标高）－0.03]（卫生间浴盆旁地漏排水管）＋（0.25＋0.27＋0.23）（排水横管）}×2（1个单元户数）×3（单元数）= 19.86 m
6	铸铁管（直埋）DN50	m	15.66	P2系统：{[（0.73－0.02）＋0.23]（厨房洗涤盆排水管）＋[（0.73－0.02）＋0.25]（卫生间洗脸盆排水管）＋（0.73－0.02）（浴盆排水管）}×2（1个单元户数）×3（单元数）= 15.66 m
7	塑料管 DN100	m	116.4	P1系统：{（0.25＋0.25＋0.27＋0.23＋0.13）（排水横管）＋[（2.88－2.36－0.05）（竖向）＋0.25（水平）]（坐便器接管）＋（12.58＋0.02）（排水立管）}×2（1个单元户数）×3（单元数）= 116.4 m
8	塑料管 DN75	m	60.84	P1系统：{[（2.87－2.36－0.05）×4]（卫生间地漏）＋[（2.86－2.04－0.04）＋sqr[（0.08＋0.19＋0.19＋0.15）²＋（0.13）²]×4（厨房间地漏）＋（15.2－12.58）（排水立管）]×2（1个单元户数）×3（单元数）（厨房间地漏）= 60.84 m
9	塑料管 DN50	m	52.8	P1系统：{[（2.87－2.36－0.05）＋0.25]（浴盆）＋（2.88－2.36－0.05）（卫生间洗脸盆）＋[（2.88－2.04－0.04）＋0.23]（厨房间洗涤盆）}×4（层数）×2（1个单元户数）×3（单元数）（厨房间地漏）= 52.8 m
10	螺纹截止阀 DN40	个	6	1×2（1个单元户数）×3（单元数）= 6个
11	内螺纹水表 DN20	组	30	每户1组，共30户
12	搪瓷浴盆（冷热水带喷头式）	组	30	每户1组，共30户
13	洗脸盆（普通冷水嘴）	组	30	每户1组，共30户
14	洗涤盆（单嘴）	组	30	每户1组，共30户

续表

序号	项目名称	单位	数量	计算过程
15	低水箱坐便器	套	30	每户 1 组，共 30 户
16	塑料地漏 DN75	个	48	2 至 5 层每户 2 个，（2×4）×6＝48 个
17	铸铁地漏 DN75	个	18	底层每户 3 个，3×6＝18 个
18	地面扫除口 DN100	个	24	4×2（1 个单元户数）×3（单元数）＝24 个
19	环氧煤沥青防腐 底漆一遍	m²	32.91	DN40 直埋钢管：6.7 m² 直埋承插铸铁管：（17.96＋5.3＋2.95）m²
20	环氧煤沥青防腐 面漆两遍	m²	32.91	刷两遍， 底漆面积×2＝65.82 m²
21	刚性防水套管 DN125	个	6	DN100 铸铁排水管（直埋）出户处设置，共 6 处
22	刚性防水套管 DN50	个	6	DN40 镀锌给水管（直埋）入户处设置，共 6 处
23	穿楼板套管 DN125	m	4.5	DN100 铸铁排水管穿楼板，5×6×0.15（每个套管长度） ＝4.5 m
24	穿楼板套管 DN100	m	0.9	DN75 铸铁排水管穿楼板，1×6×0.15（每个套管长度） ＝4.5 m
25	穿楼板套管 DN50	m	3.6	DN40 镀锌给水管穿楼板，4×6×0.15＝3.6 m
26	穿楼板套管 DN32	m	0.9	DN20 镀锌给水管穿楼板，1×6×0.15＝0.9 m
27	穿墙套管 DN100	个	12	DN75 铸铁排水管穿墙，2×6＝12 个
28	穿墙套管 DN32	个	30	DN20 镀锌给水管穿墙，1×6＝6 个

实训任务

某教学楼给排水工程

1. 设计及施工说明、设计图纸见本书第 3 章情境教学案例。

2. 任务：

（1）按照《全国统一安装工程预算定额四川省估价表》的有关内容，计算工程量。

（2）套用《全国统一安装工程预算定额四川省估价表》中的定额项目，计算直接工程费。

第8章　安装工程造价管理

【知识目标】

了解和熟悉工程造价管理的含义，熟悉我国工程造价管理的组织和内容，了解工程造价信息管理的内容和作用。

【能力目标】

能够基本胜任工程造价管理工作。

8.1　工程造价管理概述

8.1.1　工程造价管理的含义

工程造价有两种含义，工程造价管理也有两种，一是指建设工程投资费用管理，二是指工程价格管理。

1. 建设工程投资费用管理

建设工程投资费用管理，是指为了实现投资的预期目标，在拟定的规划和设计方案的条件下，预测、计算、确定和监控工程造价及其变动的系统活动。建设工程投资费用管理属于投资管理范畴，它既涵盖了微观层次的项目投资费用的管理，也涵盖了宏观层次的投资费用的管理。

2. 工程价格管理

作为工程造价第二种含义的管理，即工程价格管理，属于价格管理范畴。在社会主义市场经济条件下，价格管理分两个层次。在微观层次上，是生产企业在掌握市场价格信息的基础上，为实现管理目标而进行的成本控制、计价、定价与竞价的系统活动。在宏观层次上，是政府根据社会经济发展的要求，利用法律手段、经济手段和行政手段对价格进行管理和调控，以及通过市场管理规范市场主体价格行为的系统活动。

8.1.2　我国工程造价管理的组织和内容

1. 我国工程造价管理的目标和任务

（1）工程造价管理的目标：按照经济规律的要求，根据社会主义市场经济的发展形势，利用科学管理方法和先进管理手段，合理地确定造价和有效地控制造价，以提高投资效益和建筑安装企业经营效果。

（2）工程造价管理的任务：加强工程造价的全过程动态管理，强化工程造价的约束机制，维护有关各方的经济利益，规范价格行为，促进微观效益和宏观效益的统一。

2. 我国工程造价管理的组织系统

工程造价管理的组织系统，是指为了实现工程造价管理目标而进行的有效组织活动，以及与造价管理功能相关的有机群体。我国工程造价管理组织有三个系统：政府行政管理系统、企事业单位管理系统、行业协会管理系统。

（1）政府行政管理系统。

政府在工程造价管理中既是宏观管理主体，也是政府投资项目的微观管理主体。从宏观管理的角度，政府对工程造价管理有一个严密的组织系统，设置了多层管理机构，规定了管理权限和职责范围。

① 国务院建设主管部门造价管理机构。工程造价管理的主要职责是：

a. 组织制定工程造价管理有关法规、制度并组织贯彻实施；

b. 组织制定全国统一经济定额和制订、修订本部门经济定额；

c. 监督指导全国统一经济定额和本部门经济定额的实施；

d. 制定和负责全国工程造价咨询企业的资质标准及其资质管理工作；

e. 制定全国工程造价管理专业人员执业资格准入标准，并监督执行。

② 国务院其他部门的工程造价管理机构。包括：水利、水电、电力、石油、石化、机械、冶金、铁路、煤炭、建材、林业、军队、有色、核工业、公路等行业的造价管理机构。主要职责是修订、编制和解释相应的工程建设标准定额，有的还担负本行业大型或重点建设项目的概算审批、概算调整等。

③ 省、自治区、直辖市工程造价管理部门。主要职责是修编、解释当地定额、收费标准和计价制度等。此外，还有审核国家投资工程的标底、结算、处理合同纠纷等职责。

（2）企事业单位管理系统。

企事业单位对工程造价的管理，属微观管理的范畴。设计单位、工程造价咨询企业等按照业主或委托方的意图，在可行性研究和规划设计阶段合理确定和有效控制建设工程造价，通过限额设计等手段实现设定的造价管理目标；在招投标工作中编制招标文件、标底，参加评标、合同谈判等工作；在项目实施阶段，通过对设计变更、工期、索赔和结算等管理进行造价控制。

工程承包企业的造价管理是企业自身管理的重要内容。在投标阶段，通过对市场的调查研究，利用过去积累的经验，研究报价策略，提出报价；在施工过程中，进行工程造价的动态管理，注意各种调价因素的发生和工程价款的结算，避免收益的流失，以促进企业盈利目标的实现。

（3）行业协会管理系统。

中国建设工程造价管理协会是经原国家建设部和民政部批准成立的，代表我国建设工程造价管理的全国性行业协会，是亚太区测量师协会（PAQS）和国际工程造价联合会（ICEC）等相关国际组织的正式成员。在各国造价管理协会和相关学会团体的不断共同努力下，目前，联合国已将造价管理这个行业列入了国际组织认可行业，这对于造价咨询行业的可持续性发展和进一步提高造价专业人员的社会地位将起到积极的促进作用。

3. 我国工程造价管理的内容

工程造价管理的基本内容就是合理地确定和有效地控制工程造价。

（1）合理地确定工程造价。

所谓合理地确定工程造价，就是在建设程序的各个阶段，合理地确定投资估算、概算造价、预算造价、承包合同价、结算价、竣工决算价。

① 在项目建议书阶段，按照有关规定编制的初步投资估算，经有关部门批准，作为拟建项目列入国家中长期计划和开展前期工作的控制造价。

② 在项目可行性研究阶段，按照有关规定编制的投资估算，经有关部门批准，作为该项目的控制造价。

③ 在初步设计阶段，按照有关规定编制的初步设计总概算，经有关部门批准，即作为拟建项目工程造价的最高限额。

④ 在施工图设计阶段，按规定编制施工图预算，用以核实施工图阶段预算造价是否超过批准的初步设计概算。

⑤ 对以施工图预算为基础实施招标的工程，承包合同价也是以经济合同形式确定的建筑安装工程造价。

⑥ 在工程实施阶段要按照承包方实际完成的工程量，以合同价为基础，同时考虑因物价变动所引起的造价变更，以及设计中难以预计的而在实施阶段实际发生的工程和费用，合理确定结算价。

⑦ 在竣工验收阶段，全面汇集在工程建设过程中业主实际花费的全部费用，编制竣工决算，如实体现建设工程的实际造价。

（2）有效地控制工程造价。

所谓有效地控制工程造价，就是在优化建设方案、设计方案的基础上，在建设程序的各个阶段，采用一定的方法和措施将工程造价的发生控制在合理的范围和核定的造价限额以内。有效地控制工程造价应体现以下三项原则：

① 以设计阶段为重点的建设全过程造价控制。

工程造价控制贯穿于项目建设全过程，但是必须重点突出。工程造价控制的关键在于施工前的投资决策和设计阶段，而在项目作出投资决策后，控制工程造价的关键就在于设计。建设工程全寿命费用包括工程造价和工程交付使用后的经济开支费用（含经营费用、日常维护修理费用、使用期内大修理和局部更新费用）以及该项目使用期满后的报废拆除费用等。根据经验数据，设计费一般只相当于建设工程全寿命费用的 1% 以下，但正是这少于 1% 的费用对工程造价的影响度占 75% 以上，由此可见，设计质量对整个工程建设的效益是至关重要的。

② 实施主动控制，以取得令人满意的结果。

长期以来，人们一直把控制理解为目标值与实际值的比较，以及当实际值偏离目标值时，分析其产生偏差的原因，并确定下一步的对策。在项目管理中，这显然属于事后控制的类型。为尽可能地减少以至避免目标值与实际值的偏离，如果能采用事先控制的方法，事先主动地采取决策措施，积极地影响投资决策、设计、发包和施工，就能主动地控制工程造价。

③ 技术与经济相结合是控制工程造价最有效的手段。

要有效地控制工程造价，应从组织、技术、经济等多方面采取措施。从组织上采取的措施，包括明确项目组织结构，明确造价控制者及其任务，明确管理职能分工；从技术上采取措施，包括重视设计多方案选择，严格审查监督初步设计、技术设计、施工图设计、施工组织设计，深入技术领域研究节约投资的可能性；从经济上采取措施，包括动态地比较造价的计划值和实际值，严格审核各项费用支出，采取对节约投资的有力奖励措施等。

8.2 工程造价信息管理

8.2.1 工程造价信息管理概述

1. 工程造价信息的概念及特点

工程造价信息是一切有关工程造价的特征、状态及其变动的消息的组合。

工程造价信息的特点：区域性、多样性、专业性、系统性、动态性和季节性。

2. 工程造价信息的分类

对工程造价信息分类的原则包括稳定性、兼容性、可扩展性、综合实用性。具体分类包括：

（1）从管理组织的角度来划分，可以分为系统化工程造价信息和非系统化工程造价信息。

（2）从形式上来划分，可以分为文件式工程造价信息和非文件式工程造价信息。

（3）按传递方向来划分，可以分为横向传递工程造价信息和纵向传递工程造价信息。

（4）按反映面来划分，可以分为宏观工程造价信息和微观工程造价信息。

（5）按时态来划分，可以分为过去的工程造价信息、现在的工程造价信息和未来的工程造价信息。

（6）按稳定程度来划分，可以分为固定工程造价信息和流动工程造价信息。

3. 工程造价信息的内容

从广义上说，所有对工程造价的确定和控制过程起作用的资料都可以称为工程造价信息。最能体现信息动态性变化特征，并且在工程价格的市场机制中起重要作用的工程造价信息主要包括以下三类：

（1）价格信息。包括各种建筑材料、装修材料、安装材料、人工工资、施工机械等的最新市场价格。这些信息是比较初级的，一般没有经过系统的加工处理，也可以称其为数据。

（2）指数。主要指根据原始价格信息加工整理得到的各种工程造价指数。

（3）已完工程信息。已完或在建工程的各种造价信息，可以为拟建工程或在建工程造价提供依据。这种信息也可称为是工程造价资料。

4. 工程造价信息管理的基本原则

（1）标准化原则。要求在项目的实施过程中对有关信息的分类进行统一，对信息流程进行规范，力求做到格式化和标准化，从组织上保证信息生产过程的效率。

（2）有效性原则。工程造价信息应针对不同层次管理者的要求进行适当加工，针对不同管理层提供不同要求和浓缩程度的信息。这一原则是为了保证信息产品对于决策支持的有效性。

（3）定量化原则。工程造价信息不应是项目实施过程中产生数据的简单记录，应该是经过信息处理人员的比较与分析。采用定量工具对有关数据进行分析和比较是十分必要的。

（4）时效性原则。考虑到工程造价计价与控制过程的时效性，工程造价信息也应具有相应的时效性，以保证信息产品能够及时服务于决策。

（5）高效处理原则。通过采用高性能的信息处理工具（如工程造价信息管理系统），尽量缩短信息在处理过程中的延迟。

8.2.2　工程造价资料积累的内容和应用

1．工程造价资料积累的内容

（1）建设项目和单项工程造价资料。对造价有主要影响的技术经济条件。如项目建设标准、建设工期、建设地点等；主要的工程量、主要的材料量和主要设备的名称、型号、规格、数量等；投资估算、概算、预算、竣工决算及造价指数等。

（2）单位工程造价资料。包括工程的内容、建筑结构特征、主要工程量、主要材料的用量和单价、人工工日和人工费以及相应的造价。

（3）其他。主要包括有关新材料、新工艺、新设备、新技术分部分项工程的人工工日，主要材料用量，机械台班用量。

2．工程造价资料的应用

工程造价的资料积累主要用作以下用途：

（1）作为编制固定资产投资计划的参考，用作建设成本分析。

（2）进行单位生产能力投资分析。

（3）用作编制投资估算的重要依据。

（4）用作编制初步设计概算和审查施工图预算的重要依据。

（5）用作确定标底和投标报价的参考资料。

（6）用作技术经济分析的基础资料。

（7）用作编制各类定额的基础资料。

（8）用以测定调价系数、编制造价指数。

（9）用以研究同类工程造价的变化规律。

思　考　题

1．什么是工程造价管理？

2．工程造价管理包括哪些内容？

3．工程造价信息管理包括哪些内容？

第9章 安装工程计量与计价软件

【知识目标】

熟悉市场上现有的安装工程计量与计价软件的种类、品牌及报价书编制原理。

【能力目标】

掌握最常用的安装工程清单计价软件的基本操作方法。能够应用软件进行清单计价书的编制且输出打印报表。

9.1 概 述

9.1.1 软件的作用

对于从事安装工程计量与计价工作的造价人员来说，用手工编制工程量清单及清单计价书，其计算量大、计算错误率高、耗时长。现阶段，随着计算机硬件与软件技术的不断提高，工程造价应用软件的设计水平也越来越高，用计算机辅助编制施工图预算的应用也越来越广泛。这就使得广大的造价从业者，在熟练掌握安装工程计量与计价理论知识、手工计算安装工程工程量及预算价格的基础上，必须能熟练利用一系列造价软件进行工程量计算、综合单价计算、清单计价报价、材料价格汇总等一系列的工作，完成安装工程工程量清单及清单计价书的编制。

9.1.2 软件的分类

从 20 世纪 90 年代开始，我国造价方式逐步过渡到企业自主报价、市场确定报价的方式，实行了造价师职业资格制度和工程造价咨询单位资质审核制度，工程造价软件也从这个时期产生和发展起来。目前，造价市场上使用的软件主要有宏业、鹏业、广联达、清华斯维尔、算王、神机妙算、鲁班、科瑞等品牌软件。根据软件的功能，安装工程使用的造价软件主要分为两类：一类是清单计价软件，另一类是安装工程算量软件。

1. 清单计价软件

最新的清单计价软件，是各软件公司为配合 2008 年的《计价规范》以及各地区最新《计价定额》的颁布实施，开发的建设工程计价配套软件。 该类型软件在功能设计上，除了能完全按照《计价规范》及《计价定额》完成工程量清单及清单计价编制工作外，还可使用传统定额计价功能，满足投标报价的多种模式需求，为建设、施工、审核、招标、投标单位提供全面的解决方案，是广大工程造价人员广泛使用的一类软件。

2. 安装工程算量软件

近年来，随着造价人员对于安装工程量计算电算化的要求越来越强烈，各软件公司纷纷组织力量突破算量软件的瓶颈，开发了安装工程算量软件。该类型软件通过调入外部 CAD 图纸，进行图元属性定义，来识别、统计并核算安装工程量，能够极大程度地减轻手工计算工程量的负担。目前，安装工程算量软件的普及度还较低。

9.2 清单计价软件

9.2.1 清单计价软件特点

1. 安装方便，易于操作

目前市场上的该类造价软件，其安装一般都采用导向式安装，用户只需按照安装指导画面操作即可完成安装过程。如果是造价初学者，安装完成后，可直接点击进入，采用学习版进行基本的练习。如果需要正常使用软件，则需要购买软件的激活码或密码锁，输入相关激活码或安装密码锁驱动程序后正常使用。

软件操作时，大部分软件都设置了数据导入功能，可以导入 Excel 等类型文件直接输入工程基本数据，也可在操作界面手动输入修改。按照软件要求编制完成工程量清单及清单计价书后，可以设定报表格式、将表格数据保存为 Excel 等数据文档，并调整打印效果。

2. 数据全面，资源齐全

清单计价软件的数据库中，不仅收集了全部的定额数据，而且还携带有大量与计价工作密切相关的取费标准、材料信息价格等说明及政策、法规文件，并具有强大的网络功能，网上升级，随时更新。软件用户可脱离定额及其他资料，使用软件独立、方便、轻松地完成计价工作。

3. 数据可多次使用，计算调整方便

在编制报价的过程中，投标人根据工程图纸和现场施工条件编制出投标书。在此基础上，根据市场的竞争情况，要采取某些报价策略对工程预算价格进行调整时，只需要调整指定数据，相关数据及报价均会自动形成，节省了大量的工作。工程中标后，发生工程变更时也可采用清单计价软件进行报价。施工结束进行工程结算时，可利用原投标书及工程变更时数据，直接修改，方便快捷。

4. 多种报价模式，适合使用需求

在清单计价软件中，系统通常包含工程量清单与传统定额计价两种方式，操作界面用户可以根据计价特性及其他需要自由设置，系统可同时计算两套结果、打印两套报表，满足报价需求。

9.2.2 清单计价软件操作原理

1. 数据输入

首先将待编工程的工程名称、地点、建筑面积等工程基本数据输入到软件系统中，并建

立保存为新文件。然后，根据软件要求，选择预算模板及套用的定额库，建立单项工程、单位工程等内容，进入分部分项工程量清单计价页面，手动输入分部分项工程项目内容及组价定额，或者从外部文件直接导入这部分原始数据。

2. 数据处理

随着分部分项工程项目内容及组价定额的输入，系统直接搜索指定定额库中的对应项目进行套用，计算各分部分项工程费用。当然，如果数据库中没有对应的内容，则需要手动定义新定额或手动填写价格内容。

3. 费用计算

通过上述步骤计算出分部分项工程费后，系统可以根据之前输入的信息，查找数据库中的措施费率计算措施费（一），也可以手动指定对应的费率进行计算此类措施费；措施费（二）计算方法与分部分项工程费计算方法相同。其他项目费及规费、税金的计算，也可以通过调用数据库中的费率进行计算。

4. 打印报表

各项费用计算完成后，选择报表功能，系统根据用户需求列出各种形式的报表供用户选择，用户根据需求选择一套合适的报表打印或输出至 Excel，完成基本的报价书编制操作。

情境教学

　　清单计价软件发展比较成熟，本文以宏业的清单计价专家为例，来完成本书第 3 章中"某住宅楼给排水工程"项目清单报价书的编制。

任务 1　用软件编制给排水工程清单报价书

1. 建立工程

（1）新建文件。

在进行清单计价之前，需要先对整个工程进行初步的全局设置。双击打开软件后，选择【文件】—【新建工程】，弹出"请选择计价模式"对话框，如图 9.1 所示。

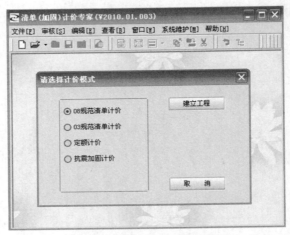

图 9.1　选择计价模式对话框

在弹出文件的对话框中选择需要使用的计价模式，点击【建立工程】进入工作界面，点击界面工具栏的保存按钮，出现"保存工程文件"对话框，在弹出文件的对话框中给出保存路径，输入工程文件名称："某住宅楼给排水工程"，建立了"某住宅楼给排水工程"的清单计价文件。该项目的单项工程设置内容、单位工程设置模板、清单说明、综合单价计价模板、计价表格式、费用汇总模板、报表组均按清单计价模式配置。

（2）建立工程项目。

建立工程，在宏业清单计价软件中分为三个步骤：建立工程项目—建立单项工程—建立单位工程。建立工程项目步骤如下：

① 设置调用的数据库及模板。

【工程项目设置】是"工程项目"页面的第一项内容，其录入数据项内容是报表、封面及费率提取的数据来源。工程项目设置时，首先要选择【项目库划分】、【定额数据库】及【工程项目设置模板】。

某住宅楼给排水工程项目选择系统默认选项，即"2008 规范工程量清单项目"、"四川省2009 清单定额"、"GB 50500—2008 清单计价工程设置模板"。如果需要改变默认项，只需要从下拉菜单中选择即可。

② 输入工程项目基本数据。

对"工程项目设置模板"可以通过"工程项目"页面中右侧工具栏中的【删除当前行】及【插入行】进行修改。然后在数据项内容内直接选择或调入数据项内容。

某住宅楼给排水工程项目中，在工程项目设置模板中分别将工程名称、所在地区、工程规模等项目数据输入或选择，如图 9.2 所示。

图 9.2　工程项目设置页面

③ 编制清单说明。

完成"工程项目设置"后，点击【编制清单说明】，进入该页面。该页面中，上部为编制清单说明目录区，下部为编制清单说明内容区。对"清单编制说明模板"可以通过【删除当前行】及【插入行】进行修改，也可以按照模板输入清单说明内容。

某住宅楼给排水工程项目中，按照"编制清单说明模板"对应输入目录中各项内容，如图 9.3 所示。

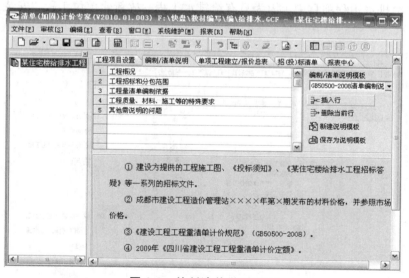

图 9.3　编制清单说明页面

（3）建立单项工程。

编制清单说明完成后，点击【单项工程建立/报价总表】，进入"单项工程建立页面"。点击页面右侧【新建单项工程】，新建单项工程，进入单项工程页面。单项工程建立页面如图9.4 所示。

图 9.4　单项工程建立

点击【单项工程设置】，进入该页面，设置填写各项基础数据；点击【编写清单说明】，编写单项工程清单编制说明。

（4）建立单位工程。

单项工程清单编制说明填写完毕后，点击【单位工程建立/汇总】，进入"单位工程建立对话框"，勾选所需的单位工程，然后点击【新建】按钮，添加到"已建单位工程"。

某住宅楼给排水工程项目中，因为只有给排水工程，故新建单位工程"安装工程"，其界面如图 9.5 所示。

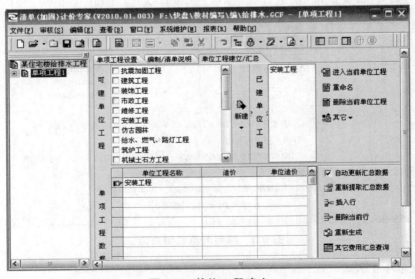

图 9.5　单位工程建立

　　双击新建的单位工程，即安装工程，进入单位工程页面。单位工程内容主要包含单位工程设置、编制/清单说明、综合单价计算模板、清单/计价表、工料机汇总表、费用汇总表共六个部分。依次填写单位工程设置、编制/清单说明部分内容。点击【清单/计价表】，进入"清单/计价表"操作页面。

　　2. 编制清单/计价表

　　清单/计价表主要分为分部分项工程清单、措施项目清单、其他项目清单、签证及索赔项目清单。某住宅楼给排水工程项目处于清单计价阶段，所以暂不考虑签证及索赔项目清单。

　　（1）分部分项工程量清单。

　　分部分项工程量清单主要包括项目及定额录入、项目及定额换算、材料换算三个内容。

　　① 项目及定额录入。

　　a. 清单及定额项目录入。

　　项目及定额录入可以通过三种方式录入：从文档套用项目定额、直接录入法、列表选择法。某住宅楼给排水工程项目中，采用列表选择法进行项目及定额的录入。

　　在"清单/计价表"操作页面选中要录入清单编码的单元格，点击右键，选择【插入清单】，根据工程实际情况，选择要录入的相关编码，双击项目编码，清单项目就录入完成了。如图9.6 所示。

图 9.6　插入项目清单

　　定额项目的录入与清单项目的录入一样，选择要录入定额项目的单元格，点击右键，选择【插入定额】，根据工程实际情况，选择要录入的相关定额，双击该定额，定额就录入完成了。

　　b. 输入工程量。

　　在清单项目工程量列，输入对应的工程量。清单工程量输入完成后，定额工程量会根据清单工程量按比例输入。

c. 清单项目特征输入。

在录入清单的同时，选清单项目编码，点击页面下方的【工作信息】，点击【项目特征】按钮，录入此项目的项目特征；也可以根据【特征描述指南】进行录入。

d. 清单及定额项目修改。

由于实际工程的需要，清单项目的名称、计量单位或者项目编码需要做一定的修改，这时可将光标移到时需要修改的位置，点击进入编辑状态，修改其内容。

如某住宅楼给排水工程项目中，编号为 030801001001 的项目，其清单项目名称为"镀锌钢管"，为了方便区分，将其名称更改为"镀锌钢管 DN40（直埋）"。

在清单计价表合计前，在任意一个单元格，点击鼠标右键，均可插入定额或清单项目；在定额内的空行，可录入新增材料。

e. 避免清单项目编码重复。

为了避免清单项目重码，可点击【顺序码】按钮下拉菜单，设置当前单位工程或整个工程项目的顺序码编号，或者进行重复项目顺序码检测。

② 项目及定额换算。项目及定额换算包括定额换算、定额加减及定额还原三个内容。

定额换算，可先选中需要换算的定额，然后使用"清单/计价页面"右下角的【定额换算设置】执行换算。定额加减通过右键设置，定额还原通过工具栏中的定额还原按钮设置。

③ 材料换算。材料换算包括材料的删除、增减、替换等内容。

增加材料时，可在增加材料的项目处插入空行，并录入需要增加材料的名称，按回车键。此时，页面会跳出"补充新材料"对话框，用户可根据需要选择材料的类型及单位，并勾选材料是属于计价材料还是未计价材料，最后按下【确定】，并录入材料工程量。"补充新材料"对话框如图 9.7 所示。

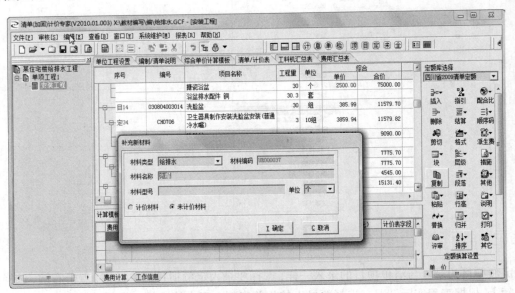

图 9.7 补充新材料对话框

另外，在清单/计价表中，可直接在单元格中修改材料的消耗量。如某住宅楼给排水工程项目中的套管工程量，可在单元格中直接对应修改。

某住宅楼给排水工程项目的清单/计价表录入情况如图 9.8 所示。

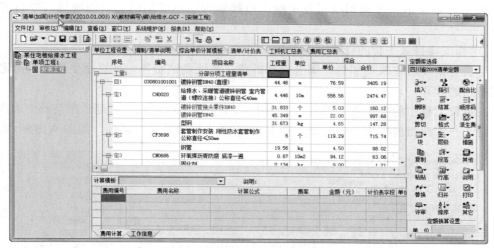

图 9.8　某住宅楼给排水工程项目的清单/计价表录入

（2）措施项目清单。

① 措施项目清单计价编制。

编制措施项目清单时，可通过在措施项目清单单元格处，点右键，选【措施项目清单】—【调用措施项目清单模板】，选取调用相关的模板，如图 9.9 所示。

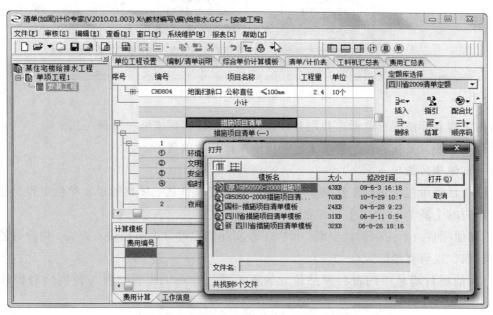

图 9.9　调用措施项目清单模板对话框

措施项目清单包括措施项目清单（一）和措施项目清单（二）。

措施项目清单（一）主要为政策性文件费用的计取，其计算公式及费率系统已经根据文件配置好，一般不需要再做其他操作。

措施项目清单（二）用于专业套用项目定额的项目计算，其计算方法与分部分项工程量清单相同。对于不需要调用项目及定额，直接输入一笔费用的，只需要插入空行进行录入即可。

② 定额或项目派生费的计算。

派生费是指高层建筑增加费、脚手架搭拆费、系统调试费等。计算派生费就是对定额附加措施费用的计算

点击单位工程中的【安装工程】，在"小计"单元格中点击鼠标右键，在菜单中选择【计算派生费】—【在当前段落上添加派生费】，弹出派生费用计算对话框，如图 9.10 所示。

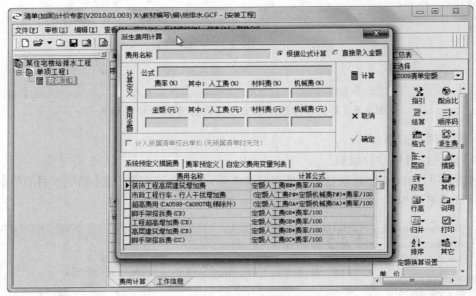

图 9.10　派生费用计算对话框

根据工程实际情况选取派生费用并计算，将结果转移到措施项目费（二）中。

为计算简便，某住宅楼给排水工程项目中未计算此项费用。

（3）其他项目清单。

其他项目清单包括单位工程其他项目清单和工程项目其他项目清单。单位工程其他项目清单在相应的【清单/计价表】中完成。

① 其他项目清单中的暂列金额，根据工程实际情况可分为两种输入方法，用户可通过公式进行计取，也可直接输入。

② 其他项目清单中的材料暂估价此处不汇总，专业工程暂估价与暂列金额操作方法相同。

③ 零星工程项目单价及计日工，系统以模板方式体现，用户根据需要进行修改其内容。当用户对零星工程项目及计日工进行报价时，根据招标方提供的清单填入其单价数据。单价数据填写有两种方法，一种是直接输入，另一种是利用页面右侧按钮【其他】—【零星项目人工单价查询】来查询单价，如图 9.11 所示。

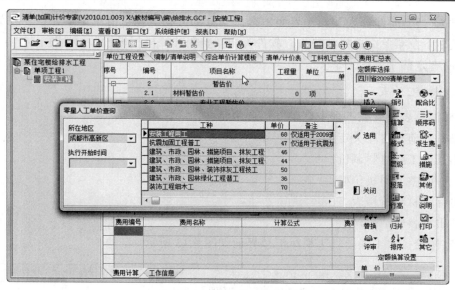

图 9.11　零星人工价查询

④　总承包服务费录入方法与暂列金额相同。

（4）综合单价计算模板定义及计算。

当使用清单计价模式计算分部分项工程清单计价时，需要使用综合单价计算模板。该模板主要用于清单项目综合单价的计算和地区定额人工费的调整。

①　点击【综合单价计算模板】，进入综合单价计算模板界面。

②　根据工程实际情况，通过下拉菜单，选择相应的计算模板。

③　在"综合单价计算模板"界面，进行数据修改。这时，可使用页面右侧的工具【费率提取】或【费率查询/选用】来完善数据。如图 9.12 所示，某住宅楼给排水工程项目的人工费调整系数为 76%。

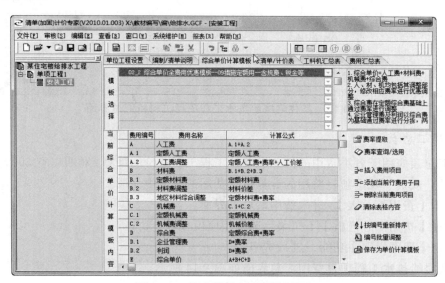

图 9.12　综合单价计算模板界面

④ 进入"清单/计价表"操作界面，选择"分部分项工程量清单"单元格，在界面下方【计算模板】下拉菜单中选择该模板。软件弹出"费用计算模板设置"对话框，点击【当前分部分项下所有定额】。

3. 工料机汇总表

工料机汇总表在安装工程中有以下几种功能：

① 查看当前材料相关定额。

② 用其他工程材料调价。

③ 统一调整工料机价格

④ 另存为材料价格表

⑤ 列出材料暂估价。

某住宅楼给排水工程项目工料机汇总界面如图 9.13 所示。

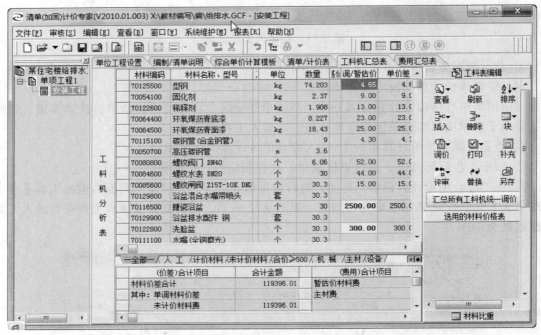

图 9.13 某住宅楼给排水工程项目工料机汇总界面

4. 费用汇总表

费用汇总表应用于各类费用的汇总及单位工程工程造价的计算，对四川省 2009 建设工程工程量清单，规费、税金项目费用的计算也在费用汇总表中完成。

① 点击【费用汇总表】，进入费用汇总表界面。

② 通过【费用汇总模板】下拉菜单选择相应模板。

③ 通过【费率提取】功能，进行费率提取。

某住宅楼给排水工程项目费用汇总界面如图 9.14 所示。

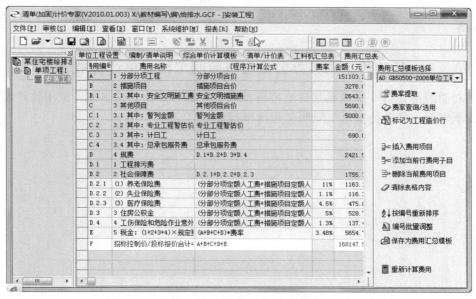

图 9.14　某住宅楼给排水工程项目费用汇总界面

5. 报表输出

报表输出包括报表界面及报表打印两个内容。

① 点击【报表】—【报表中心】，进入报表中心操作界面。

② 通过【报表组选择】进行报表组选择与调用。

③ 勾选需打印的工程和报表。

④ 预览要打印的报表或将报表保存至 Excel。

某住宅楼给排水工程项目报表中心界面如图 9.15 所示。

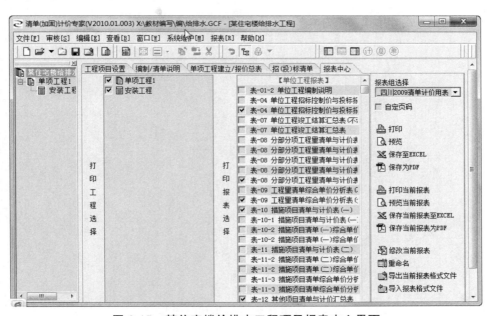

图 9.15　某住宅楼给排水工程项目报表中心界面

实训任务

用软件编制某办公室电气照明工程清单计价书

根据宏业清单计价专家编制某住宅楼给排水工程清单计价书的步骤，试用软件编制第 5 章情境教学实例：某办公室电气照明工程清单报价书。

参 考 文 献

[1] 中华人民共和住房和城乡建设部. GB 50500—2008 建设工程工程量清单计价规范[S]. 北京：中国计划出版社，2008.

[2] 建设工程工程量清单计价规范编制组. GB 50500—2008 中华人民共和国国家标准《建设工程工程量清单计价规范》宣贯辅导教材[S]. 北京：中国计划出版社，2008.

[3] 四川省建设工程造价管理总站. 四川省建设工程工程量清单计价定额 安装工程[Z]. 北京：中国计划出版社，2008.

[4] 安装工程造价员培训教材编写组. 安装工程造价员培训教材[M]. 北京：中国建材工业出版社，2010.

[5] 冯钢，景巧玲. 安装工程计量与计价[M]. 北京：北京大学出版社，2009.

[6] 温艳芳. 安装工程计量与计价实务[M]. 北京：化学工业出版社，2009.

[7] 刘钦. 建筑安装工程预算[M]. 北京：机械工业出版社，2008.

[8] 刘庆山. 建筑安装工程预算[M]. 北京：机械工业出版社，2004.

[9] 张国栋. 一图一算之安装工程造价[M]. 北京：机械工业出版社，2010.

[10] 马永军. 工程造价控制[M]. 北京：机械工业出版社，2009.

[11] 李君宏，张晓敏. 安装工程计量与计价[M]. 北京：中国建筑工业出版社，2010.

[12] 杨伟. 暖通造价员[M]. 武汉：华中科技大学出版社，2009.

[13] 宋振华，张忠孝，孟明辉. 通风空调设备安装工程量清单计价一点通[M]. 北京：中国水利水电出版社，2007.

[14] 李联友. 通风空调工程识图与安装工艺[M]. 北京：中国电力出版社，2006.

[15] 李锐，邹盛国. 通风空调安装工程识图与预算入门[M]. 北京：人民邮电出版社，2010.

[16] 于业伟，张梦同. 安装工程计量与计价[M]. 武汉：武汉理工大学出版社，2009.

[17] 管锡珺，夏宪成. 安装工程计量与计价[M]. 北京：中国电力出版社，2006.

[18] 张宝军，崔建祝，高喜玲. 建筑设备工程计量计价与应用[M]. 北京：中国建筑工业出版社，2007.

[19] 中国建设工程造价管理协会. 全国造价工程师执业资格复习考试指南[M]. 北京：机械工业出版社，2009.